高等职业教育分析检验技术专业教材

色谱分析技术

王炳强　谢茹胜　主编　　　许　泓　主审

第二版

SEPU

FENXI

JISHU

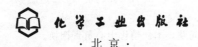

化学工业出版社

·北京·

内 容 简 介

本书是根据《高等职业学校专业教学标准》的基本要求和新时期行业企业岗位对专业人才的需求进行修订。本书内容包括：色谱分析技术导论、薄层色谱技术、柱色谱技术、气相色谱技术、高效液相色谱技术、超临界流体色谱技术、离子色谱技术、色谱-质谱联用技术。本书以课程建设为核心，体现高职教育核心特点、内容突出岗位知识和技能要求，注重职业核心能力的培养。

本书可供高职高专院校分析检验技术专业和药类专业学生学习使用，也可供粮食与食品检验、化工类等专业学生使用，还可供其他专业师生和分析检测技术人员参考。

图书在版编目（CIP）数据

色谱分析技术/王炳强，谢茹胜主编. —2 版. —北京：化学工业出版社，2023.12
ISBN 978-7-122-44253-6

Ⅰ.①色…　Ⅱ.①王…②谢…　Ⅲ.①色谱法-化学分析-高等职业教育-教材　Ⅳ.①O657.7

中国国家版本馆 CIP 数据核字（2023）第 187678 号

责任编辑：蔡洪伟　　　　　　　　　　文字编辑：邢苗苗
责任校对：李雨晴　　　　　　　　　　装帧设计：王晓宇

出版发行：化学工业出版社（北京市东城区青年湖南街 13 号　邮政编码 100011）
印　　刷：北京云浩印刷有限责任公司
装　　订：三河市振勇印装有限公司
787mm×1092mm　1/16　印张 14¾　字数 364 千字　2024 年 2 月北京第 2 版第 1 次印刷

购书咨询：010-64518888　　　　　　售后服务：010-64518899
网　　址：http://www.cip.com.cn
凡购买本书，如有缺损质量问题，本社销售中心负责调换。

定　　价：45.00 元

第二版前言

本书自出版以来在多所职业院校广泛使用，本次修订根据《高等职业学校专业教学标准》的基本要求和新时期行业企业岗位对专业人才的需求，在广泛征求化工、药品、食品行业专家意见的基础上，在课程定位、课程设计、课程标准、教学内容、教学案例、实训项目、习题等方面进行深入研究，建成丰富、系统、全面的课程学习资源。本书由一线教师和企业人员深度参与完成。本书具有以下特点：

（1）教材内容体系科学、先进、实用。在编写过程中，依据国家标准、《中华人民共和国药典》（2020 年版）及《中国药品检验标准操作规范》（2019 年版），适当增加新的分析方法，适当吸收交叉学科新的成果和应用。

（2）行业特点突出、贴近岗位需求。本书适用专业归属生物与化工大类，同时涵盖药类专业。关联的职业岗位有医药制造业（C2710～C2762）、化学原料和化学制品制造业（C2631～C2632）、食品制造业（C1492）等领域。另外还涉及医药卫生类等行业。

（3）突出高职教育特色，具有专业针对性、专业理论性、专业实践性，突出人才需求；内容上衔接岗位知识和技能要求；形式上体现理论和操作一体化。

（4）充分体现现代职业教育理念。知识体系易教、易学、易做，争取教学内容与实际工作岗位"零"距离对接。编写模式新颖，编排适应教学顺序，由浅入深，使内容具有启发性和互动性，提高学生学习自主性。

（5）本书部分内容由企业专家执笔完成，并由企业专家作为教材主审。

本书在原四章基础上补充完善后分为八个章节：色谱分析技术导论、薄层色谱技术、柱色谱技术、气相色谱技术、高效液相色谱技术、超临界流体色谱技术、离子色谱技术、色谱-质谱联用技术。

全书由福建生物工程职业技术学院王炳强教授主编、统稿，编写第一章、第二章；福建生物工程职业技术学院谢茹胜教授主编、协助统稿，编写第五章；山东药品食品职业学院邹小丽副教授编写第三章；金华职业技术学院肖珊美教授编写第四章；天津渤海职业技术学院曾玉香副教授编写第六章；江西应用职业技术学院张冬梅教授编写第七章；天津海关动植物与食品检测中心李淑静博士编写第八章。本书由天津色谱研究会秘书长、天津海关动植物与食品检测中心许泓研究员主审，并对全书框架和案例设计提出建设性意见。

本书是"中国特色高水平高职学校和专业建设计划"项目教材之一，可供高职高专院校分析检验技术专业、药品质量与安全、药学和食品检验检测技术专业学习使用，还可作为教材供化工、医药、卫生和食品类等其他专业学生使用，也可供其他专业师生和分析检测技术人员参考。

本书在编写过程中，得到了各参编院校的鼎力支持，在此表示感谢。由于编者水平有限，不当之处在所难免，恳请广大专家和读者批评指正。

编　者
2023 年 8 月

目录

第三章　柱色谱技术

第四章　气相色谱技术

第五章　高效液相色谱技术

第六章　超临界流体色谱技术

第七章　离子色谱技术

第八章　色谱-质谱联用技术

参考文献

第一章
色谱分析技术导论

💡 学习目标

知识目标：了解色谱分析和色谱分类，熟悉色谱分析技术基本原理和常用术语，掌握色谱分析技术评价指标和定性定量分析的方法。

能力目标：能准确计算塔板数、分离度等相关数据，学会填充色谱柱的制备。

素质目标：了解目前色谱技术在各个行业领域中的作用和发展趋势，培养自己对色谱技术的兴趣。

第一节　了解色谱及其分类

💡 案例

离子色谱准确测定糖类

单克隆抗体的糖基化修饰会对抗体的安全性和有效性造成影响。《中华人民共和国药典》（2020 年版）[以下简称《中国药典》（2020 年版）] 新增了单抗 N 糖谱测定法。N 糖谱测定常用的分析方法有：液相色谱法（LC）、毛细管电泳法（CE）和高效阴离子交换色谱法（IC）。但无论是液相色谱法还是毛细管电泳法都有相应的弊端，必须使用专用试剂进行荧光衍生，此衍生耗时约 4h，而且会导致唾液酸丢失，不能准确分析含唾液酸样品、无法分析磷酸化糖及硫酸化糖，而离子色谱无需衍生，定量准确，可以覆盖所有糖类型的测定。

色谱分析技术具有高效、快速分离等特性，是现代分离、分析的一个重要方法，特别是由于气相色谱法和高效液相色谱法的发展与完善，以及离子色谱、超临界流体色谱等方法的不断涌现，各种与色谱有关的联用技术，如色谱-质谱联用、色谱-红外光谱联用的使用，使色谱分析技术成为生产和科研中解决各种复杂混合物分离、分析任务的重要工具之一。

一、色谱分析技术

（一）色谱分析法定义及特点

1. 色谱分析法

俄国植物学家茨维特（Tswett）首先认识到色谱分析在分离分析方面的重要价值，并最先建立了色谱分析法。他使用竖直装填有细颗粒碳酸钙的玻璃管作为分离柱，上部用石油醚不断淋洗，分离了植物提取液中的叶绿素。由于分离时，在柱中出现了不同的色层即不同颜色的谱带，故有"色谱法"之名。后来色谱分析技术不断发展和完善，色谱法不仅可用于分离有色物质，而且大量用于分离无色物质，但仍沿用了色谱分析法这一名词。随着色谱理论的建立，色谱分析法进入快速发展期，先后建立了气相色谱、液相色谱、离子色谱及超临界流体色谱等一系列现代色谱分析技术。20 世纪 80 年代末，又出现了毛细管气相色谱法和具有更高分离效能的毛细管电泳法，更加完善了色谱分析技术。色谱分析技术已经发展成为现代仪器分析的重要组成部分。

2. 色谱分析法特点

色谱分析法与其他类型的分析方法相比具有以下显著特点。

（1）分离效率高　可分离、分析复杂混合物，如有机同系物、异构体、手性异构体等。

（2）灵敏度高　可以检测出 $\mu g/g$（10^{-6}）级甚至 ng/g（10^{-9}）级的物质量。

（3）分析速度快　一般在几分钟或几十分钟内可以完成一个试样的分析。

（4）应用范围广　气相色谱适用于沸点低于 400℃的各种有机化合物或无机气体的分离分析；液相色谱适用于高沸点、热不稳定及生物试样的分离分析；离子色谱适用于无机离子及有机酸碱的分离分析。各种方法之间具有很好的互补性。

色谱分析法的不足之处是对被分离组分的定性较为困难。随着色谱与其他分析仪器联用技术的发展，这一问题已经得到较好解决。

色谱分析法在石油、化工、环境科学、医药卫生等领域具有广泛的应用。

（二）色谱分离过程

1. 分离原理

当试样由流动相携带进入分离柱并与固定相接触时，被固定相溶解或吸附。随着流动相的不断涌入，被溶解或吸附的组分又从固定相中挥发或脱附，向前移时又再次被固定相溶解或吸附，随着流动相的流动，溶解、挥发或吸附、脱附的过程反复地进行，由于试样中各组分在两相中分配比例的不同，被固定相溶解或吸附的组分越多，向前移动得越慢，从而实现了色谱分离。色谱分离原理如图 1-1 所示，将分离柱中的连续过程分割成多个单元过程，每个单元上进行一次两相分配。流动相每移动一次，组分即在两相间重新快速分配并平衡，最后流出时，各组分形成浓度正态分布的色谱峰。不参加分配的组分最先流出。

两相的相对运动及单次分离的反复进行构成了各种色谱分析过程的基础。

2. 分离过程

在色谱分析法中，将装填在玻璃管或金属管内固定不动的物质称为固定相，在管内自上而下连续流动的液体或气体称为流动相，装填有固定相的玻璃管或金属管称为色谱柱。各种色谱分析法所使用的仪器种类较多，相互间差别较大，但均由以下几部分组成，如图 1-2 所示。

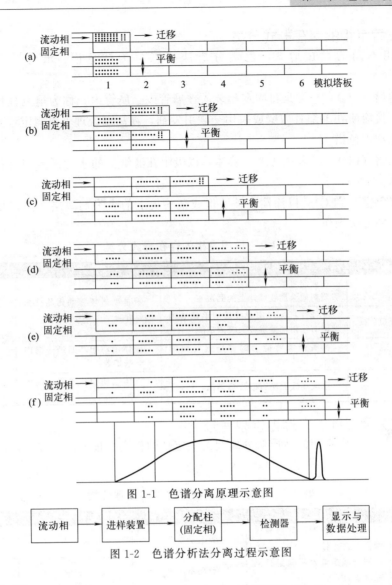

图 1-1 色谱分离原理示意图

图 1-2 色谱分析法分离过程示意图

二、分类

（一）按两相物理状态分类

（1）**根据流动相状态** 流动相是气体的，称为气相色谱法；流动相是液体的，称为液相色谱法；若流动相是超临界流体（流动相处于其临界温度和临界压力以上，具有气体和液体的双重性质），则称为超临界流体色谱法。至今研究较多的是 CO_2 和 N_2O 超临界流体色谱。

（2）**根据固定相状态** 根据固定相是活性固体（吸附剂）还是不挥发液体或在操作温度下呈液体（此液体称为固定液，它预先固定在一种载体上），气相色谱法又可分为气-固色谱法和气-液色谱法；同理，液相色谱法可分为液-固色谱法和液-液色谱法，见表1-1。

表 1-1 按两相物理状态分类

流动相	总称	固定相	色谱名称
气体	气相色谱（GC）	固体	气-固色谱（GSC）
		液体	气-液色谱（GLC）
液体	液相色谱（LC）	固体	液-固色谱（LSC）
		液体	液-液色谱（LLC）

（二）按固定相的存在形式分类

按固定相不同的存在形式，色谱分析法可以分为柱色谱、纸色谱和薄层色谱，见表1-2。

（1）柱色谱（CC）　一类是将固定相装入玻璃管或金属管内，称为填充柱色谱；另一类是将固定液直接涂渍在毛细管内壁或采用交联引发剂，在高温处理下将固定液交联到毛细管内壁，称为毛细管色谱。

（2）纸色谱（PC）　以多孔滤纸为载体，以吸附在滤纸上的水为固定相。各组分在纸上经展开而分离。

（3）薄层色谱（TLC）　以涂渍在玻璃板或塑料板上的吸附剂薄层为固定相，然后按照与纸色谱类似的方法操作。

表1-2　按固定相的存在形式分类

固定相类型		固定相性质	操作方式	色谱名称
柱	填充柱	在玻璃管或不锈钢柱管内填充固体吸附剂或涂渍在载体上的固定液	液体或气体流动相从柱头向柱尾连续不断地冲洗	柱色谱
	开口管柱	在弹性石英玻璃管或玻璃毛细管内壁附有吸附剂薄层或涂渍固定液		
纸		具有强渗透能力的滤纸或纤维素薄膜	液体流动相从滤纸一端向另一端扩散	纸色谱
薄层板		在玻璃板上涂有硅胶G薄层	液体流动相从薄层一端向另一端扩散	薄层色谱

（三）按分离过程的物理化学原理分类

色谱分析法中，固定相的性质对分离起着决定性的作用。按分离过程的物理化学原理分类见表1-3。

表1-3　按分离过程物理化学的原理分类

色谱类型	原理	平衡常数	流动相为液体	流动相为气体
吸附色谱	利用吸附剂对不同组分吸附性能的差别	吸附系数 K_A	液-固吸附色谱	气-固吸附色谱
分配色谱	利用固定液对不同组分分配性能的差别	分配系数 K_p	液-液分配色谱	气-液分配色谱
离子交换色谱	利用离子交换剂对不同离子亲和能力的差别	选择性系数 K_S	液相离子交换色谱	

（1）吸附色谱　用固体吸附剂作固定相，根据吸附剂表面对不同组分的物理吸附性能的差异进行分离。如气-固吸附色谱、液-固吸附色谱均属于此类。

（2）分配色谱　用液体作固定相，利用不同组分在固定相和流动相之间分配系数的差异进行分离。气相色谱法中的气-液色谱和液相色谱法中的液-液色谱均属于分配色谱。

（3）离子色谱　离子色谱法是以低交换容量的离子交换树脂为固定相对离子性物质进行分离。离子色谱的分离机理主要是离子交换，有3种分离方式，它们是高效离子交换色谱（HPIC）、离子排斥色谱（HPIEC）和离子对色谱（MPIC）。

（四）按固定相的材料分类

根据固定相的材料不同可分为离子交换色谱、空间排阻色谱和键合相色谱。

① 离子交换色谱是以离子交换剂为固定相的色谱法。

② 空间排阻色谱是以孔径有一定范围的多孔玻璃或多孔高聚物为固定相的色谱法。

③ 键合相色谱是采用化学键合相（即通过化学反应将固定液分子键合于多孔载体，如硅胶上）的色谱法。

知识链接

中药材和中药饮片检测常用的色谱柱分类

中药材成分复杂，其质量控制以现代分析方法为主、传统鉴定方法为辅。在分析的过程中选对色谱柱才能更好地使主要指标成分峰与杂质峰得到有效分离。《中国药典》中有关中药材和中药饮片检测用到的色谱柱大致有以下几大类。

1. 气相色谱常用的色谱柱

① 聚乙二醇 20000（PEG-20M）为固定相色谱柱，类似的色谱柱型号：HP-FFAP、DB-WAX、HP-INNOWAX、BP-20、Rtx-Wax、Carbowax 20M。

② 交联 50％苯基-50％甲基聚硅氧烷为固定相的类似色谱柱：DB-17、Rtx-50、SP-2250、SPB-50、ZB-50、AT-50。

③ 交联 5％苯基-95％甲基聚硅氧烷为固定相的类似色谱柱：HP-5、Rtx-5、DB-5。

④ 甲基硅橡胶（SE-30）为固定相，涂布浓度为 10％甲基硅橡胶（SE-30）固定相的类似色谱柱：Rtx-1、DB-1。

⑤ 甲基硅橡胶（SE-54）为固定相的类似色谱柱：HP-5、Rtx-5、DB-5。

⑥ 6％氰丙基苯基-94％二甲基聚硅氧烷为固定液的毛细管柱 Rtx-1301、DB-1301、DB-624、VF-1301ms。

⑦ 14％氰丙基苯基-86％二甲基聚硅氧烷为固定相的类似色谱柱：Rtx-1701、DB-1701、BP-10、OV-1701、ZB-1701。

2. 液相色谱常用的色谱柱

① 以丙基酰胺键合硅胶为填充剂的色谱柱：Venusil HILIC、HP-HILIC、Inertsil HILIC。

② 以氨基键合硅胶为填充剂的色谱柱：UltimateXB-NH_2、Agilent ZORBAX-NH_2、Kromasil-NH_2、Hypersil-NH_2。

③ 十八烷基硅烷键合硅胶为填充剂的色谱柱：Angilent C_{18}（ODS/XDB/SB/ZORB-AX/Eclipse）、Inertsil ODS-SP C_{18}、Shim-pack VP-ODS。

④ 强阳离子交换（SCX）色谱柱：Agilent ZORBAX SCX。

⑤ 糖类柱子：Prevail Carbohyrate ES。

⑥ 用苯基硅烷键合硅胶为填充剂：Agilent ZORBAX SB-phenyl、Kromasil-phenyl。

第二节　熟悉色谱流出曲线和术语

一、色谱流出曲线

将试样经色谱分离后的各组分的浓度经检测器转换成电信号记录下来，得到一条信号随时间变化的微分曲线，称为色谱流出曲线（色谱图），也称为色谱峰，理想的色谱流出曲线应该是正态分布曲线。色谱流出曲线如图 1-3 所示，色谱流出曲线上各个色谱峰，相当于试样中的各种组分，根据各个色谱峰，可以对试样中的各组分进行定性分析和定量分析。

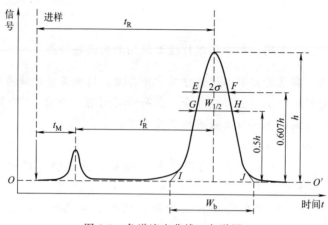

图 1-3　色谱流出曲线（色谱图）

二、术语

对色谱流出曲线通常用以下术语和关系式来表征。

1. 基线

在实验条件下，无试样组分通过检测器时，检测器记录到的信号称为基线（OO'）。基线在稳定的条件下应是一条水平的直线，它的平直与否可反映出实验条件的稳定情况。基线噪声是指由各种因素所引起的基线起伏，基线漂移是指基线随时间定向的缓慢变化。

2. 色谱峰

当某组分从色谱柱流出时，检测器对该组分的响应信号随时间变化所形成的峰形曲线称为该组分的色谱峰。色谱峰一般呈高斯正态分布。实际上一般情况下的色谱峰都是非对称的色谱峰即非高斯峰，如前伸峰、拖尾峰、平顶峰、馒头峰等。

3. 峰高

峰高（h）是指峰顶到基线的距离。

4. 峰面积

峰面积（A）是指每个组分的流出曲线与基线间所包围的面积。峰高或峰面积的大小与每个组分在样品中的含量相关，因此色谱图中，峰高和峰面积是进行定量分析的主要依据。

5. 峰宽

峰宽（W_b）是指色谱峰两侧拐点所作的切线与基线两交点之间的距离 IJ。

6. 半峰宽

半峰宽（$W_{1/2}$）是指在峰高 $1/2h$ 处的峰宽 GH。

7. 保留值

保留值表示试样中各组分在色谱柱中的保留时间的数值。它反映组分与固定相之间作用力的大小，通常用保留时间（停留时间）或用将组分带出色谱柱所需载气的体积（保留体积）表示。在一定的固定相和操作条件下，任何一种物质都有一确定的保留值，这样就可用作定性参数。

（1）死时间（t_M）　指不被固定相吸附或溶解的气体（如空气、甲烷）从进样开始到柱后出现浓度最大值时所需的时间，死时间正比于色谱柱的空隙体积。

（2）保留时间（t_R）　指被测组分从进样开始到柱后出现浓度最大值时所需的时间。保留时间是色谱峰位置的标志。

（3）调整保留时间（t_R'）　指扣除死时间后的保留时间，即

$$t_R' = t_R - t_M \tag{1-1}$$

t_R'更确切地表达了被分析组分的保留特性，是色谱定性分析的基本参数。

（4）死体积（V_M）　指色谱柱在填充后固定相颗粒间所留的空间、色谱仪中管路和连接头间的空间以及检测器的空间的总和。若操作条件下色谱柱内载气的平均流速为 F_c（mL/min），则：

$$V_M = t_M F_c \tag{1-2}$$

（5）保留体积（V_R）　指从进样开始到柱后被测组分出现浓度最大值时所通过的载气体积，即：

$$V_R = t_R F_c \tag{1-3}$$

（6）调整保留体积（V_R'）　指扣除死体积后的保留体积，即：

$$V_R' = t_R' F_c = (t_R - t_M) F_c = V_R - V_M \tag{1-4}$$

V_R'与载气流速无关。死体积反映了色谱柱和仪器系统的几何特性，它与被测物的性质无关，故保留体积值中扣除死体积后将更合理地反映被测组分的保留特性。

（7）相对保留值（r_{is}）　指一定实验条件下某组分 i 的调整保留值与另一组分 s 的调整保留值之比：

$$r_{is} \frac{t_{R_i}'}{t_{R_s}'} = \frac{V_{R_i}'}{V_{R_s}'} \tag{1-5}$$

r_{is} 仅仅与柱温和固定相性质有关，而与载气流量及其他实验条件无关，因此是色谱定性分析的重要参数之一。

（8）选择性因子（α_{is}）　指相邻两组分（组分 i 和组分 s）的调整保留值之比。

$$\alpha_{is} = \frac{t_{R_1}'}{t_{R_2}'} = \frac{V_{R_1}'}{V_{R_2}'} \tag{1-6}$$

α_{is} 表示色谱柱的选择性，即固定相（色谱柱）的选择性。α_{is} 值越大，相邻两组分的 t_R' 相差越大，两组分的色谱峰相距越远，分离得越好，说明色谱柱的分离选择性越高。当 $\alpha_{is} = 1$ 或接近 1 时，两组分的色谱峰重叠，不能被分离。

（9）相比率（β）　指色谱柱的气相与吸附剂或固定液体积之比。它能反映各种类型色谱柱的不同特点。

对于气-固色谱：

$$\beta = \frac{V_G}{V_S} \tag{1-7}$$

对于气-液色谱：

$$\beta = \frac{V_G}{V_L} \tag{1-8}$$

式中　V_G——色谱柱内气相空间，mL；

　　　V_S——色谱柱内吸附剂所占体积，mL；

V_L——色谱柱内固定液所占体积，mL。

（10）分配系数（K）　指在一定温度和压力下，组分在固定相和流动相之间分配达平衡时的浓度之比值，即

$$K = \frac{每毫升固定液中所溶解的组分量}{柱温及柱平均压力下每毫升载气所含组分量} = \frac{c_L}{c_G} \tag{1-9}$$

式中，c_L，c_G 分别表示组分在固定液、载气（气相）中的浓度。分配系数 K 是由组分和固定相的热力学性质决定的，它是每一个溶质的特征值，它仅与固定相和温度两个变量有关。与两相体积、柱管的特性以及所使用的仪器无关。

（11）容量因子 k（分配比）　在一定温度和压力下，组分在两相间的分配达平衡时，分配在固定相和流动相中的质量比，称为容量因子。它反映了组分在柱中的迁移速率。

$$k = \frac{组分在固定相中的质量}{组分在流动相中的质量} = \frac{m_L}{m_G} \tag{1-10}$$

容量因子 k 值可直接从色谱图中测得

$$k = \frac{t_R - t_M}{t_M} = \frac{t'_R}{t_M} \tag{1-11}$$

式（1-11）表明测容量因子 k 较容易（因为只要测 t_R，t_M 就行），所以气相色谱中常用容量因子 k 而不用分配系数 K。当 $k=0$ 时，则 $t_R = t_M$ 组分无保留行为；$k=1$ 时，则 $t_R = 2t_M$；k 趋近于 ∞，t_R 很大，此时组分峰出不来；$k = 1 \sim 5$ 最好。主要通过选择合适的固定液、改变流动相（对液相色谱）、改变样品本身的性质来控制 k。

第三节　掌握色谱分析技术评价指标

色谱分析研究的是混合物的分离、分析问题，色谱理论一方面需要解决的问题是如何评价色谱的分离效果，以建立分离柱效的评价指标体系及柱效与色谱参数间的关系等；另一方面则是讨论影响分离及柱效的因素，在理论的指导下寻找提高柱效的途径。色谱分离过程涉及热力学和动力学两个方面，组分保留时间受色谱分离过程中的热力学因素控制（温度及流动相和固定相的结构与性质），色谱峰变宽则受色谱分离过程中的动力学因素控制（组分在两相中的运动情况）。色谱分析的基本理论有塔板理论和速率理论，塔板理论是一种半经验理论，从热力学的观点解释了色谱流出曲线，给出了分离柱效的评价指标；速率理论从动力学的角度出发，讨论了影响分离的因素及提高柱效的途径。

一、热力学评价指标——塔板理论

1. 塔板理论

塔板理论（plate theory）是 1941 年由马丁（Martin）和詹姆斯（James）提出的，将色谱分离过程比拟成蒸馏过程，将色谱分离柱中连续的色谱分离过程分割成组分在流动相和固定相之间的多次分配平衡过程的重复，类似于蒸馏塔中每块塔板上的平衡过程，并引入了理论塔板高度和理论塔板数的概念。关于塔板理论的假设如下。

① 在柱内一小段长度 H 内，组分可以在两相间迅速达到平衡。这一小段柱长称为理论塔板高度 H，简称为板高。整个色谱柱是由一系列顺序排列的塔板所组成的。

② 将载气（流动相）看作做脉冲式进入色谱柱，每次进气为一个塔板体积（ΔV_m）。

③ 所有组分开始时存在于第"0"号塔板上，试样沿色谱柱方向的扩散可忽略。

④ 假定组分在所有的塔板上都是线性等温分配，即组分的分配系数（K）在各塔板上均为常数，且不随组分在某一塔板上的浓度变化而变化。

2. 塔板数与柱效能

单一组分进入色谱柱，在流动相和固定相之间经过多次分配平衡，流出色谱柱时，便可得到一趋于正态分布的色谱峰，色谱峰上组分的最大浓度处所对应的流出时间或载气板体积即为该组分的保留时间或保留体积。若试样为多组分混合物，则经过多次的平衡后，如果各组分的分配系数有差异，则在柱出口处出现最大浓度时所需的载气板体积数亦将不同。由于色谱柱的塔板数相当多，因此不同组分的分配系数只要有微小的差异，仍然可以得到很好的分离效果。

对于一个色谱柱来说，其分离能力（柱效能）的大小主要与塔板的数目有关，塔板数越多，柱效能越高。色谱柱的塔板数可以用理论塔板数 n 和有效塔板数 $n_{有效}$ 来表示。

色谱柱长为 L，理论塔板高度为 H 则：

$$H = \frac{L}{n} \tag{1-12}$$

显然，当色谱柱长 L 为固定时，每次分配平衡需要的理论塔板高度 H 越小，则柱内理论塔板数 n 就越多，组分在该柱内被分配于两相的次数就越多，柱效能就越高。

计算理论塔板数 n 的经验式为：

$$n = 5.54 \left(\frac{t_R}{W_{1/2}} \right)^2 = 16 \left(\frac{t_R}{W_b} \right)^2 \tag{1-13}$$

式中　n——理论塔板数；

t_R——组分的保留时间；

$W_{1/2}$——以时间为单位的半峰宽；

W_b——以时间为单位的峰底宽。

在实际应用中，常常出现计算出的 n 值很大，但色谱柱的实际分离效能并不高的现象。这是由于保留时间 t_R 包括了死时间 t_M，而 t_M 不参加柱内的分配，即理论塔板数还未能真实反映色谱柱的实际分离效能。为此，提出了以 t_R' 代替 t_R 计算所得到的有效理论塔板数。

$n_{有效}$ 来衡量色谱柱的柱效能。计算公式为：

$$n_{有效} = \frac{L}{H_{有效}} = 5.54 \left(\frac{t_R'}{W_{1/2}} \right)^2 = 16 \left(\frac{t_R'}{W_b} \right)^2 \tag{1-14}$$

式中　$n_{有效}$——有效理论塔板数；

$H_{有效}$——有效理论塔板高度；

t_R'——组分调整保留时间；

$W_{1/2}$——以时间为单位的半峰宽；

W_b——以时间为单位的峰底宽。

塔板理论给出了衡量色谱柱分离效能的指标，但柱效并不能表示被分离组分的实际分离效果，如果两组分的分配系数 K 相同，虽可计算出柱子的塔板数，但无论该色谱柱的塔板数多大，都无法实现分离。该理论无法解释同一色谱柱在不同的载气流速下柱效不同的实验结果，也无法指出影响柱效的因素及提高柱效的途径。由于流动相的快速流动及传质阻力的存在，分离柱中两相间的分配平衡不能快速建立，所以塔板理论只是近似地描述了发生在色谱柱中的实际过程。

二、动力学评价指标——速率理论

（一）速率方程

速率理论也称为动力学理论，其核心是速率方程，也称为范第姆特（Van Deemter）方程。色谱分离过程中峰变宽的原因之一是有限传质速率引起的动力学效应的影响，故塔板高度 H 与流动相的流速 u 之间有着必然的联系，如图 1-4 所示。

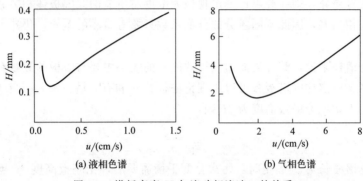

(a) 液相色谱　　　　　　(b) 气相色谱

图 1-4　塔板高度 H 与流动相流速 u 的关系

由图 1-4 可见，塔板高度是流速的函数，通过数学模型来描述两者间的关系可得到速率方程

$$H = A + B/u + Cu \tag{1-15}$$

式中　A，B，C——常数，分别对应于涡流扩散，分子扩散和传质阻力三项；

　　　　H——塔板高度，cm；

　　　　u——载气的线速度，cm/s。

减小 A、B、C 可提高柱效，所以这三项各与哪些因素有关是解决如何提高柱效问题的关键所在。

（二）速率方程参数

1. 涡流扩散项 A

流动相携带试样组分分子在分离柱中向前运动时，组分分子碰到填充剂颗粒将改变方向形成紊乱的涡流，使组分分子各自通过的路径不同，从而引起色谱峰变宽，如图 1-5 所示。A 可表示为：

$$A = 2\lambda d_p \tag{1-16}$$

式中　λ——固定相的填充不均匀因子；

　　　d_p——固定相的平均颗粒直径。

涡流扩散项的大小与固定相的平均颗粒直径和填充是否均匀有关，而与流动相的流速无关。固定相颗粒越小，填充得越均匀，A 项的值越小，柱效越高，表现在由涡流扩散所引起的色谱峰变宽现象减轻，色谱峰较窄。

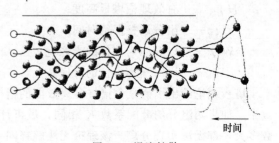

图 1-5　涡流扩散

2. 分子扩散项 B/u

当试样组分以很窄的"塞子"形式进入色谱柱后，由于在"塞子"前后存在着浓度差，当其随着流动相向前流动时，试样中组分分子将沿着柱子产生纵向扩散，导致色谱峰变宽。分子扩散与组分所通过路径的弯曲程度和扩散系数有关：

$$B = 2\gamma D_g \tag{1-17}$$

式中　γ——弯曲因子，毛细柱（空心柱）$\gamma = 1$，填充柱 $\gamma = 0.6 \sim 0.8$；

　　　D_g——气相扩散系数，cm^3/s。

分子扩散项与组分在载气中的扩散系数 D_g 成正比。

分子扩散项还与流动相的流速有关，流速越小，组分在柱中滞留的时间越长，扩散越严重。组分分子在气相中的扩散系数要比在液相中的大，故气相色谱中的分子扩散要比液相色谱中的严重得多。在气相色谱中，采用摩尔质量较大的载气，可使 D_g 值减小。

3. 传质阻力项 C_u

传质阻力项包括流动相传质阻力项 C_M 和固定相传质阻力项 C_S，即

$$C_u = C_M + C_S \tag{1-18}$$

$$C_M = \frac{0.01k^2 d_p^2}{(1+k)^2 D_M} \tag{1-19}$$

$$C_S = \frac{2k d_f^2}{3(1+k)^2 D_S} \tag{1-20}$$

式中　k——容量因子；

D_M、D_S——流动相和固定相中的扩散系数；

　　　d_p——固定相颗粒半径；

　　　d_f——液膜厚度。

由以上各关系式可知，减小固定相粒度，选择分子量小的气体做载气，减小液膜厚度，可降低传质阻力。

速率方程（1-15）中 B、C 两项对理论塔板高度的贡献随流动相流速的改变而不同，在毛细管色谱中，分离柱为中空毛细管，则 $A = 0$。流动相流速较高时，传质阻力项是影响柱效的主要因素。流速增加，传质不能快速达到平衡，柱效下降。载气流速低时试样由高浓度区向两侧纵向扩散加剧，分子扩散项成为影响柱效的主要因素，流速增加，柱效增加。

由于流速对 B、C 两项的作用完全相反，流速对柱效的总影响存在一个最佳流速值，即速率方程中理论塔板高度对流速的一阶导数有一极小值。以理论塔板高度 H 对应流动相流速 u 作图 1-6，曲线最低点的流速即为最佳流速。

速率理论的要点归纳为以下几点：组分分子在柱内运行的多路径、涡流扩散、浓度梯度造成的分子扩散及传质

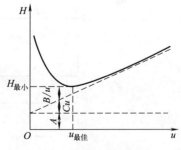

图 1-6　最佳流速图

阻力使气液两相间的分配平衡不能瞬间达到等因素是造成色谱峰变宽及柱效下降的主要原因；通过选择适当的固定相粒度、载气种类、液膜厚度及载气流速可提高柱效；速率理论为色谱分离和操作条件选择提供了理论指导，阐明了流速和柱温对柱效及分离的影响；各种因

素相互制约如流速增大，分子扩散项的影响减小，使柱效提高，但同时传质阻力项的影响增大，又使柱效下降。柱温升高，有利于传质，但又加剧了分子扩散项的影响。只有选择最佳操作条件，才能使柱效达到最高。

三、分离度

塔板理论和速率理论都难以描述难分离物质对的实际分离程度，即柱效为多大时，相邻两组分能够被完全分离。难分离物质对的分离度大小受色谱分离过程中两种因素的综合影响，保留值之差为色谱分离过程中的热力学因素；区域宽度为色谱分离过程中的动力学因素。

色谱分离中的四种情况如图 1-7 所示。图 1-7（a）中，由于柱效较高，两组分的 ΔK（分配系数之差）较大，分离完全。图 1-7（b）中的 ΔK 不是很大，但柱效较高，峰较窄，基本上分离完全。图 1-7（c）中的柱效较低，虽然 ΔK 较大，但分离得仍然不好。图 1-7（d）中的 ΔK 小，且柱效低，分离效果较差。

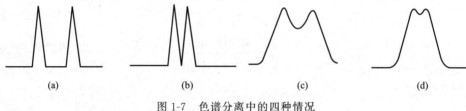

（a）　　　　　　（b）　　　　　　（c）　　　　　　（d）

图 1-7　色谱分离中的四种情况

考虑色谱分离过程中的热力学因素和动力学因素，引入分离度（R）来定量描述混合物中相邻两组分的实际分离程度。分离度的表达式为

$$R = \frac{2[t_{R(2)} - t_{R(1)}]}{W_{b(2)} + W_{b(1)}} = \frac{2[t_{R(2)} - t_{R(1)}]}{1.699[W_{1/2(2)} + W_{1/2(1)}]} \tag{1-21}$$

当 $R = 0.75$ 时，分离程度达到 89%；$R = 1$ 时分离程度达到 98%；$R = 1.5$ 时分离程度达到 99.7%，故以此定义为相邻两峰完全分离的标准。不同分离度时的色谱等高峰分离的程度，如图 1-8 所示。

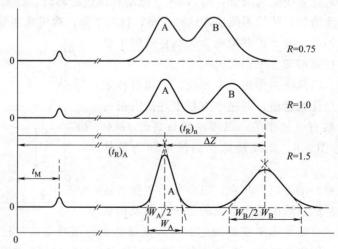

图 1-8　不同分离度时的色谱等高峰分离的程度

四、基本色谱分离方程

分离的热力学和动力学（即峰间距和峰宽）两个方面因素，定量地描述了混合物中相邻两组分实际分离的程度，因而用它作色谱柱的总分离效能指标。如果 $W_{b(2)}=W_{b(1)}=W_b$（相邻两峰的峰底宽近似相等），分离度与柱效能（n）、容量因子（k）和选择性因子（α）三者之间的关系可用数学式表示为：

$$R=\frac{\sqrt{n}}{4}\left(\frac{\alpha-1}{\alpha}\right)\left(\frac{k}{k+1}\right) \tag{1-22}$$

式（1-22）即为基本色谱分离方程式。

实际应用中，用 $n_{有效}$ 代替 n。

$$n_{有效}=n\left(\frac{k}{k+1}\right)^2 \tag{1-23}$$

基本色谱分离方程式变为

$$R=\frac{\sqrt{n_{有效}}}{4}\left(\frac{\alpha-1}{\alpha}\right) \tag{1-24}$$

或

$$n_{有效}=16R^2\left(\frac{\alpha}{\alpha-1}\right)^2 \tag{1-25}$$

1. 分离度与柱效能的关系

由式（1-24）可以看出，具有一定相对保留值 α 的物质对，分离度直接和有效塔板数有关，说明有效塔板数能正确地代表柱效能。由式（1-22）说明分离度与理论塔板数的关系还受热力学性质的影响。当固定相确定，被分离物质的 α 确定后，分离度将取决于 n。这时，对于一定理论板高的柱子，分离度的平方与柱长成正比，即

$$\left(\frac{R_1}{R_2}\right)^2=\frac{n_1}{n_2}=\frac{L_1}{L_2} \tag{1-26}$$

说明用较长的色谱柱可以提高分离度，但延长了分析时间。因此，提高分离度的好方法是制备出一根性能优良的柱子，通过降低板高，以提高分离度。

2. 分离度与选择性因子的关系

由基本色谱方程式判断，当 $\alpha=1$ 时，$R=0$。这时，无论怎样提高柱效能也无法使两组分分离。显然，α 大，选择性好。研究证明 α 的微小变化，就能引起分离度的显著变化。一般通过改变固定相和流动相的性质和组成或降低柱温，可有效增大 α 值。

3. 分离度与容量因子的关系

根据式（1-22），增大 k 可以适当增加分离度 R，但这种增加是有限的，当 $k>10$ 时，随容量因子增大，分离度 R 增加是非常少的。R 通常控制在 $2\sim10$ 为宜。对气相色谱，通过提高柱温选择合适的 k 值，可改善分离度。对液相色谱，改变流动相的组成比例，就能有效地控制 k 值。

五、基本色谱分离方程的应用

在实际工作中，基本色谱分离方程将柱效能、选择性因子、分离度三者关系联系起来，已知其中任意两个指标，即可知道第三个指标的数值。

[**例 1-1**]　在一定条件下，两个组分的调整保留时间分别为 85s 和 100s，要达到完全分离，即 $R=1.5$，计算需要多少有效塔板。若填充柱的塔板高度为 0.1cm，所需柱长是多少？

解：

$$\alpha = \frac{t'_{R_1}}{t'_{R_2}} = \frac{100}{85} = 1.18$$

$$n_{有效} = 16R^2\left(\frac{\alpha}{\alpha-1}\right)^2 = 16 \times 1.5^2 \times \left(\frac{1.18}{1.18-1}\right)^2 = 1547（块）$$

$$L = n_{有效}H_{有效} = 1547 \times 0.1 = 155（cm）$$

即柱长为 1.55m 时，两组分可以达到完全分离。

[**例 1-2**]　在一定条件下，两个组分的保留时间分别为 12.2s 和 12.8s，$n=3600$ 块，计算分离度（设柱长为 1m）。若要达到完全分离，即 $R=1.5$，求所需要的柱长。

解：

$$由\ n = 16\left(\frac{t_R}{W_b}\right)^2\ 得$$

$$W_{b(1)} = \frac{4t_{R(1)}}{\sqrt{n}} = \frac{4 \times 12.2}{\sqrt{3600}} = 0.8133$$

$$W_{b(2)} = \frac{4t_{R(2)}}{\sqrt{n}} = \frac{4 \times 12.8}{\sqrt{3600}} = 0.8533$$

$$R = \frac{2 \times (12.8-12.2)}{0.8533+0.8133} = 0.72$$

$$由\ \left(\frac{R_1}{R_2}\right)^2 = \frac{L_1}{L_2}\ 得$$

$$L_2 = \left(\frac{R_2}{R_1}\right)^2 \times L_1 = \left(\frac{1.5}{0.72}\right)^2 \times 1 = 4.34（m）$$

[**例 1-3**]　有一根 1.5m 长的柱子，分离组分 1 和 2，$t_{R(1)}$、$t_{R(2)}$ 分别为 45min、49min，死时间为 5min，$W_{b(2)} = W_{b(1)} = 5mm$。

（1）求两组分在色谱柱上的分离度和色谱柱的有效塔板数。

（2）若要使组分 1 和 2 完全分离，求所需要的柱长。

解：（1）

$$\alpha = \frac{t'_{R_2}}{t'_{R_1}} = \frac{49-5}{45-5} = 1.1$$

$$R = \frac{2[t_{R(2)}-t_{R(1)}]}{W_{b(2)}+W_{b(1)}} = \frac{2 \times (49-45)}{5+5} = 0.8$$

$$n_{有效} = 16R^2\left(\frac{\alpha}{\alpha-1}\right)^2 = 16 \times 0.8^2 \times \left(\frac{1.1}{1.1-1}\right)^2 = 1239（块）$$

（2）

$$H_{有效} = \frac{L}{n_{有效}} = \frac{1.5}{1239} = 1.21 \times 10^{-3}（m）$$

$$n_{有效} = 16 \times 1.5^2 \times \left(\frac{1.1}{1.1-1}\right)^2 = 4356（块）$$

$$L = n_{有效}H_{有效} = 4356 \times 1.21 \times 10^{-3} = 5.27（m）$$

第四节 掌握定性和定量分析技术方法

🔽 **应用**

制备性色谱和分析性色谱

色谱法的应用可以根据目的分为制备性色谱和分析性色谱两大类。

1.制备性色谱

制备性色谱的目的是分离混合物，获得一定数量的纯净组分，这包括对有机合成产物的纯化、天然产物的分离纯化以及去离子水的制备等。相对于色谱法出现之前的纯化分离技术如重结晶，色谱法能够在一步操作之内完成对混合物的分离，但是色谱法分离纯化的产量有限，只适合于实验室应用。

2.分析性色谱

分析性色谱的目的是定量或者定性测定混合物中各组分的性质和含量。定性的分析性色谱有薄层色谱、纸色谱等，定量的分析性色谱有气相色谱、高效液相色谱等。色谱法应用于分析领域使得分离和测定的过程合二为一，降低了混合物分析的难度缩短了分析的周期，是目前比较主流的分析方法。在《中国药典》中，共有约 600 种化学合成药和约 400 种中药的质量控制应用了高效液相色谱的方法。

色谱分析的目的是获得试样的组成和各组分含量等信息，以降低试样系统的不确定度。但在所获得的色谱图中，并不能直接给出每个色谱峰所代表的组分及其准确含量，需要掌握一定的定性与定量分析方法。

一、定性分析

色谱分析的简单定性可以采取以下几种方法，但均属于间接法，不能提供有关组分分子的结构信息。利用色谱对混合物的高分离能力和其他结构鉴定仪器相结合而发展起来的联用技术，使得色谱分析的定性问题得到较好的解决。

1.利用纯物质定性

（1）利用保留值定性 在完全相同的条件下，分别对试样和纯物质进行分析。通过对比试样中具有与纯物质相同保留值的色谱峰，确定试样中是否含有该物质及在色谱图中的位置，但这种方法不适用于在不同仪器上获得的数据之间的对比。对于保留值接近或分离不完全的组分，该方法难以准确判断。

（2）用加入法定性 将纯物质加入试样中，观察各组分色谱峰的相对变化，确定与纯物质相同的组分。

分离不完全时，不同物质可能在同一色谱柱上具有相同的保留值，在一支色谱柱上按上述方法定性的结果并不可靠，需要在两支不同性质的色谱柱上进行对比。当缺乏标准试样时，可以采用以下方法定性。

2.利用文献保留值定性

相对保留值仅与柱温和固定液的性质有关。在色谱手册中都列有各种物质在不同固定液上的相对保留值数据，可以用来进行定性鉴定。

3. 利用保留指数定性

（1）保留指数　保留指数又称为科瓦茨（Kovats）指数，它表示物质在固定液上的保留行为，是目前使用最广泛并被国际上公认的定性指标。保留指数也是一种相对保留值，它是把正构烷烃中某两个组分的调整保留值的对数作为相对的尺度，并假定正构烷烃的保留指数为 $n \times 100$。被测物的保留指数值可用内插法计算，是一种重现性较好的定性参数。

（2）测定方法　将正构烷烃作为标准，规定其保留指数为分子中碳原子个数乘以 100（如正己烷的保留指数为 600）。其它物质的保留指数是通过选定两个相邻的正构烷烃，其分别具有 Z 和 $Z+1$ 个碳原子。被测物质 X 的调整保留时间应在相邻两个正构烷烃的调整保留值之间，如图 1-9 所示。大量实验数据表明，化合物调整保留时间的对数值与其保留指数间的关系基本上是一条直线关系。因此可用内插法计算保留指数 I_X。

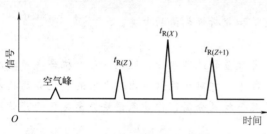

图 1-9　保留指数测定示意图

保留指数的计算方法为

$$t'_{R(Z+1)} > t'_{R(X)} > t'_{R(Z)} \tag{1-27}$$

$$I_X = 100 \left[\frac{\lg t'_{R(X)} - \lg t'_{R(Z)}}{\lg t'_{R(Z+1)} - \lg t'_{R(Z)}} + Z \right] \tag{1-28}$$

二、定量分析

定量分析就是确定样品中某一种组分的准确含量。气相色谱定量分析与绝大部分的仪器定量分析一样，是一种相对定量方法，而不是绝对定量分析方法。

在一定的色谱分离条件下，检测器的响应信号，即色谱图上的峰面积与进入检测器的质量（或浓度）成正比，这是色谱定量分析的基础。定量计算前需要正确测量峰面积和比例系数（定量校正因子）。

1. 峰面积的测量

（1）峰高（h）乘半峰宽（$W_{1/2}$）法　该法是近似将色谱峰当作等腰三角形，但此法算出的面积是实际峰面积的 0.94 倍，故实际峰面积 A 应为

$$A = 1.064 h W_{1/2} \tag{1-29}$$

（2）峰高乘平均峰宽法　当峰形不对称时，可在峰高 0.15 和 0.85 处分别测定峰宽，由式（1-30）计算峰面积：

$$A = 1/2(W_{0.15} + W_{0.85})h \tag{1-30}$$

（3）峰高乘保留时间法　在一定操作条件下，同系物的半峰宽与保留时间成正比，对于难于测量半峰宽的窄峰、重叠峰（未完全重叠），可用此法测定峰面积：

$$W_{1/2} \propto t_R \qquad W_{1/2} = b t_R$$

$$A = h b t_R \tag{1-31}$$

作相对计算时，b 可以约去。

（4）自动积分和计算机处理法　新型仪器多配备计算机，可自动采集数据并进行数据处理给出峰面积及含量等结果。

2. 定量校正因子

色谱定量分析的依据是被测组分的量与其峰面积成正比。当两个质量相同的不同组分在相同条件下使用同一检测器进行测定时，所得的峰面积却不相同。因此，混合物中某一组分的含量并不等于该组分的峰面积与各组分峰面积总和的比值。这样，就不能直接利用峰面积计算物质的含量。为了使峰面积能真实反映出物质的质量，就要对峰面积进行校正，即在定量计算中引入校正因子。

(1) 绝对校正因子 (f_i) 绝对校正因子是指单位面积或单位峰高对应的物的质量，即：

$$f_i = \frac{m_i}{A_i} \tag{1-32}$$

$$或 f_{i(h)} = \frac{m_i}{h_i} \tag{1-33}$$

绝对校正因子 f_i 的大小主要由操作条件和仪器的灵敏度所决定，f_i 无法直接应用，定量分析时，一般采用相对校正因子。

(2) 相对校正因子 (f_i') 相对校正因子是指组分 i 与另一标准物 s 的绝对校正因子之比，即：

$$f_i' = \frac{f_i}{f_s} = \frac{m_i/A_i}{m_s/A_s} = \frac{m_i A_s}{m_s A_i} \tag{1-34}$$

当 m_i、m_s 以摩尔为单位时，所得相对校正因子称为相对摩尔校正因子，用 f_M' 表示；当 m_i、m_s 用质量单位时，以 f_w' 表示。

对于气体样品，以体积计量时，对应的相对校正因子称为相对体积校正因子，以 f_V' 表示。

当温度和压力一定时，相对体积校正因子等于相对摩尔校正因子，即

$$f_M' = f_V' \tag{1-35}$$

相对校正因子值只与被测物和标准物以及检测器的类型有关，而与操作条件无关。因此，f_i' 值可自文献中查出引用。若文献中查不到所需的 f_i' 值，也可以自己测定。常用的标准物质，对热导检测器 (TCD) 是苯，对火焰离子化检测器 (FID) 是正庚烷。

测定相对校正因子时最好用色谱纯试剂。若无纯品，也要确知该物质的含量。测定时首先准确称量标准物质和待测物，然后将它们混合均匀进样，分别测出其峰面积，再进行计算。

3. 定量分析方法

(1) 归一化法 归一化法是试样中所有 n 个组分全部流出色谱柱，并在检测器上产生信号时使用。归一化法就是以样品中被测组分经校正过的峰面积（或峰高）占样品中各组分经过校正的峰面积（或峰高）的总和的比例来表示样品中各组分含量的定量方法。

假设试样中有 n 个组分，每个组分的质量分别为 $m_1, m_2, \cdots, m_n$，各组分含量的总和 m 为 100%，其中组分 i 的质量分数 ω_i 可按下式计算：

$$\omega_i = \frac{m_i}{m_1 + m_2 + \cdots + m_n} \times 100\% = \frac{f_i A_i}{f_1 A_1 + f_2 A_2 + \cdots + f_n A_n} \times 100\% \tag{1-36}$$

f_i 为质量校正因子，得质量分数；如为摩尔校正因子，则得摩尔分数或体积分数（气体）。

若各组分的 f 值相近或相同，例如同系物中沸点接近的各组分，则式 (1-36) 可简

化为：

$$\omega_i = \frac{A_i}{A_1 + A_2 + \cdots + A_i + \cdots + A_n} \times 100\%$$ (1-37)

对于狭窄的色谱峰，有时也用峰高代替峰面积来进行定量测定。当各种条件保持不变时，在一定的进样量范围内，峰的半宽度是不变的，因为峰高就直接代表某一组分的量。

$$\omega_i = \frac{h_i f'_{i(h)}}{h_1 f'_{1(h)} + h_2 f'_{2(h)} + \cdots + h_i f'_{i(h)} + \cdots + h_n f'_{n(h)}} \times 100\%$$ (1-38)

$f'_{n(h)}$ 为峰高校正因子，此值常自行测定，测定方法用峰面积校正因子，不同的是用峰高代替峰面积。

如果试样中有不挥发性组分或易分解组分时，采用该方法将产生较大误差。

（2）外标法　即标准曲线法。外标法不是把标准物质加入被测样品中，而是在与被测样品相同的色谱条件下单独测定，把得到的色谱峰面积与被测组分的色谱峰面积进行比较求得被测组分的含量。

标准曲线法是用对照物质配制一系列浓度的对照品溶液确定工作曲线，求出斜率、截距。在完全相同的条件下，准确进样与对照品溶液相同体积的样品溶液，根据待测组分的信号（峰面积或峰高），从标准曲线上查出其浓度，或用回归方程计算。

标准曲线法的优点是绘制好标准工作曲线后，可直接从标准曲线上读出含量，因此可用于特别大量样品的测定。外标法方法简便，是用待测组分的纯样制标准曲线。

外标法不使用校正因子，准确性较高，不论样品中其他组分是否出峰，均可对待测组分定量。但操作条件变化对结果的准确性影响较大，对进样量的准确性控制要求较高，适用于大批量试样的快速分析。

（3）内标法　内标法是选择一种物质作为内标物，与试样混合后进行分析。这样内标物与试样组分的分析条件完全相同，两者峰面积的相对比值固定，可采用相对比较法进行计算。

内标法的关键是选择一种与试样组分性质接近的物质作为内标物，其应满足试样中不含有该物质，与试样组分性质比较接近，不与试样发生化学反应，出峰位置应位于试样组分附近，且无组分峰影响。

选定内标物后，需要重新配制试样：准确称取一定量的原试样，再准确加入一定量的内标物（m_s），则试样中内标物与待测物的质量比为

$$m_i = f_i A_i \quad m_s = f_s A_s$$

$$\frac{m_i}{m_s} = \frac{f_i A_i}{f_s A_s} = f'_i \frac{A_i}{A_s}$$

$$m_i = f'_i \frac{A_i}{A_s} m_i$$ (1-39)

设样品的质量为 $m_{试样}$，则待测组分 i 的质量分数为

$$\omega_i = \frac{m_i}{m_{试样}} \times 100\% = \frac{m_s \dfrac{f'_i A_i}{f'_s A_s}}{m_{试样}} \times 100\% = \frac{m_s A_i f'_i}{m_{试样} A_s f'_s} \times 100\%$$ (1-40)

式中　f'_i，f'_s——组分 i 和内标物 s 的质量校正因子；

A_i，A_s——组分 i 和内标物 s 的峰面积。

也可用峰高代替面积，则

$$\omega_i = \frac{m_s h_i f'_{i(h)}}{m_{\text{试样}} h_s f'_{s(h)}} \times 100\% \tag{1-41}$$

式中　$f'_{i(h)}$，$f'_{s(h)}$——组分 i 和内标物 s 的峰高校正因子。

也可改写为式（1-42）和式（1-43）

$$\omega_i = f'_i \frac{m_s A_i}{m_{\text{试样}} A_s} \times 100\% \tag{1-42}$$

$$\omega_i = f'_{i(h)} \frac{m_s h_i}{m_{\text{试样}} h_s} \times 100\% \tag{1-43}$$

当只需测定试样中某几个组分，或试样中所有组分不可能全部出峰时，可采用内标法。内标法的准确性较高，操作条件和进样量的稍许变动对定量结果的影响不大，但对于每个试样的分析，都要先进行两次称量，不适合大批量试样的快速分析。若将试样的取样量和内标物的加入量固定则

$$\omega_i = \frac{A_i}{A_s} \times 常数 \times 100\% \tag{1-44}$$

由式（1-41）可以配制一系列试样的标准溶液进行分析，绘制标准曲线，即内标法标准曲线。

（4）标准加入法　标准加入法实质上是一种特殊的内标法，是在选择不到空白基质的前提下，以欲测组分的纯物质为内标物，加入待测样品中，然后在相同的色谱条件下，测定加入欲测组分纯物质前后欲测组分的峰面积（或峰高），从而计算欲测组分在样品中的含量的方法。因此内标法的公式适用于标准加入法。标准加入法还具有独特的处理方法。

标准加入法又称为标准增量法或直线外推法，是一种被广泛使用的检验仪器准确度的测试方法。这种方法尤其适用于检验样品中是否存在干扰物质。

当很难配制与样品溶液相似的标准溶液，或样品基体成分很高，而且变化不定或样品中含有固体物质而对吸收的影响难以保持一定时，采用标准加入法是非常有效的。

具体定量操作步骤和计算过程如下。

① 假设取 n 份体积为 V 的样品，等量加入 n 个 100mL 的容量瓶中，取不同浓度梯度的已知浓度的标准溶液，分别加入上述容量瓶中。

② 浓度梯度可按实际情况选取。如分别选取 0.100mL、0.200mL、0.400mL、0.600mL、0.800mL、1.00mL 等，但至少要 6 个梯度，另外加一个空白。加水稀释至所需刻度后，分别测定对应的吸光度 A_0、A_1、A_2、A_3、A_4、A_5、A_6 等。

③ 以标准溶液的浓度（c）为横坐标，吸光度（A）为纵坐标，得到有截距的直线，把直线延长到与横坐标相交，得到的交点处的浓度值，就是样品中待测组分的浓度。

🧪 科学探究

现代色谱检验技术在药物分析学中的重要作用

现代色谱法已成为体内药物分析学中复杂体系组分分离和分析的强有力工具。二十一世纪，体内药物分析学在方法和技术上迅速发展，如联用技术、高通量技术、微量研究、微型化技术等，由色谱-光谱联用阶段向着在线预处理-色谱-光谱、生物技术-电子计算机等多元联用技术的方向迈进。这些先进的分析技术的改进，已经逐步应用于药物的研发与临床检

测，为药物在体内乃至细胞水平的灵敏、准确、快速检测提供了可能。

近年来色谱技术在体内药物分析中的应用进展包括柱切换技术、手性色谱技术、高效毛细管电泳技术、超临界流体色谱技术以及色谱联用技术。由于这些新技术在进样分离模式、检测手段等方面独特的优越性，提高了分析的准确度、灵敏度和选择性，使色谱技术成为体内药物分析中最强有力的工具之一，具有广阔的应用前景。

第五节　学会填充色谱柱的制备

一、健康安全和环保

乙醚易挥发，对呼吸道有刺激作用；浓盐酸易挥发，腐蚀性比较强，在通风橱内使用；氢氧化钠有腐蚀性。

二、实训目的

(1) 学习固定液的涂渍方法。

(2) 学习装填色谱柱的操作和色谱柱的老化处理方法。

三、原理

色谱柱是气相色谱仪的关键部件之一，制备气-液色谱的色谱柱，一般应考虑以下几方面。

1. 载体的选择与预处理

根据被测组分的极性大小选择不同的载体，并通过酸洗、碱洗或硅烷化、釉化等方式进行预处理，以改进载体孔径结构和屏蔽活性中心，从而提高柱效能。载体的颗粒度常用 80～120 目。

2. 固定液的选择

根据相似相溶的原理和被测组分的极性，选择合适的固定液。

3. 确定固定液与载体的配比

一般固载比为 5:100～25:100，配比的比例直接影响载体表面固定液液膜的厚度，因而影响色谱柱的柱效能。

4. 柱管的选择与清洗

一般填充柱的柱长为 1～10m，柱的内径为 2～6 mm，柱管材质有不锈钢、玻璃、铜等。柱管需用酸、碱反复清洗。

5. 色谱柱的装填与老化

固定相在柱管内应该装填得均匀、紧密，并在装填过程中不被破碎，才能获得高的柱效能。固定相在装填后还须进行老化处理，以除去残留的溶剂和低沸点杂质，并使固定液液膜牢固、均匀地涂布在载体表面。

四、仪器和试剂

仪器：气相色谱仪；红外线干燥箱 250W；筛子 100 目、120 目；真空泵；水泵；干燥塔（玻璃）；漏斗；蒸发皿；色谱柱管长 2m，内径 2mm 的螺旋状不锈钢空柱；氮气钢瓶。

试剂：固定液，二甲基硅橡胶（SE-30）；载体，102 硅烷化白色载体，100～120 目；乙醚，盐酸，氢氧化钠等均为分析纯。

五、测定步骤

1. 载体的预处理

称取 100g 100～120 目的 102 硅烷化白色载体，用 100 目和 120 目筛子过筛，在 105℃烘箱内烘干 4～6h，以除去载体吸附的水分，冷却后保存在干燥器内备用。

2. 固定液的涂渍

称取固定液二甲基硅橡胶（SE-30）1.0g 于 150mL 蒸发皿中，加入适量乙醚溶解，乙醚的加入量应能浸没载体并保持有 3～5mm 的液层。然后加入 20g 102 硅烷化白色载体，置于通风橱内使乙醚自然挥发，并且不时加以轻缓搅拌，待乙醚挥发完毕后，移至红外线干燥箱继续烘干 20～30min 即可准备装填。本实验选用的固定液与载体的配比为 5：100。涂渍时应注意：

（1）选用的溶剂应能完全溶解固定液，不可出现悬浮或分层等现象，同时溶剂应能完全浸润载体。

（2）使用溶剂不是低沸点、易挥发的，则应在低于溶剂沸点约 20℃的水浴上，徐徐蒸去溶剂。

（3）在溶剂蒸发过程中，搅动应轻而缓慢，不可剧烈搅拌和摩擦蒸发皿，以免把载体搅碎。

（4）开始时不能使用红外线干燥箱来蒸发溶剂，否则溶剂蒸发太快，使固定液涂渍不均匀。

3. 色谱柱的装填

将色谱柱管一端与水泵相接，另一端接一漏斗，倒入 50mL 1～2mol/L 的盐酸溶液，浸泡 5～6min，然后用水抽洗至中性，再用 50mL 1～2mol/L 的氢氧化钠溶液浸泡抽洗，而后用水抽洗之；如此反复抽洗 2～3 次，最后用水抽洗至中性，烘干备用，如图 1-10 所示。

在清洗烘干备用的不锈钢柱管的末端垫一层干净的玻璃棉，与真空泵相接，另一端接上漏斗，启动真空泵。向漏斗中倒入固定相填料，并用小木棒敲打柱管的各个部位，使固定相填料均匀而紧密地装填在柱管内直到固定相填料不再继续进入柱管为止。填料时要注意：

（1）在色谱柱管与玻璃三通活塞之间，须用 2～3 层纱布隔开，以避免固定相填料被抽入干燥塔内。

（2）敲打色谱柱管时，不能用金属棒剧烈敲击，以免固定相填料破碎。

（3）装填完毕，先把玻璃三通活塞切换与大气相通，然后再切断真空泵电源，否则泵油将被倒抽至干燥塔内。

（4）若填充后色谱柱内的固定相填料出现断层或间隙，则应重新装填。

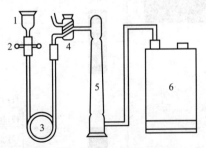

图 1-10　色谱柱装填示意图

1—小漏斗；2—螺旋夹；3—色谱管柱；4—三通活塞；5—干燥塔；6—真空泵

4. 色谱柱的老化处理

（1）把填充好的色谱柱的进气口与色谱仪上载气口相连接，色谱柱的出气口直接通大气，不要接检测器，以免检测器受杂质污染。

（2）开启载气，使其流量为 $2\sim5\text{mL/min}$，并用毛笔或棉花团蘸些肥皂水，抹于各个气路连接处，如果发现有气泡，表明气路连接处漏气，应重新连接，直至不出现气泡为止。

（3）开启色谱仪上总电源和柱箱温度控制器开关，调节柱箱温度为 $250℃$，进行老化处理 $4\sim8\text{h}$。然后接上检测器，开启记录仪电源，若记录的基线平直，说明老化处理完毕，即可用于测定。

六、写出实训报告

实训报告中应该包含安全健康与环保、原理、操作过程和对结果的评价。

项目总结

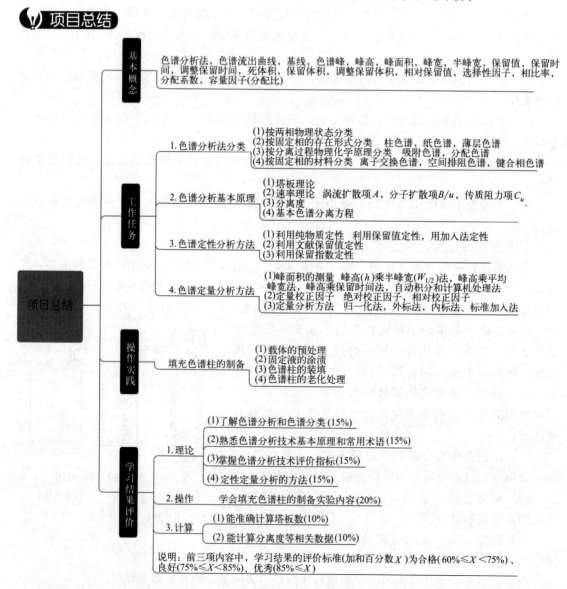

习 题

1. 以下各项不属于描述色谱峰宽的术语是（　　）。

A. 标准差　　　　　B. 半峰宽　　　　　C. 峰宽　　　　　D. 容量因子

2. 不影响两组分相对保留值的因素是（　　）。

A. 载气流速　　　　B. 柱温　　　　　　C. 检测器类型　　D. 固定液性质

3. 常用于评价色谱分离条件选择是否适宜的参数是（　　）。

A. 理论塔板数　　　B. 塔板高度　　　　C. 分离度　　　　D. 死时间

4. 不影响速率方程式中分子扩散项大小的因素有（　　）。

A. 载气流速　　　　B. 载气分子量　　　C. 柱温　　　　　D. 柱长

5. 衡量色谱柱选择性的指标是（　　）。

A. 理论塔板数　　　B. 容量因子　　　　C. 相对保留值　　D. 分配系数

6. 衡量色谱柱柱效的指标是（　　）。

A. 理论塔板数　　　B. 分配系数　　　　C. 相对保留值　　D. 容量因子

7. 下列途径（　　）不能提高柱效。

A. 降低载体粒度　　　　　　　　　　　B. 减小固定液液膜厚度

C. 调节载气流速　　　　　　　　　　　D. 将试样进行预分离

8. 为了测定某组分的保留指数，气相色谱法一般采用的基准物是（　　）。

A. 苯　　　　　　　　　　　　　　　　B. 正庚烷

C. 正构烷烃　　　　　　　　　　　　　D. 正丁烷和丁二烯

9. 色谱分析法区别于其他分析方法的主要特点是什么？

10. 色谱分析分离的依据是什么？

11. 只要色谱柱的塔板数足够多，任何两物质都能被分离吗？

12. 塔板理论无法解释哪些问题？

13. 根据速率理论，提高色谱柱效的途径有哪些？

14. 为什么存在一个最佳流速？流动相的流速较低或较高时，影响柱效的主要因素各是什么？

15. 为什么可用分离度 R 作为色谱柱的总分离效能指标？

16. 色谱定性的依据是什么？主要有哪些定性方法？

17. 色谱定量分析方法有哪几种？各有什么特点？

18. 某试样的色谱图上仅出现一个峰，试样的纯度一定高吗？

19. 某气相色谱柱的范第姆特方程中的常数如下：$A=0.01\text{cm}$，$B=0.57\text{cm}^2/\text{s}$，$C=0.13\text{s}$。计算最小塔板高度和最佳流速。

20. 已知某色谱柱固定相和流动相的体积比为 $1:12$，空气、丙酮、甲乙酮的保留时间分别为 0.4min，5.6min，8.4min。计算丙酮、甲乙酮的分配比和分配系数。

21. 某物质色谱峰的保留时间为 65s，半峰宽为 5.5s。若柱长为 3m，则该柱子的理论塔板数为多少？

22. 某试样中，难分离物质对的保留时间分别为 40s 和 45s，填充柱的塔板高度近似为 1mm。假设两者的峰底宽相等。若要完全分离（$R=1.5$），柱长应为多少？

23. 用气相色谱分析乙苯和二甲苯混合物，测得色谱数据如下，试计算各组分的含量。

组分	峰面积 A/cm^2	校正因子 f_M
乙苯	70	0.97
对二甲苯	90	1.00
间二甲苯	120	0.96
邻二甲苯	80	0.98

24. 测定试样中一氯乙烷、二氯乙烷和三氯乙烷的含量。用甲苯做内标，甲苯质量为 0.1200g，试样质量为 1.440g。校正因子及测得峰面积如下，计算各组分的含量。

组分	f_i	A/cm^2
甲苯	1.00	1.08
一氯乙烷	1.15	1.48
二氯乙烷	1.47	1.17
三氯乙烷	1.65	1.98

第二章
薄层色谱技术

🕯️学习目标

知识目标：了解薄层色谱的定义，熟悉薄层色谱常用的吸附剂、展开剂和点样、展开、显色等技术，掌握薄层色谱技术评价指标，了解高效薄层色谱技术。

能力目标：掌握薄层色谱法正确制板、点样、展开、显色、定性分析和定量分析，解决薄层色谱法操作过程中的问题。

素质目标：了解目前薄层色谱检测在各个行业领域中的作用和发展趋势，培养薄层色谱检测的兴趣和方法。

第一节　了解薄层色谱法及分类

🕯️案例

薄层色谱的未来在于全自动化和数字化

2021年7月，有报道以"TLC（薄层色谱）还有未来吗？"为话题，发起了一场非正式的网络辩论赛，引发了学者和专家们的激烈探讨。

Eike Reich教授，CAMAG实验室负责人、国际高效薄层色谱协会主席、欧洲药典委员会委员评论："从薄层色谱发展到高效薄层色谱，它们被公认为是用于植物分析的有效方法。欧洲药典已将HPTLC（高效薄层色谱）列为专项技术，应用于草药或草药提取物的鉴别检测。而在中国，中药是中华民族的瑰宝，薄层色谱法从发展之初就被应用于原药材的质量控制研究。我们可以充分发挥高效薄层色谱法（HPTLC）的优势，使原药材的质量控制更具重现性、可预测性和广泛适用性。根据药品生产管理规范（GMP）要求，每当原料的一致性发生变化时，必须进行鉴别检测，而HPTLC则可以作为适用于各阶段检测的有效手段。"

一、薄层色谱法的定义

薄层色谱法（thin layer chromatography）简称TLC，它是一种把固定相均匀地涂在一块玻璃板或塑料板上，形成一定厚度的薄层并使其具有一定的活性，在此薄层上进行色谱分离的方法。

普通薄层色谱法在仪器自动化程度、分辨率及重复性等方面不如气相色谱法和高效液相色谱法，被认为只是一种定性和半定量的方法。随着相关技术的发展，薄层色谱法操作也逐渐走向标准化、仪器化，这也使薄层色谱法由一种半定量技术发展成为具有较好准确度和精密度的定量方法，尤其是 20 世纪 70 年代中期由普通薄层色谱法发展形成的高效薄层色谱法（high performance thin layer chromatography，HPTLC）的出现，使薄层色谱分析方法的灵敏度得到了极大的提高，已经发展到与液相色谱法相当。

另外，薄层色谱法与其他仪器分析方法的联用，也使薄层色谱法向前迈了一大步。现在，薄层色谱板不仅实现了于紫外、荧光板上直接测量，还可以与红外、拉曼、质谱直接联用进行定性、定量分析。迄今为止，薄层色谱法已经在医药卫生、化工、环境、食品、农业等领域得到了广泛的应用。

二、薄层色谱法的分类

薄层色谱法按分离机理分类，可分为吸附薄层色谱、分配薄层色谱和离子交换薄层色谱。按分离效能分类，薄层色谱法可分为经典薄层色谱法和高效薄层色谱法。薄层色谱法应用最广泛的是吸附薄层色谱。

三、吸附薄层色谱原理

当溶液中某组分的分子在运动中碰到固体表面时，分子会贴在固体表面上（吸附）。一般说来，任何一种固体表面都有一定程度的吸引力。这是因为固体表面上的质点（离子或原子）和内部质点所处的环境不同。内部质点间的相互作用力是对称的，其力场是相互抵消的。而处在固体表面的质点所受的力是不对称的，其向内的一面受到固体内部质点的作用力大，而表面层所受的作用力小，于是产生固体表面的剩余作用力。这就是固体可以吸附溶液组分分子的原因，也就是吸附作用的本质。

吸附作用按其作用力的本质来划分，可分为物理吸附（吸附作用力是范德华力）和化学吸附（吸附作用力除分子的吸引力外还有类似化学键力）。

在吸附薄层色谱过程中，主要发生物理吸附。由于物理吸附的普遍性、无选择性，当固体吸附剂与多元组分溶液接触时，任何溶质都可被吸附。吸附剂所能吸附物质的量会因物而异。吸附剂既可吸附溶质分子也可吸附溶剂分子。由于吸附过程是可逆的，因此，被吸附的物质在一定条件下可以被解吸下来，而解吸也是具有普遍性的。

在溶液吸附中，溶剂分子可以顶替已被吸附的溶质分子，这时溶质分子被解吸下来。在一定条件下，溶质、溶剂分子的吸附速度相等时，体系就达到动态平衡。在平衡状态下吸附量与溶液浓度的关系可以用吸附等温线表示，如图 2-1 所示。

上述平衡是暂时的，往上述平衡体系中添加一定量的溶剂时，旧平衡就被破坏，又达到新的平衡。

薄层色谱法在合成药物和天然药物的分析中有重要的应用。例如，黄酮类可能包含几种或十几种化学结构和性质非常相似的化合物，选择合适的展开剂一次即能将多种化合物很好地分开。

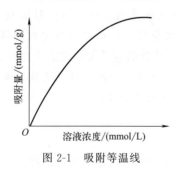

图 2-1　吸附等温线

知识链接

薄层色谱与质谱偶联分析

plate express TLC-质谱接口鉴定有机化合物结构，通常要经过薄层分离混合物、手动刮板、溶剂洗脱、浓缩提纯、使用合适溶剂溶解目标化合物、注入质谱仪鉴定结构，这一系列步骤操作烦琐、耗时长。而使用 plate express TLC-质谱接口与 expression CMS 偶联鉴定有机化合物结构时，混合物通过薄层分离后无需进一步处理，直接从薄层板取样注入质谱仪鉴定结构，可更快速定性目标化合物。

第二节　熟悉薄层色谱技术

目前在薄层色谱法中，最重要的是吸附薄层色谱。与其他色谱分析方法相比，吸附薄层色谱法具有设备简单、操作方便、分离速度快、灵敏度高、显色方便等优点。

一、吸附薄层色谱技术条件选择

1. 选择吸附剂

吸附薄层色谱法的固定相为吸附剂，柱色谱中常用的吸附剂同样适用于薄层色谱中，如硅胶、氧化铝、聚酰胺等。

硅胶是吸附薄层色谱中最常用的固定相。硅胶是多孔性无定形粉末，其表面带有硅醇基，呈弱酸性，通过硅醇基吸附中心与极性基团形成氢键而表现其吸附性能。由于不同组分的极性基团与硅醇基形成氢键的能力不同，在硅胶作为吸附剂的薄层板上被分离。硅胶的分离性能的高低与其粒度、孔径、表面积等几何结构有关。硅胶粒度越小，粒度越均匀，粒度分布越窄，其分离性能越高。吸附薄层色谱所用的硅胶的粒度为 $10\sim40\mu m$，比表面积大，意味着样品与固定相之间有更强的相互作用，即有较大的吸附力或较强的保留。商品硅胶比表面积一般为 $400\sim600 m^2/g$，孔体积约为 $0.4mL/g$，平均孔径约为 $100nm$。

薄层色谱常用的硅胶有硅胶 H、硅胶 G、硅胶 GF_{254} 等。硅胶 H 为不含黏合剂的硅胶，铺成硬板时需另加黏合剂。硅胶 G 是硅胶和煅石膏混合而成。硅胶 GF_{254} 含煅石膏，另含有一种无机荧光剂，即锰激活的硅酸锌（Zn_2SiO_4：Mn），在 254nm 紫外光下呈强烈黄绿色荧光背景。此外，还有硅胶 HF_{254}、硅胶 $HF_{254+366}$ 等。

硅胶表面 pH≈5.0，一般适合酸性和中性物质的分离，如有机酸、酚类、醛类等。碱性物质与硅胶发生酸碱反应，展开时严重被吸附、斑点拖尾，甚至停留在原点不随展开剂展开。若用一定 pH 的缓冲溶液，或者加入适当的碱性氧化铝制成薄层板，或者在展开剂中加入少量的酸或碱调成一定 pH 的展开剂，可改变硅胶的酸碱性质，适合各种物质分离的要求。

2. 选择展开剂

展开剂的作用是带动样品中各组分分子进行一定方向的展开运动，并最终使其完全分离，通常由液态的单一溶剂或多元溶剂体系所构成。展开剂选择是否适当是薄层色谱分离的重要条件之一。在吸附薄层色谱中，展开剂的选择原则主要根据被分离物质的极性、吸附剂

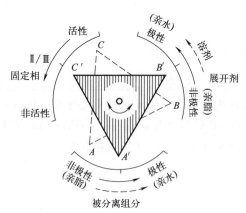

图 2-2　被分离物质的极性、吸附剂的
活性和展开剂的极性之间的关系

的活性和展开剂的极性来决定。德国科学家 Stahl 设计了用于选择吸附薄层色谱条件的三者关系示意图（图 2-2）。由图 2-2 可见，将图纸的三角形 A 角指向极性物质，则 B 角就指向活度小的吸附剂，C 角就指向极性展开剂，以此类推。

在薄层色谱中，通常根据被分离组分的极性，首先用单一溶剂展开，由分离效果进一步考虑改变展开剂的极性或选择混合展开剂。例如，某物质用三氯甲烷展开时，R_f 太小，甚至停留在原点，可选择另一种极性更强的展开剂，或加入一定比例的强极性展开剂，如乙醇、丙酮等。如果 R_f 较大，斑点在溶剂前沿附近，应选择另一种极性更弱的展开剂，或加入一定比例弱极性的展开剂，如环己烷、石油醚等。

每种溶剂在展开过程中都有一定的作用：展开剂中比例较大的溶剂极性较小，起溶解物质和基本分离的作用，一般称为底剂；展开剂中比例较小的溶剂，极性较大，对被分离物质有较强的洗脱力，帮助化合物在薄层板上移动，可以增大比移值，但不能提高分辨率，一般称为极性调节剂；展开剂中加入少量酸、碱，可抑制某些酸、碱性物质或盐类的解离而产生的斑点拖尾，一般称为拖尾抑制剂；展开剂中加入丙酮等中等极性溶剂，可促使不相混合的溶剂混溶，并降低展开剂的黏度，加快展速等。

可供选择的展开剂种类很多，主要为一些低沸点的有机溶剂，而且除单一溶剂之外，还可配成各种比例的混合溶剂。选择展开剂的要求是能最大限度地将样品组分分离。展开剂最好选用单一溶剂，或者可用简单的混合溶剂。单一溶剂的极性次序是：石油醚＜环己烷＜二硫化碳＜四氯化碳＜苯＜甲苯＜二氯甲烷＜氯仿＜乙醚＜乙酸乙酯＜丙酮＜乙醇＜甲醇＜吡啶＜酸。被分离物质的极性、固定相的吸附活性和展开剂的极性既相互关联，又相互制约，只有处理好这三者之间的关系，才能使样品组分得到很好的分离效果。

3. 制备薄层板

薄层板可采用商品化薄层板和自制薄层板。市售薄层板按固定相种类分为硅胶薄层板、聚酰胺薄层板、氧化铝薄层板等；按固定相粒径大小分为普通薄层板（$10\sim40\mu m$）和高效薄层板（$5\sim10\mu m$）；按是否添加黏合剂分为加黏合剂的硬板和不加黏合剂的软板；按硅胶板是否含有荧光剂分为硅胶 G 板和硅胶 GF$_{254}$ 板等。在保证色谱分离的前提下，可用实验室自制的薄层板。下面介绍硬板的制备方法。

薄层板应选择表面光滑、平整、洁净、厚度一致的玻璃板、塑料板或铝箔。薄层板大小可根据实验需要选择，如载玻片、$20cm\times20cm$ 玻璃片等。

薄层色谱常用的固定相有硅胶 G、硅胶 GF$_{254}$、硅胶 H、硅胶 HF$_{254}$、微晶纤维素等，一般要求粒径为 $10\sim40\mu m$；常用的黏合剂有羧甲基纤维素钠（CMC-Na）和煅石膏（$CaSO_4\cdot1/2H_2O$）。将固定相、黏合剂和水按照一定比例混合，研磨至均匀且无气泡，即得到固定相匀浆。将固定相匀浆涂布在准备好的薄层板上，使整板涂布均匀，一般厚度以 $250\mu m$ 为宜。若要分离制备少量的纯物质时，薄层厚度应稍大些，常用的为 $500\sim750\mu m$，甚至 $1\sim2mm$。薄层厚度和均匀性会直接影响样品分离效果和 R_f 的重现性。

涂布的薄层板自然晾干后，在105～110℃活化0.5～1h。取出，冷却至室温，存放在干燥器中。

除手工制板外，还可以用自动机械铺板器制板。用铺板器制板速度快，薄层厚度均匀，重现性好，定量分析结果可靠。薄层板使用前检查其均匀度，表面应均匀、平整、光滑，并且无麻点、无气泡、无破损、无污染。

二、薄层色谱技术的基本工作流程

薄层色谱技术基本工作流程主要包括薄层板制备、点样、展开、显色、定性分析、定量分析等过程。

（一）制板

常规薄层色谱使用的薄层板固定相主要有硅胶、氧化铝、硅藻土、纤维素、聚酰胺、离子交换纤维素、葡聚糖凝胶等，常用的为硅胶。薄层板一般采用厚度为2～3mm，厚度均匀，边角垂直平滑的玻璃作为载板，在其上涂铺吸附剂。常用的薄层板涂铺方式有倾注法、喷洒法、浸渍法和涂布法等。常用的薄层板有手工制薄层板、预制板、烧结薄层板等。

（二）点样

点样是将一定浓度的样品溶液点到薄层板上的过程，是造成定量误差的主要因素。在薄层色谱分析过程中，样品溶液的制备非常关键，如果是固体或者液体的纯品，只需将其直接溶解到一定量的溶剂中并稀释到一定浓度即可，对于生物样品或者杂质较多的样品，需要选择合适的预处理技术进行提取后，才能进行分析。样品制备时应选择合适的溶剂，溶解样品的溶剂尽量避免使用水，因为水溶液斑点容易扩散，且不易挥发。最常用溶剂为甲醇、乙醇、丙酮、氯仿等挥发性的有机溶剂。另外，点样方式、点样量、点样设备的选择也会影响分析结果。

常用的点样方式有：点状点样、带状点样、自动点样、接触点样、其他样品不经过提取直接点样的热微量抽出法和流体提取法等特殊点样技术等。点样体积一般为100～500nL，样品浓度一般在0.01％～1.00％范围内，如果点样过多会造成原点"超载"，展开剂产生"绕行"现象引起斑点拖尾或重叠，影响分离与定量分析结果，点样原点直径一般为3mm（不大于4mm），尽可能避免多次点样，点样原点直径过大会降低分辨率与分离度，点样原点一般距离底边10～15mm，展开距离为5～7cm，点与点之间可视斑点扩散情况以相邻斑点互不干扰为宜，一般不少于8mm。

（三）展开

将点好样的薄层板与流动相接触，使两相相对运动，并带动样品组分迁移的过程称为展开。该过程一般在密闭并加有一定量展开剂的展开室或展开缸中进行。展开过程使用的器皿一般为长方形密闭玻璃缸，如图2-3，称为色谱缸。

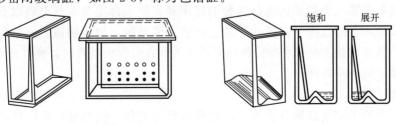

(a) 单槽展开室　　　　　　　(b) 双槽展开室

图2-3 薄层色谱展开装置

点样后的薄层色谱板在适当的展开剂中得到分离，理想的分离是得到清晰、集中、分离度好的斑点，要想达到这样的效果，展开剂的选择至关重要。展开剂是由单一溶剂或混合溶剂组成的，实验时可以先选用单一的低极性溶剂，然后按照溶剂洗脱顺序依次更换极性较大的溶剂进行试验，用单一溶剂不能分离时，可以用两种以上的多元展开剂，并改变其组成与比例，最终达到分离的目的。一般来说，薄层板的展开大多采用上行法（展开剂从下向上展开），也有下行法（展开剂从上向下展开）、径向法（展开剂由原点径向展开）、双向展开（展开一次后，转 90°用另一展开剂展开）、多次展开（同一展开剂，重复多次展开）等方式。

上行展开时，展开剂浸没薄层板下端的高度不超过 5mm，斑点不得浸入展开剂中。展开剂借助毛细管作用向上展开，待展开剂前沿达到一定距离（如 8～15cm）时，将薄层板取出，标记溶剂前沿。

溶剂的饱和度对分离效果影响较大。在展开之前，薄层板置于盛有展开剂的层析缸内饱和 15～30min，此时薄层板不与展开剂直接接触。待层析缸内展开剂蒸气、薄层、缸内大气达到动态平衡时，体系达到饱和，再将薄层板浸入展开剂中。预饱和可以避免边缘效应。边缘效应是同一组分在同一板上处于边缘斑点的 R_f 比处于中心的 R_f 大的现象。产生边缘效应的原因是展开剂的蒸发速率从薄层中央到两边缘逐渐增加，即处于边缘的溶剂挥发速率较快。在相同条件下，致使同一组分在边缘的迁移距离大于在中心的迁移距离。如需快速使层析缸达到溶剂蒸气饱和的状态，则可在层析缸的内壁贴与层析缸高、宽内径同样大小的滤纸，一端浸入展开剂中，密闭一定时间，使溶剂蒸气达到饱和再如法展开。

在展开过程中，最好恒温恒湿，因为温度和湿度的改变都会影响分离效果，降低重现性。尤其对活化后的硅胶、氧化铝板，更应注意空气的湿度，尽可能避免与空气多接触，以免降低活性而影响分离效果。

（四）显色

样品在薄层板上展开后得到分离，但是其斑点色谱图并未显现，为了更好地观察斑点分离情况，可以采用四种不同方法确定斑点位置。

1. 光学检出法

对可见光有吸收的组分，可借助自然光进行观察；有荧光的物质或显色后可激发产生荧光的物质，可在紫外光灯（365nm 或 254nm）下观察荧光斑点；对于在紫外光下有吸收的成分，可用带有荧光剂的薄层板（如硅胶 GF_{254} 板），在紫外光灯（254nm）下观察荧光板面上的荧光物质猝灭（荧光强度降低）形成的斑点。

2. 蒸气显色法

利用某些物质的蒸气与组分作用生成不同颜色或产生荧光的性质，将展开后挥去溶剂的薄层板放入含有某蒸气的容器内进行组分的检出和定位。常用的蒸气有碘以及挥发性的盐酸、硝酸、浓氨水、二乙胺等。碘对许多化合物都可显色，如生物碱、氨基酸、肽类、脂类、皂苷等，其最大特点是显色反应往往是可逆的，在空气中放置时，碘可升华，组分恢复原来状态，便于进一步处理。

3. 试剂显色法

针对不同的检出物质选择合适的显色剂进行显色定位。试剂显色定位具有斑点轮廓清晰、灵敏度高、专属性强等特点。显色时要注意显色剂的浓度和用量、显色时间和温度等条件的控制。例如，三氯化铁的高氯酸溶液可显色吲哚类生物碱；茚三酮则是氨基酸和脂肪族伯胺的专用显色剂；溴甲酚绿可显色羧酸类物质；10%硫酸乙醇溶液可使大多数有机化合物产生有色斑点，如红色、棕色、紫色等，甚至出现荧光；0.05%荧光黄甲醇溶液是芳香族与杂环化合物的通用显色剂。

4. 生物自显影

生物自显影包括生物和酶检出法。具有生物活性的物质经薄层分离后，与含有适当微生物的琼脂培养基表面接触，并置于适宜温度的培养箱内，经过一段时间培养后，有抗菌活性物质斑点处的微生物生长受到抑制（抑菌点），琼脂表面出现抑菌点而得到定位。该法是一种简便、灵敏的生化定位方法，在中药材鉴别、药材中有毒物质的检测、抗菌药物的效价测定等药物分析和研究中得到多方面的应用，如薄层-乙酰胆碱酯酶法等。

常用的显色剂见表 2-1。

表 2-1　常用显色剂

显色剂	配制方法	能被检出对象
浓硫酸	98%硫酸	大多数有机化合物在加热后可显出黑色斑点
碘蒸气	将薄层板放入缸内被碘蒸气饱和数分钟	很多有机化合物显黄棕色
碘的氯仿溶液	0.5%碘的氯仿溶液	很多有机化合物显黄棕色
磷钼酸乙醇溶液	5%磷钼酸乙醇溶液，喷后于 120℃ 烘干，还原性物质显蓝色，氨熏，背景变为无色	还原性物质呈蓝色
铁氰化钾-氯化铁药品	1%铁氰化钾，2%氯化铁，使用前等量混合	还原性物质显蓝色，再喷 2mol/L 盐酸，蓝色加深，检验酚、胺等还原性物质
四氯邻苯二甲酸酐	2%溶液，溶液：丙酮-氯仿＝10：1	芳烃
硝酸铈铵	含 6%硝酸铈铵的 2mol/L 硝酸溶液	薄层板在 105℃ 烘 5min 之后，喷显色剂。多元醇在黄色底色上有棕黄色斑点
香兰素-硫酸	3g 香兰素溶于 100mL 乙醇中，再加入 0.5mL 浓硫酸	高级醇及酮呈绿色
茚三酮	0.3g 茚三酮溶于 100mL 乙醇，喷后，110℃ 热至斑点出现	氨基酸、胺、氨基糖

第三节　了解高效薄层色谱技术

薄层色谱法按所用薄层板的分离效能可分为经典薄层色谱法（TLC）和高效薄层色谱法（HPTLC）两类。高效薄层色谱法的特点和分类如下。

一、高效薄层色谱法的特点

1. 与经典薄层色谱法的比较

高效薄层色谱法具有快速、高效、灵敏的特点，与经典薄层色谱法的比较见表 2-2。

表 2-2　经典薄层板与高效薄层板的比较

项目	经典薄层板	高效薄层板
板尺寸/cm	20×20	10×10，10×20
点样体积/μL	1～5	0.1～0.5
厚度/μm	250～300	100～200
原点直径/mm	5(3)	1～2
起始线距底边距离/cm	1.5	1

续表

项目	经典薄层板	高效薄层板
展开距离/cm	10～15	5～7
点与点间距/cm	1～2	0.5
固定相颗粒直径/μm	10～40(20)	5～10(7)
展开时间/min	30～200	3～20
吸收检测限/ng	1～5	0.1～0.5
荧光检测限/ng	0.05～0.1	0.005～0.01
每板分离样品数	10	18～36

2. 高效薄层板

高效薄层板一般为商品预制板，由颗粒直径 $5\sim7\mu m$ 的固定相，用喷雾法制成板。常用的有硅胶、氧化铝、纤维素和化学键合相薄层板。从表 2-2 列出的高效薄层色谱和经典薄层色谱的薄层板（固定相颗粒直径）的比较可以看出，高效薄层板较普通薄层板颗粒直径小，颗粒度分布窄，分辨率提高，展开距离缩短，因而展开时间缩短，3～20min 可以完成一次分析。HPTLC 较常规 TLC 分离度、灵敏度和重现性提高，适用于定量测定。

3. 薄层色谱扫描仪定量检测

在高效薄层色谱（HPTLC）定量检测上，一般使用薄层色谱扫描仪来完成，薄层色谱扫描仪是对展开的斑点进行扫描测量的光密度计。其原理是用一定波长、一定强度的光束照射薄层上的斑点，用仪器测量照射前后光束强度的变化，测量方法可以分为透射光测定、反射光测定及透射光和反射光同时测定三种。扫描所用的光线可以用可见光、紫外光和荧光三种。它可以有多种扫描方式，如单光束扫描、双光束扫描和双波长扫描。

二、高效薄层色谱法的分类

1. 棒状薄层色谱法

棒状薄层色谱法（FD-TLC）是用石英棒作支持物涂上硅胶，点样、溶剂展开。样品在色谱棒上分离后，将棒通过适当的机械传动装置穿过火焰离子化检测器的火焰中心，使化合物燃烧裂解，形成离子碎片和自由电子，再由电极收集并产生与化合物量成正比的电流信号，从而测出各物质的含量，如图 2-4 所示。其优点为灵敏度高、操作简便、可反复使用、通用性好，可用于非挥发性、无可见及紫外吸收、没有荧光以及衍生化困难的有机化合物的定性与定量分析。

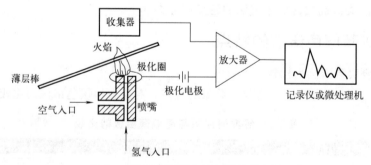

图 2-4　棒状薄层氢火焰扫描仪示意图

2. 加压薄层色谱法

加压薄层色谱法（OPLC）是指在水平的薄层色谱板上施加一弹性气垫。展开剂不是靠毛细作用力，而是靠泵压被强制流动，因此可以采用更细颗粒的吸附剂和更长的色谱板，分离所需的时间缩短，扩散效应减小，分离效果更好。

3. 离心薄层色谱法

离心薄层色谱法（CTLC）又叫旋转薄层色谱法，是一种离心型连续洗脱的环形薄层色谱法分离技术，主要是在经典薄层色谱法的基础上运用离心力促使流动相加速流动。离心力用于分离可以减少破坏，对沸点高、分子量大的化合物有利，可用于分离 100mg 左右的样品。使用商品化生产的离心薄层色谱仪，仪器结构简单。尽管其分辨率低于制备型高效液相色谱（HPLC），但操作简便、分离时间短且不需将吸附剂刮下即可将产物洗脱下来，广泛应用于合成和天然产物的制备分离。

4. 胶束和微乳液薄层色谱法

胶束薄层色谱法（M-TLC）又分为正相胶束薄层色谱法和反相胶束薄层色谱法两种。胶束薄层色谱法能使一些结构相似、难溶于水的化合物得到较好的分离。微乳液与胶束同属于低黏度的缔合胶体，同样存在表面活性。与胶束相比，微乳液是由表面活性剂、助表面活性剂、油和水等在一定的配比下自发形成的无色透明、低黏度的热力学稳定体系，具有更大的增溶量和超低的界面张力。微乳液作为展开剂，对待测成分具有独特的选择性和富集作用，更有利于提高色谱法效率，可同时分离亲水性、疏水性物质及带电、非带电成分等。胶束薄层和微乳液薄层主要用于三次采油、痕量金属离子的回收和生物碱分析。胶束和微乳液薄层色谱法最大的优点是很少使用有毒、易挥发、易燃、易造成污染的有机溶剂且使用方便，操作简单和经济。

5. 包合薄层色谱法

包合薄层色谱法（ICC）由于其特殊的结构，能够在它的疏水空腔中选择性地包结各种客体分子，形成具有不同稳定性的包结配合物，从而达到分离效果。β-环糊精还可作为薄层色谱法的展开剂和增敏剂。这种包合薄层避免了使用有毒、易挥发、易燃的有机溶剂，具有较高的选择性，适用于分离普通化合物、同分异构体及光学异构体。

6. 二维薄层色谱法

二维薄层色谱法（2D-TLC）是基于在薄层板两个垂直的方向上进行相同或不同机制的展开分离多组分复杂混合物的一种有效方法。将样品点在薄层板的一个角上，展开至适当的距离后取出，挥干溶剂，再将板以与原展开方向呈 90°角的方向展开，第一次展开被分离的组分斑点成为第二次展开的原点。二维薄层色谱法的优点在于可以用不同的流动相二次展开，并且在二次展开前，可以用其他方式处理薄层和已实现分离的样品。

第四节 掌握薄层色谱技术评价指标

一、定性分析参数

1. 比移值

比移值（R_f）是用来描述样品中的各组分在薄层板上移动的距离与溶剂移动的距离之比的参数。由于 R_f 值与样品、固定相、展开剂的性质有关，因此 R_f 值可以作为组分的定性参数。其定义式如下：

$$R_f = \frac{L_1}{L_0} \tag{2-1}$$

式中，L_1 为原点中心到斑点中心的距离；L_0 为原点中心到溶剂前沿的距离。

R_f 值示意图见图 2-5。

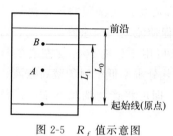

由分离原理可知，平衡常数 k 大的组分在薄层板上移动较慢，其 R_f 值较小；反之 R_f 值较大。当 R_f 值为 0 时，表示组分留在原点未被展开，即组分在固定相上的保留很牢固，完全不溶于流动相；当 R_f 值为 1 时，表示组分随展开剂移行至溶剂前沿，完全不被固定相保留。所以比移值 R_f 值只能在 0～1，在实际操作中一般要求 R_f 值在 0.2～0.8。

图 2-5　R_f 值示意图

2. 相对比移值

由于 R_f 值受到诸多因素的影响，在不同的色谱条件下很难加以比较，控制色谱条件也很有限，要在不同实验室、不同实验者间进行 R_f 值的比较是很困难的，所以采用相对比移值（R_r）。由于参考物质和组分在完全相同的条件下展开，能消除系统误差，因此其可比性和重现性均比比移值好。参考物质可以是加入样品中的纯物质，也可以是样品中的某一已知组分。由于相对比移值表示的是组分与参考物质的移行距离之比，显然其值的大小不仅与组分和色谱条件有关，而且与所选的参考物质有关。与 R_f 值不同，相对比移值（R_r）可以大于 1 也可以小于 1。其定义式如下：

$$R_r = \frac{R_{f(i)}}{R_{f(s)}} \tag{2-2}$$

式中，$R_{f(i)}$ 和 $R_{f(s)}$ 分别为组分 i 和参考物质 s 在同一平面、同一展开条件下所测得的 R_f 值。

二、相平衡参数

1. 分配系数

分配系数（partition coefficient，K）表示在色谱法分析过程中，两相达到平衡时，某组分在固定相中的浓度（c_s）与在流动相中的浓度（c_m）之比。

$$K = \frac{c_s}{c_m} \tag{2-3}$$

一般来说，在浓度低时，K 为常数，与体积无关，与温度有关。温度升高 30℃，分配系数约下降 1/2。对于不同的色谱法机制，分配系数的含义不同，有不同的名称，在吸附色谱法中 K 称为吸附系数，在离子交换色谱法中 K 称为离子交换系数。

2. 容量因子

容量因子（capacity factor，k）是衡量固定相对待测组分的保留能力的重要参数。其定义式为：

$$k = \frac{c_s}{c_m} \times \frac{V_s}{V_m} = \frac{W_s}{W_m} \tag{2-4}$$

将式（2-3）代入式（2-4）可得：

$$k = K \times \frac{V_s}{V_m} \tag{2-5}$$

式（2-4）说明容量因子 k 是指在两相达到平衡时，某组分在固定相中的量（W_s）与在流动相中的量（W_m）之比。因此，容量因子也被称为质量分配系数。当容量因子 k 较大时，表示被固定相保留的程度大，在薄层板上移行得慢；反之，移行得快。

三、分离参数

1. 分离度

分离度（resolution，R）是薄层色谱法的重要分离参数，是两个相邻斑点的中心距离与两斑点平均宽度的比值。其关系式如下：

$$R = \frac{2d}{W_1 + W_2} \tag{2-6}$$

式（2-6）中，d 为两个斑点的中心距离；W_1、W_2 分别为两个斑点的宽度。在图 2-6 薄层扫描图上，d 为两个色谱峰的峰间距，W_1、W_2 分别为两个色谱峰的峰宽。显然，薄层色谱法中相邻两个斑点之间的距离越大，斑点越集中，分离度越大，分离效能越好。

2. 分离数

分离数（separation number，SN）是衡量薄层色谱的分离容量的主要参数，也是平面色谱效果的评价参数。分离数的定义是在相邻斑点的分离度为 1.177 时，在 $R_f = 0$ 和 $R_f = 1$ 的两组分斑点之间能容纳的色谱斑点数。SN 越大，平面的容量越大。一般薄层板的 SN 在 10 左右，高效薄层板可达 20。SN 的表达式如下：

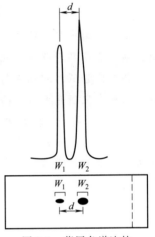

图 2-6　薄层色谱法的
分离度示意图

$$SN = \frac{L_0}{b_0 + b_1} - 1 \tag{2-7}$$

式（2-7）中，b_0 和 b_1 分别为薄层扫描所得的 $R_f = 0$ 和 $R_f = 1$ 的组分的半峰宽。实际上，b_0 和 b_1 均不能由薄层扫描图上得到，而是通过测量其他组分的 R_f 值和半峰宽，其在一定点样范围内呈直线关系，从而由回归方程外推而得。经典薄层板的分离数在 7～10，高效薄层板的分离数在 10～20 范围内。

四、板效参数

1. 理论塔板数

理论塔板数（number of theoretical plates，n）是反映组分在固定相和流动相中的动力学特性的色谱技术参数，是色谱法分离效能的指标。在薄层色谱法中的理论塔板数主要取决于色谱系统的物理特性，如固定相的粒度、均匀度、活度以及展开剂的流速和展开方式等。理论塔板数的表达式如下：

$$n = 16 \left(\frac{L}{W} \right)^2 \tag{2-8}$$

式中，L 为原点到斑点中心的距离；W 为组分斑点的宽度；n 越大表示该薄层板的效能越高，斑点集中，扩散小。普通 TLC 的 n 通常为 600，高效 TLC 可达 5000 或更大。

2. 理论塔板高度

理论塔板高度（height of theoretical plate，H）是由理论塔板数及原点到展开前沿的距离（L_0）计算出的单位理论塔板的长度，以下式表示：

$$H = \frac{L_0}{n}$$

(2-9)

由式（2-9）可知，H 与 n 成反比，n 越大，H 越小，板效越高。

第五节　掌握薄层色谱技术定性和定量方法

💡 应用

《中华人民共和国药典中药材薄层色谱彩色图集》简介

本图集由中华人民共和国药典委员会组织中国药品生物制品检定所、上海市药品检验所、浙江省药品检验所、北京市药品检验所、河北省药品检验所、黑龙江省药品检验所、广东省药品检验所、湖北省药品检验所、江苏省药品检验所、珠海科曼中药研究有限公司、上海中药标准化研究中心、西北大学等单位共同完成。该书经审稿、定稿、统稿等程序，历时3 余年完成了第一阶段的编纂工作。

首先制订了相关的实验规程和编写细则，并对实验规程中的仪器设备、样品收集、实验方法等问题予以明确。所有薄层彩色图谱均为最新制作，各起草单位按高标准完成了工作，多数图谱均经复核，以获得良好的重现性。本图集将分两册出版，是《中国药典》现行版的配套丛书，为《中国药典》中药材的鉴别提供对照图谱。图谱集编纂过程中对部分品种的色谱条件进行了优化，并予以说明。图集中使用的对照品、对照药材均由中国药品生物制品检定所提供。所有样品均经专门鉴定。除极个别注明为炮制品外，均为药材，一般为统货。《中国药典》规定有多个植物来源的，如原植物来源清楚的，注明所用药材植物来源的拉丁学名；未注明来源的品种，系涵盖《中国药典》收载的各种来源。

一、定性分析

薄层色谱分析得到的色谱图基本上是一条在展开方向轴上的响应信号分布曲线，该信号的大小跟所有影响的物质总量有关，但不一定是对各组分，也不一定与物质分子结构或分子内的某些基团有关。薄层色谱提供的定性信息为保留值，用比移值（R_f）表示。样品组分的 R_f 值与本身的性质、吸附剂性质和活度、展开剂性质、固定相厚度、展开剂中蒸气饱和程度、样品点样量和展开距离等因素有关。由于分离能力有限，利用比移值进行定性只是相对的，薄层色谱定性一般采用保留值与化学反应相结合或者将选择性检测手段与联用技术结合进行。

利用比移值进行定性分析时，为了增加其可靠性，往往通过变换固定相或展开剂来改变选择性，如果在不同体系中，通过比较比移值，仍然能得到肯定的结果，那么定性分析结果的可靠性将大大提高。

对于那些在自然光下或者在紫外灯下可以观察到不同颜色的斑点，可以采用光学检测法进行定性分析，该方法不仅使用方便，而且斑点不被破坏，是首选方法。如果样品组分经薄层色谱分离后在紫外光或可见光下不能显现斑点，可以根据样品组分物理化学性质，与特定试剂或以其他方式进行化学反应后再进行展开，根据生成物的颜色或荧光进行定性分析，该方法称为原位化学反应鉴定法。此种方法常用于化合物的鉴别，主要包括两种方式：一是利用反应后生成预期特征颜色的化合物鉴定已知化合物；二是利用生成物的特征谱图鉴定分离后组分复杂、无已知组分的混合物。可以用于薄层色谱分析的化学反应主要有：乙酰化、浓硫酸脱水、偶氮化、酯化、卤化、酸碱水解、异构化、硝化、氧化还原、热解、光化学反应等。

　　由于现代薄层色谱扫描仪都具有直接测定薄层板紫外或者可见吸收光谱图的功能，因此可以建立不同化合物在一定条件下的板上光谱图库，根据测定待测组分在标准条件下的板上光谱图，利用自动化设备进行检索与定性分析。

　　另外，薄层色谱分析方法是一种离线分离技术，可以很方便地与其他特征定性技术联用进行定性分析，如与液相色谱、气相色谱、电化学、质谱、傅里叶红外光谱、荧光光谱、红外光谱、核磁共振波谱等联用。

二、定量分析

　　在薄层色谱进行定量分析时，可以根据斑点大小与颜色深浅，通过与标准样品组分斑点进行比较近似估计样品中待测组分含量，该定量分析方法称为半定量方法。常采用的方法有两种：直接定量法、间接定量法。直接定量法是在薄层板展开后直接在板上进行定量测定，如目视比色法和薄层扫描法；间接定量法，又称洗脱测定法，是将被测组分从薄层板上洗脱下来，转移至适当的容器中，用溶剂洗脱萃取后再选择合适的方法进行测定。

　　（一）目视比色法

　　目视比色法是配制一系列浓度由低到高的标准品溶液，与同体积的样品溶液一起分别点在同一薄层板上，经过展开、显色后，目视比较斑点颜色的深浅与面积大小，估算出待测样品含量。

　　（二）洗脱法

　　用洗脱法进行定量分析时，需要对板上的待测组分进行定位，可以采用直接定位法与对照定位法，样品经薄层分离后，用适当方法测定出斑点或色带的位置，然后将薄层斑点吸附剂取下，转移到适当的容器中，用溶剂将化合物洗脱、萃取后进行测定。

　　（1）定位　如果化合物有颜色或在紫外线灯下发出荧光，斑点定位可直接进行。但是，大多数化合物是无色的，必须选用一个不影响下一步测定的定位方法。

　　① 直接定位法：可用荧光薄层检测出对紫外线有吸收的化合物，所用荧光剂应当不干扰测定。碘蒸气显色是较常用的方法，用碘蒸气显色的时间应尽量短些，只要能看出色斑位置，就可将薄层板取出，记下色斑位置，放置于空气中挥发除去碘。如果板在碘蒸气中放置时间太久，背景吸附剂也吸附碘，而使斑点的信噪比降低。与碘能够发生作用的化合物或残留的微量碘影响测定时，则不能用本法定位。

　　② 对照定位法：直接定位法不适用时，可用对照定位法。即在同一薄层板上随同样品至少再点一个标准点作对照。展开后，将所要测定的样品点部分用玻璃板或硬纸盖住，标准品斑点用显色剂喷雾显色，由显色后对照斑点的位置来确定未显色的待测组分斑点的位置，将该位置的吸附剂取下，洗脱测定。

　　（2）洗脱测定　湿板的色点或色带用小刀直接刮下，然后用洗脱液洗脱。洗脱液应选择对被洗脱的化合物有较大溶解度的挥发性溶剂，常用的有乙醚、乙醇、甲醇、三氯甲烷和丙酮等，同时必须保证薄层斑点定位中的物质不发生破坏性变化。

（三）薄层扫描法

薄层扫描法适用于多组分和微量组分的定量测定。薄层扫描法是利用薄层色谱扫描仪或薄层密度计对薄层板上分离出的组分进行直接定量的方法，具有简便、快速、结果准确、灵敏等特点。应用较多的薄层色谱扫描仪光束系统可以分为单光束、双光束和双波长 3 种；测量方式可以分为吸收测量、荧光测量、反射测量、投射测量 4 种；扫描方式可以分为直线型扫描、锯齿型扫描两种；定量分析方法可分为外标法、内标法两种。

薄层扫描法是以一定波长的光照射展开后的薄层色谱板上被分离组分的斑点，测定其对光的吸收强度或所发出的荧光强度，进行定量分析的分析方法。

1. 薄层吸收扫描法

用一定波长的光束对展开后的薄层板进行扫描，记录其吸光度值（A）随展开距离的变化，得到薄层色谱扫描曲线，曲线上的每一个色谱峰相当于薄层上的一个斑点，色谱峰高或峰面积与组分的量之间有一定关系，比较对照品与样品的峰高或峰面积，可得出样品中待测组分的含量。薄层吸收扫描法适合于有颜色的化合物或有紫外吸收的物质，以及通过色谱前或色谱后衍生成上述类型化合物的样品组分的扫描测定。

由于薄层是由许多细小的颗粒组成的半透明物体，光照射到薄层表面，除透射光、反射光之外，还有相当多的不规则的散射光存在，所以与光照射全透明的溶液不同，吸光度与物质浓度的关系不服从朗伯-比尔（Lambert-Beer）定律。由于薄层固定相的颗粒的散射作用，在薄层厚度为 x 的薄层板上的 A-K_x 曲线不是直线，K_x 称为吸收参数，相当于斑点单位面积中物质的含量（$\mu g/cm^2$）。浓度与吸光度之间的曲线呈抛物线状，特别是在高浓度时更为明显，如图 2-7 中的曲线 1 所示。透射法测定时，S_x 值越大，吸光度越大；反射法测定时，S_x 值越大，反射度越小，与透射法正好相反。只有当散射参数 $S_x=0$ 时，A-K_x 曲线服从 Beer 定律，为通过原点的一条直线。根据 S_x 与薄层板上固定相的性质、粒度和分布，不同的薄层板应选择不同的 S_x 值，将 A-K_x 曲线校直后，即可用于定量分析。许多薄层色谱扫描仪均有线性补偿器，可用电路系统将弯曲的曲线校正为直线，如图 2-7 中曲线 2。

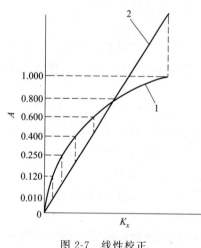

图 2-7　线性校正
1—校正前的标准曲线；
2—校正后的标准曲线

用校正后的 A-K_x 曲线测得吸光度值，并以一定的扫描方式获得色谱峰面积（即斑点吸光度的积分值）。在一定的范围内，峰面积与斑点中物质的量（或点样量）呈直线关系。

2. 薄层荧光扫描法

薄层荧光扫描法是利用薄层色谱斑点（组分）发出的荧光强度或利用荧光薄层板上暗斑的荧光猝灭程度进行定量的方法。荧光物质的荧光强度（F）与激发光光强 I_0 和物质浓度 c 之间存在下列关系：

$$F=2.3K'I_0abc \tag{2-10}$$

式中　K'——效率常数；

a——吸光系数；

b——薄层（斑点）厚度；

c——物质浓度。

当 K'、I_0、a、b 均为定值时，式（2-10）可变为：

$$F = Kc \tag{2-11}$$

即在点样量很小时，斑点中组分的浓度与其荧光强度呈直线关系，无需进行曲线校正。与吸收法相似，采用薄层荧光扫描法进行定量分析时，用斑点荧光强度的积分值（色谱峰面积）与斑点中组分的含量进行计算。

薄层荧光扫描法的检测灵敏度比薄层吸收扫描法高 $1 \sim 3$ 个数量级，最低可检测至 $(10 \sim 50) \times 10^{-12}$ g，荧光法的专属性强，能避免一些杂质的干扰，基线较稳定，线性定量范围宽。

凡化合物本身能发射荧光或经过色谱前或色谱后衍生能生成受紫外光激发而发荧光的化合物均适用薄层荧光扫描法。

3. 薄层扫描定量分析

主要采用外标法和内标法，而外标法更为常用。当工作曲线是通过原点的直线时，可采用外标一点法；当工作曲线不通过原点时，需要采用外标两点法。

① 外标一点法。配制一种浓度的对照品和样品溶液，在同一薄层板上分别点样品斑点 $3 \sim 4$ 个和对照品斑点 $3 \sim 4$ 个，测得各自峰面积，并求出平均值，再用式（2-12）计算。组分的含量计算式为：

$$c = F_1 A \tag{2-12}$$

式中　c——组分的质量或浓度，μg 或（μg/cm^2）；

F_1——直线的斜率或比例常数；

A——组分的峰面积，cm^2。

由式（2-12）可以导出：

$$\frac{c_1}{c_s} = \frac{A_1}{A_s} \tag{2-13}$$

式（2-13）可以导出：

$$c_1 = \frac{A_1}{A_s} \times c_s \tag{2-14}$$

$$或\ m_1 = \frac{A_1}{A_s} \times m_s \tag{2-15}$$

样品的含量可用式（2-14）或式（2-15）计算。

式中　c_1——样品浓度，μg/mL；

c_s——对照品浓度，μg/mL；

m_1——样品质量，μg；

m_s——对照品质量，μg；

A_1——样品的色谱峰面积，cm^2；

A_s——对照品的色谱峰面积，cm^2。

② 外标两点法。用两种浓度的对照品溶液或一种浓度两种点样量与样品溶液对比定量。样品的计算公式：

$$c = F_1 A + F_2 \tag{2-16}$$

式中　c——组分的质量或浓度，μg 或 $\mu g/cm^2$；

　　　F_1——直线的斜率或比例常数；

　　　F_2——纵坐标的截距；

　　　A——组分的峰面积，cm^2。

F_1 和 F_2 值由仪器自动算出。外标一点法、二点法只是指用一种或两种浓度的标准溶液对比定量，为了减少误差，同一薄板上样品点样不得少于 4 个，对照品每一个浓度不能少于 2 个；调整标准溶液的浓度或样品与标准溶液的点样量，使其峰面积接近；点样量必须准确，宜用定量毛细管点样。

（！）科学探究

分析色谱、制备色谱和工业色谱的区别

分析色谱和制备色谱对于初学者来说比较生疏。其实，在化学、化工、医药等领域广泛采用的层析法以及薄层色谱就是最为典型的制备色谱，换句话说，将分析色谱的进样量增大，同时得出大量的所需物质（馏分）的过程就可以称为制备色谱。分析色谱的目的，是分析出混合物中一个（或者几个）纯物质的含量。制备色谱的目的，是从混合物中得到纯物质。而制备色谱系统则是利用制备色谱的理论高效能得到纯化物质的多个分析测试设备联用的总称。

分析色谱，制备色谱与工业色谱的主要区分如下。①分析色谱：在乎分析结果，对化验结果的纯度、比例等要求精确，而对收率、浓度等产品参数不在乎，一次进料，而且每次进料少。②工业色谱：比较在乎产品的浓度和收率，还有纯度，工业化生产是连续进料。③制备色谱：介于两者之间，一般用于做单柱试验。

第六节　了解薄层色谱技术应用案例

一、化工产品质量控制和医药供试品定性鉴别

1. 化工产品质量控制

用薄层色谱法（TLC）分析有机化工原料操作简便易行。如含各种官能团的有机物、石油产品、塑料单体、橡胶裂解产物、油漆原料、合成洗涤剂原料等均可采用薄层层析监测原料质量。在化学反应过程中，反应终点可以通过定期检验反应产物中原料和目标产物的量来判断。如果到达了反应终点，目标产物的浓度达到最大值，原料浓度降到最小。如果超过反应终点，不但浪费时间及人力物力，也会增加副反应，降低目标产物纯度及收率。例如在合成辛酸三甘酯过程中，需要定时采样，分析产物中辛酸、甘油以及单酯、双酯和三酯的浓度变化情况，当三酯的浓度不再增加或辛酸、甘油和单酯、双酯浓度不再降低时，证明已经到达反应终点。

2. 中药指纹图谱鉴别

采用高效薄层色谱（HPTLC）对广陈皮及其近缘种药用植物进行研究。应用硅胶

GF$_{254}$ 高效预制薄层板，挥发油成分以石油醚-三氯甲烷（2：8.5）为展开剂展开，喷以5％香草醛硫酸溶液，105℃加热至斑点清晰，日光下观察；黄酮类成分以乙酸乙酯-甲醇-水-甲酸（10：1.7：1：0.5）和甲苯-乙酸乙酯（5：5）为展开剂，二次展开，喷以5％三氯化铝乙醇液，置于365nm下检视。将显色后的薄层色谱图导入CHROMA P1.5色谱指纹图谱系统，进行测试分析（图2-8）。

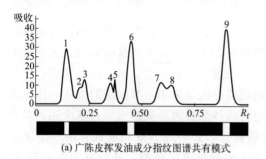
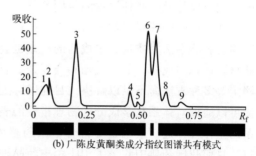

(a) 广陈皮挥发油成分指纹图谱共有模式　　　(b) 广陈皮黄酮类成分指纹图谱共有模式

图 2-8　指纹图谱共有模式

3. 复方制剂

采用高效薄层色谱（HPTLC）建立了三黄止痒搽剂的薄层定性鉴别方法。以不同的展开系统分别对处方中的黄柏、黄芩、大黄、苦参进行薄层定性鉴别，所建立的方法斑点清晰、分离度较好，可以快速、准确地对处方中的药材进行定性检测。

二、化工产品和医药供试品含量测定

1. 化学药成分

高效薄层色谱法测定妇康片中的盐酸水苏碱含量的方法。薄层的展开剂为丙酮-无水乙醇-盐酸（10：6：1），展开距离为90mm，在室温下展开，取出，晾干，105℃加热15min使薄层板上的盐酸完全挥尽，放冷，喷以10％硫酸溶液，在105℃烘干，喷以稀碘化铋钾试液（1％）、三氯化铁乙醇溶液（10：1）的混合溶液至斑点显色清晰，扫描波长为527nm。结果：盐酸水苏碱在4～40mg内呈良好的线性关系（相关系数 $r=0.9989$），相对标准偏差（RSD）为2.5％。其所建的方法操作简单、重复性好，可作为妇康片中盐酸水苏碱的定量分析方法。

2. 中药成分

采用高效薄层色谱法（HPTLC）检测蓟竹属、牡竹属及刚竹属11种竹叶中的牡荆苷、异牡荆苷、荭草苷、异荭草苷和莒蓿素。采用自动多级展开法，5种黄酮类化合物的分离效果良好，回收率在79.01％～106.85％。3属11种竹叶中黄酮类化合物的种类和含量具有差异，紫竹中的5种黄酮含量总和最高，为0.132％；麻竹中的5种黄酮含量总和最低，为0.015％。

中草药和中成药成分极为复杂，要在大量杂质（无关成分）存在下，检出微量的一种或多种有效成分，其难度之大是可以想象的，过去只能测定某种药材中生物碱、黄酮、皂苷等的总含量，自从薄层色谱法被采用以来，几乎成了分析中草药和中成药成分的首选方法。因为薄层色谱法在仅有简单设备的条件下也可以开展工作，比较适合我国国情。在中药材的真伪鉴别这方面，薄层层析分离技术起到了积极的作用。长期以来，中成药的质量，多依靠形、色、气、味等外观性状或显微鉴别，虽在一定程度上能反映其外在质量，但为了保证中成药的质量及对外出口需要，这是远远不够的，实践证明薄层色谱技术在中成药的质量分析中是行之有效的方法。薄层色谱技术在中草药和中成药的成分分析中的一些具体应用如下。

（1）中药材品种鉴别　中药材品种主要靠斑点比移值、斑点颜色及薄层指纹图谱来鉴别。在这方面，我国许多科研工作者做了大量的研究工作。如欧当归与当归的鉴别、熊胆汁是否掺有其他动物胆汁的鉴别、黄连真伪的鉴别、不同产地黄芩的鉴别、土鳖中 7 种氨基酸的鉴别、厚朴及野厚朴树皮的鉴别等。

（2）中药的薄层指纹图谱鉴别　产地、栽培条件、生长周期、采收季节、加工方法等因素均会影响中药材质量，中成药的药效也会受原料质量、工艺方法等因素的影响。无论是中药材，还是中成药，其组成均相当复杂。要解决这一难题，只靠显微鉴别、理化鉴别、含量测定等多种方法尚不足以解决。目前国际上较为通用的办法是采用指纹图谱的方法。指纹图谱可以通过对体系化学成分的物理指标的表征，将物质体系的内涵表达出来，从而达到对体系的整体性描述。这也正好符合中医药整体综合的特点，必将成为中药现代化的一个突破口。目前我国药典中收录了 101 个中药品种的共 223 幅彩色薄层谱图，供分析工作者参考。薄层分离指纹图谱的建立，为鉴别药材的真伪、产地、生长年代提供了技术手段，也为药材种植的条件选择提供了便利。

（3）中成药成分分析　中草药分析方法一般包括 3 个步骤，即提取、分离和测定，中草药的提取要求能将所测成分定量提出，而同时提取液中应尽量少含杂质，以免干扰测定。这可通过选择适当的提取溶剂和提取方法来达到。常用的提取溶剂有氯仿、乙醚、乙酸乙酯、甲醇或乙醇等，可用单一的溶剂也可用两种或两种以上成分的混合溶剂，为了改善提取的效果，有时在提取溶剂中加入少量酸或碱。最常用的提取方法是浸渍法和热回流法，浸渍可以一次浸渍提取，也可以反复多次提取。若单纯浸渍不易提净，可用加热回流提取的方法，但对热不稳定的成分必须慎用，以防止有效成分在提取过程中被破坏。提取液经过浓缩，调整至一定体积后供作薄层点样，若原有提取溶剂不适于点样，可蒸干后将残渣改溶于其他溶剂后，再行点样。提取液中若含有一些能干扰分离测定的杂质，应在薄层分离前净化除去，如将提取液先通过一根小色谱柱，使杂质滞留柱上，将所测成分冲下，洗脱液点样进行薄层分离；或用沉淀剂沉淀除去杂质等。可根据所测成分及杂质的性质设计适当的净化方法除去杂质。分离所用的薄层以硅胶薄层用得最为普遍，其他如氧化铝、聚酰胺、纤维素等薄层的使用也均有报道。有时为了达到分离某些化合物的特殊要求，硅胶中还加入某些试剂，制成特殊性能的薄层，如分离三尖杉酯碱类生物碱时，用 1mol/L 氢氧化钠水溶液代替水调制硅胶，制成碱性硅胶薄层，在这种薄层上，生物碱的解离被抑制，展开所得斑点圆整，分离良好。又如测定满山红叶中的杜鹃素时，因杜鹃素在薄层上很容易被空气中的氧氧化，故在薄层中加入 10% 亚硫酸氢钠，然后加水调制成薄层，以防止杜鹃素在薄层上展开时分解变质。对极性较强的苷类，若用吸附薄层分离效果不理想时，也可用分配薄层分离，如洋地黄强心苷在硅藻土薄层上以甲酰胺作固定相，用甲酰胺饱和的溶剂作为流动相展开，一些用吸附薄层难以分离的一级苷能获得良好的分离。近年来，键合相薄层的产生和发展开辟了一种新的薄层类型，并已应用于植物成分分析，如在烷基键合相薄层上分离黄酮类化合物、洋地黄强心苷类化合物等。展开后的薄层定量现多用扫描法，对既无紫外吸收又无颜色的斑点，需先用适当的方法显色，再扫描测定，但显色操作本身会带入一定的误差。

3. 化工产品成分

化学合成药物因结构已知、纯度高而通常采用经典的定量分析方法，而对于合成药物中存在微量结构相似的有关物质的分离与含量分析常采用高效液相色谱法，溶剂的残留分析常采用气相色谱法。薄层色谱法在各国药典均有收载，但一般仅限于合成药物的定性鉴别和纯度检查。

例如，烟酰胺原料及制剂的有关物质检查均采用薄层色谱法：取样品，加乙醇制成每 1mL 中含 40mg 的溶液，作为供试品溶液；精密量取适量烟酸，加乙醇稀释制成每 1mL 中含 0.2mg 的溶液，作为对照溶液。吸取上述两种溶液各 $5\mu L$，分别点于同一硅胶 GF_{254} 薄层板上，以氯仿-无水乙醇-水（48：45：4）为展开剂，展开后，取出，晾干，置紫外光灯（254nm）下检视。供试品溶液如显杂质斑点，与对照溶液的主斑点比较，不得更深。

4. 环境污染物分析

具稠环结构的某些多环芳烃是致癌物质，空气中存在量不得多于 $10ng/m^3$。世界卫生组织拟定的饮用水中 6 种有代表性的多环芳烃可接受的最高浓度为 0.02ng/L。因此其分离和测定方法必须具有高灵敏度。用氧化铝、纤维素-氧化铝或纤维素-硅胶作固定相，并用双向展开是分离多环芳烃的较好方法，展开后斑点可用荧光法检测。如在氧化铝薄层上，用乙酸钾饱和溶液的正己烷-乙醚（19：1）作第一方向展开，然后再用甲酸-乙醚-水（4：4：1）作第二方向展开，成功地分离了蒽、菲、芘、苯并［c］蒽、苯并［a］芘、苯并［e］芘、二苯并蒽、二苯并芘等。

水中酚类物质的分离可以通过与某些试剂发生反应生成易溶于有机溶剂的有色物，然后进行薄层分离，根据斑点的颜色深浅判断是否超过标准。水中汞含量的测定原理是在一定酸度下，无机汞与双硫腙反应后，与有机汞一起进入有机相氯仿中，将有机相进行薄层层析分离。可将无机汞、苯基汞和甲基汞、乙基汞分离，但甲基汞和乙基汞彼此难以分离。

第七节　认识薄层色谱扫描技术

一、薄层色谱扫描法原理和方法

由于分析仪器的不断发展和完善，用薄层色谱扫描仪直接测定斑点的含量已成为薄层色谱定量的主要方法。利用薄层色谱扫描仪对薄层展开板上被分离组分进行光扫描可以获得薄层色谱扫描图，通过对薄层色谱扫描图的分析进行定性和定量分析的方法称为薄层色谱扫描法。

1. 基本原理

用一定波长、一定强度的光辐射到薄层板上，并对整个斑点进行扫描，通过测定斑点对光的吸收强度或所发出的荧光强度进行定量分析。薄层扫描法一般分为薄层吸收扫描法和薄层荧光扫描法。

2. 薄层吸收扫描法

薄层扫描测定斑点对光的吸收通常采用透射法（测定透过光强度）或反射法（测定反射光强度）。

（1）透射法　光源发出的光，经单色器分光后得到的单色光交替照射在薄层斑点和空白薄层上，测定透射光的强度 i。空白薄层透光率 $T_0=i_0/I_0$（i_0 为空白薄层板透射光强度；I_0 表示入射光强度），斑点透光率 $T=i/I_0$（i 表示斑点透射光强度），则被测组分斑点吸光度：

$$A = -\lg\frac{T}{T_0} = -\lg \qquad\qquad (2\text{-}17)$$

透射法光强度大，但受薄层厚度、均匀度等影响较大。此外，玻璃板不透过紫外光，因此实际应用受到一定的限制。

（2）反射法　光源发出的光，经单色器分光后得到的单色光交替照射在薄层斑点和空白薄层上，测定反射光的强度 j。光源和检测器在薄层板的同侧。空白薄层反射率 $R_0 = j_0/I_0$（j_0 表示空白薄层板反射光强度），斑点反射率 $R = j/I_0$（j 表示斑点反射光强度），则被测组分斑点吸光度：

$$A = -\lg\frac{R}{R_0} \qquad\qquad (2\text{-}18)$$

反射法重现性较好，基线稳定，受薄层厚度、均匀度等影响较小，但光强度小。在实际工作中常用反射法。

由于薄层板上的固定相是具有一定粒度的物质外加适量黏合剂构成的半透明固体，当光束辐射到薄层表面时，除了透射光、反射光之外，不可避免地存在散射光。因此，光辐射到薄层板上测定的斑点吸光度与物质浓度之间并不服从朗伯-比尔定律。为了准确地进行定量分析，必须将曲线校正为直线。曲线校正是在实验前根据薄层板的类型，选择合适的散射参数，由计算机根据适当的修正程序，自动进行。曲线校直后方可进行定量分析。

3. 薄层荧光扫描法

利用薄层色谱的组分斑点发出的荧光强度或荧光薄层板上暗斑的荧光猝灭程度进行定量分析的方法称为薄层荧光扫描法。在点样量很小时，荧光强度 F 与浓度 c 呈线性关系：$F = Kc$。定量分析时，扫描色谱峰的积分面积 A 相当于 F。因此，可直接用扫描峰面积 A 定量。

薄层荧光扫描法灵敏度比薄层吸收扫描法高 1～3 个数量级，最低检测限可达（10～50）$\times 10^{-12}$ g，专属性强，可避免一些杂质的干扰，基线稳定，定量线性范围宽。该法适合于组分本身能发射荧光或经过色谱前后衍生化能产生荧光的化合物。

二、薄层色谱扫描仪的分类

薄层色谱扫描仪是对薄层色谱进行定量检测分析的仪器，目前有两类薄层色谱扫描仪。

1. 传统扫描仪

传统扫描仪是一种全波长扫描仪，提供波长 200～800nm 范围的可选波长，通过检测样品对光的吸收强弱确定物质含量。该扫描仪也能检测 254nm 或 365nm 紫外照射产生的荧光强度，从而进行特异性检测。

传统扫描仪的扫描方式分为：单光束扫描、双光束扫描和双波长扫描。

（1）单光束扫描　采用单一光束（即单一波长）扫描，其结果就是一特定波长条件下的单条曲线。仪器结构简单，但是基线不稳，实际中很少使用。

（2）双光束扫描　采用同一波长的两个光束同步扫描，一个光束扫描样品展开通道，另一个光束扫描样品通道旁边的空白区域，这样就可扣除空白吸收，部分消除薄层板展开方向铺板不均匀产生的误差。但是无法消除垂直于展开方向铺板不均匀产生的误差。

（3）双波长扫描　两个不同波长的光束交替扫描样品展开的通道区域，波长选择时，一个波长为样品最大吸收位置，另一个是吸收极小值位置。如检测目标试样最大吸收峰为290nm，极小值可选200nm、260nm或325nm。这种方法可基本消除铺板不均产生的误差，因此扫描基线很稳定。

2. 现代扫描仪

现代扫描仪的扫描方式可分为：直线扫描和锯齿扫描。

单光束、双光束、双波长扫描方式中，根据光源大小（扫描精度）不同可分为直线扫描和锯齿扫描。在定量分析中，薄层扫描多采用双波长锯齿扫描。

（1）直线扫描　用可以覆盖样品展开通道的宽光束一次性扫完整个展开通道，即在展开方向上，每个点的数据只是一个扫描数据点。

（2）锯齿扫描　采用点状光源，光点尺寸小于通道宽度，因此在展开方向移动到任何一点时，光源都要逐点沿样品通道方向扫描，即形成"之"形（或锯齿形）扫描。这样，在展开方向上每一点的数据都是多个点扫描结果的累加值。锯齿扫描的精度相对直线扫描明显提高。

三、薄层色谱扫描仪工作原理

薄层色谱扫描仪的基本功能是通过选择合适的测定参数对薄层斑点进行光谱扫描，获得薄层色谱扫描图。利用组分斑点的光谱扫描图，既可以进行定性分析与鉴别，又可以进行定量分析。

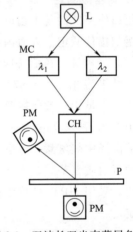

薄层色谱扫描仪种类很多，如图2-9所示为双波长双光束薄层色谱扫描仪光学线路示意图。其原理与双波长分光光度计相似，从光源（氘灯或钨灯）发出的光，通过两个单色器分光后，成为两个不同波长（λ_1和λ_2）的光，通过一斩光器进行切换，使λ_1光和λ_2光交替地照射到物质斑点上，当λ_1光照射到物质斑点时，物质和背景（吸附剂）均对此波长的光有吸收，背景散射可能造成明显干扰。在这种情况下，由另一种单色光λ_2照射斑点，斑点物质几乎对此波长光无吸收，而背景散射基本相同。照射到薄层上的光，经透射或反射后分别由光电倍增管接收，再输出电信号，由对数放大器变换成吸光度。实际上，记录下的信号是λ_1和λ_2两波长吸光度之差。

图2-9　双波长双光束薄层色谱扫描仪光学线路示意图

L—光源；MC—单色器；CH—斩光器；P—薄层板；PM—光电检测器

通常是选择斑点中化合物的吸收峰波长作为测定波长，选择化合物吸收光谱的基线部分，即化合物无吸收的波长作为参比波长。

四、薄层色谱扫描法应用

（一）定性分析

现代薄层色谱扫描仪一般都具有直接测定薄层板上的紫外或可见吸收光谱图的功能，有的还能够记录荧光激发光谱图，这是很重要的定性信息。但是，一般来说，只有与平行点加的标准样品斑点的谱图进行对照，这种信息才是可靠的。随着色谱技术的仪器化和自动化，很容易获得具有良好再现性的结果。这就有可能建立不同类化合物在标准条件下的板上光谱图库，并由计算机进行检索定性。图2-10是2种药物板上光谱图计算机检索的结果。

另外，瑞士卡玛公司计算机系统（CAMAG TLC the Scanner-3/IBM）可将展开距离、吸光度和波长绘制成三维光谱-薄层色谱图，同时提供关于定性、定量及分离状况的直观信息，见图 2-11。由于薄层色谱法的离线性和斑点被固定在薄层板上，可任意对同一斑点用不同波长进行重复扫描，因而对检测器的响应速度没有特殊要求。

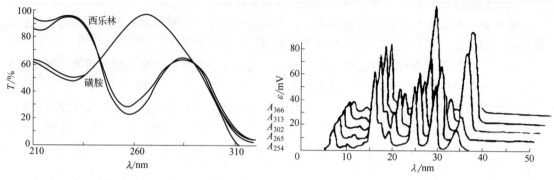

图 2-10　板上紫外吸收光谱图计算机检索　　　图 2-11　几种磺胺药物的三维薄层扫描图

（二）定量分析

1. 氨基酸测定

蛋白质多肽的基本组成为氨基酸，在临床医学中占有重要位置。研究人员用 CS-930 薄层色谱扫描仪测定了人血丙种球蛋白的纯度，研究人员在醋酸纤维膜上点样 $2\mu L$（γ-球蛋白 $120\mu g$），经电泳染色后洗净滤膜并用滤纸吸干，选用波长 595nm 进行测定。按归一化计算纯度，结果为 97.0%～97.8%，平均回收率为 100.7%（$n=5$）。

研究人员用高效薄层色谱（HPTLC）硅胶板、纤维素板、C-18 键合硅胶板分离了血淋巴液中的 18 种氨基酸，并用薄层扫描光密度计测定了其中的丙氨酸和天冬氨酸；定量测定了发酵肉汤中赖氨酸、苏氨酸、丝氨酸和谷氨酸（Vit B_{12}）；用薄层扫描法测定了从甘蔗中提取的蛋白质氨基酸，实验将样品水解后，用 dansyl-Cl（二甲基氨基萘磺酰氯，荧光试剂）衍生化，采用 HPTLC 硅胶板点样后，以 5%EDTA-乙醇-二乙醚（5∶10∶35）流动相展开后测定。

2. 抗癌药物测定

左旋咪唑是抗癌药之一，研究人员用薄层扫描法测定 72 例鼻咽癌患者尿中左旋咪唑的含量。实验采用碱性硅胶 GF_{254} 板，流动相为氯仿-甲苯-丙酮（7∶5∶2）。尿样经碱化用乙酸乙酯提取，浓缩后点样。用 CS-930 薄层色谱扫描仪以盐酸普鲁卡因为内标，在波长 236nm 处测定，其线性范围在 5～200nmol/L。平均回收率：96.9%（$n=5$），最低检出浓度：3.05nmol/mL，尿样检出浓度：58.1nmol/mL。

第八节　学会薄层色谱法分离鉴定叶绿素

一、健康安全和环保

石油醚、乙醚易挥发，对呼吸道有刺激作用。

二、实训目的

（1）掌握有机溶剂提取天然产物的原理和操作方法。

（2）掌握薄层色谱法分离原理和实验技术。

三、原理

植物叶片中的叶绿体色素有叶绿素和类胡萝卜素两类，主要包括叶绿素 a、叶绿素 b、β-胡萝卜素及叶黄素等四种。

叶绿体色素是脂溶性色素，植物叶绿体色素通常可用乙醇、丙酮等有机溶剂提取。在波长 662nm、644nm 测定吸光值，可根据公式计算叶绿素 a 和叶绿素 b 的含量。通过薄层色谱（TLC）对叶绿体色素提取液进一步分离，可分离叶绿素 a、叶绿素 b、β-胡萝卜素及去镁叶绿素，经多次制备可得少量叶绿素纯品，并进行化学性质的分析、测定。

四、仪器和试剂

（1）仪器：半微量玻璃仪器一套，小烧杯（50mL），层析缸（槽），载玻片（100mm×25mm），干燥器，电吹风，毛细管，移液管，研钵，布氏漏斗，抽滤装置。

（2）试剂：硅胶，1%羧甲基纤维素（CMC），石油醚（60～90℃），乙醇，丙酮，乙醚，饱和 NaCl 溶液，无水 Na_2SO_4。

五、测定步骤

1. 制板

将硅胶加 1%CMC，调成浆状（硅胶：CMC＝1：3～4）（在平铺玻璃板上能晃动但不能流动），将其涂在载玻片上（100mm×25mm），为使其平坦，可将载玻片用手端平晃动，至平坦为止，放在干净平坦的台面上，晾干之后放入 105℃烘箱活化 1h，取出放入干燥器内待用。

2. 叶绿素的提取

在研钵中放入几片（约 5g）菠菜叶（新鲜的或冷冻的都可以。如果是冷冻的，解冻后包在纸中轻压吸干水分）。加入 10mL 2：1 石油醚-乙醇混合液，放到研钵中适当研磨。将提取液用滴管转移至分液漏斗中，加入 10mL 饱和 NaCl 溶液（防止生成乳浊液）除去水溶性物质，分去 H_2O 层，再用蒸馏水洗涤两次。将有机层转入干燥的小锥形瓶中，加入 2g 无水 Na_2SO_4 干燥。干燥后的液体倾至另一锥形瓶中（如溶液颜色太浅，可在通风柜中适当蒸发浓缩）。

3. 点样

用一根内径 1mm 的毛细管，吸取适量提取液，在距薄板一端 1.5cm 处画一条横线作为起点线，轻轻地在起点线平行点两点，两点相距 1cm 左右。若一次点样不够，可待样品溶剂挥发后，再在原处点第二次，但点样斑点直径不得越过 2mm，晾干。

4. 展开

先在层析缸中放入展开剂［石油醚（60～90℃）-丙酮-乙醚（体积比为 3：1：1）］，加盖使缸内蒸气饱和 10min，再将薄层板斜靠于层析缸内壁。点样端接触展开剂但样点不能浸没于展开剂中，密闭层析缸。待展开剂上升到距薄层板另一端约 1cm 时，取出平放，用铅笔或小针划前沿线位置，晾干或用电吹风吹干薄层。

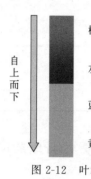

自上而下

橙黄色 β- 胡萝卜素

灰色的去镁叶绿素

蓝绿色的叶绿素a

黄绿色的叶绿素b

图 2-12 叶绿素分离后
斑点颜色和位置

5. 鉴别

观察各斑点的颜色，计算比移值 R_f（如图 2-12）。

六、写出实训报告

实训报告中应该包含安全健康与环保、原理、操作过程和对结果的评价。

七、实训注意事项

（1）制板时，注意使板上铺设硅胶厚度尽量一致。
（2）植物叶片不要研成糊状，否则会给分离造成困难。

八、实训思考题

（1）在混合物薄层色谱中，如何判定各组分在薄层上的位置？
（2）展开剂的高度若超过了点样线，对薄层色谱有何影响？

项目总结

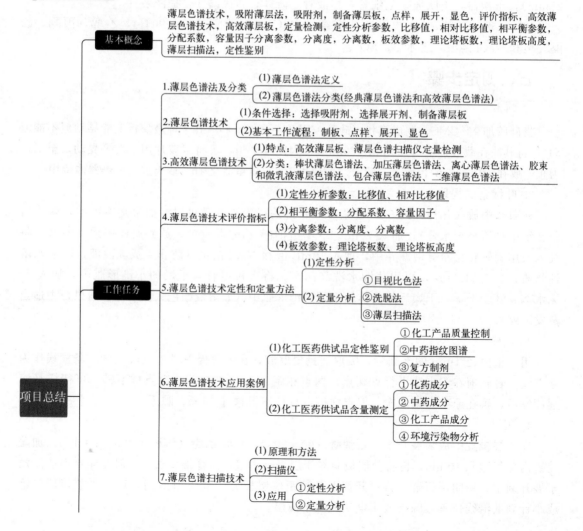

基本概念：薄层色谱技术，吸附薄层法，吸附剂，制备薄层板，点样，展开，显色，评价指标，高效薄层色谱技术，高效薄层板，定量检测，定性分析参数，比移值，相对比移值，相平衡参数，分配系数，容量因子分离参数，分离度，分离数，板效参数，理论塔板数，理论塔板高度，薄层扫描法，定性鉴别

工作任务

1. 薄层色谱法及分类
（1）薄层色谱法定义
（2）薄层色谱法分类(经典薄层色谱法和高效薄层色谱法)

2. 薄层色谱技术
（1）条件选择：选择吸附剂、选择展开剂、制备薄层板
（2）基本工作流程：制板、点样、展开、显色

3. 高效薄层色谱技术
（1）特点：高效薄层板、薄层色谱扫描仪定量检测
（2）分类：棒状薄层色谱法、加压薄层色谱法、离心薄层色谱法、胶束和微乳液薄层色谱法、包合薄层色谱法、二维薄层色谱法

4. 薄层色谱技术评价指标
（1）定性分析参数：比移值、相对比移值
（2）相平衡参数：分配系数、容量因子
（3）分离参数：分离度、分离数
（4）板效参数：理论塔板数、理论塔板高度

5. 薄层色谱技术定性和定量方法
（1）定性分析
（2）定量分析
①目视比色法
②洗脱法
③薄层扫描法

6. 薄层色谱技术应用案例
（1）化工医药供试品定性鉴别
①化工产品质量控制
②中药指纹图谱
③复方制剂
（2）化工医药供试品含量测定
①化药成分
②中药成分
③化工产品成分
④环境污染物分析

7. 薄层色谱扫描技术
（1）原理和方法
（2）扫描仪
（3）应用
①定性分析
②定量分析

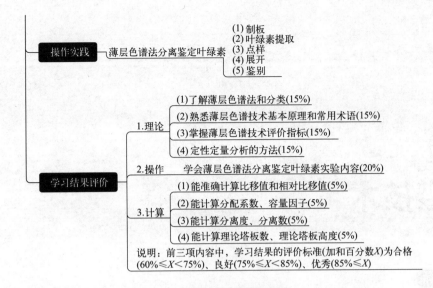

1. 硅胶具有微酸性，适用于＿＿＿＿＿＿＿＿物质的分离。

2. 纸色谱是以＿＿＿＿＿作为载体的色谱法，按原理属于＿＿＿＿＿＿＿的范畴。固定相一般为纸纤维上吸附的＿＿＿＿。

3. 纸色谱展开后，R_f 值应在＿＿＿＿之间，分离两个以上组分时，其 R_f 值相差至少要大于＿＿＿＿。

4. 关于 R_f 值，下列说法正确的是（　　）。

A. $R_f = L_0/L_x$ 　　　　　　　　B. R_f 越大的物质的分配系数越大

C. 物质的 R_f 值与色谱条件无关 　　D. 物质的 R_f 值在一定色谱条件下为一定值

5. 用薄层色谱分离生物碱时，有拖尾现象，为减少拖尾，可加入少量的（　　）。

A. 二乙胺 　　　　B. 甲酸 　　　　C. 石油醚 　　　　D. 正己烷

6. 硅胶 GF_{254} 表示硅胶中（　　）。

A. 不含黏合剂

B. 不含荧光剂

C. 含有荧光剂，在 254nm 紫外光下呈荧光背景

D. 含有荧光剂，在 254nm 紫外光下呈暗色背景

7. 纸层析的分离原理及固定相分别是（　　）。

A. 吸附层析，固定相是纸纤维 　　　　B. 分配层析，固定相是纸上吸附的水

C. 分配层析，固定相是纸 　　　　　　D. 吸附层析，固定相是纸上吸附的水

8. 某物质的 R_f 等于"零"，说明此物质（　　）。

A. 样品中不存在 　　　　　　　　　B. 在固定相中不溶解

C. 没有随展开剂展开 　　　　　　　D. 与溶剂反应生成新物质

9. 薄层色谱常用的固定相的颗粒大小，一般要求粒径为（　　）。

A. $10 \sim 40 \mu m$ 　　　B. $20 \sim 40 \mu m$ 　　　C. $5 \sim 50 \mu m$ 　　　D. $40 \sim 60 \mu m$

10. 自制薄层板的厚度为（　　）。

A. $0.2 \sim 0.3 mm$ 　　　B. $0.1 \sim 0.3 mm$ 　　　C. $0.3 \sim 0.5 mm$ 　　　D. 不得过 $0.5 mm$

11. 薄层色谱法中，流动相中适当加入少量酸或碱的目的是＿＿＿＿＿＿＿＿＿＿＿＿＿。

12. 薄层色谱定性的依据是＿＿＿＿＿＿＿＿＿＿＿＿＿＿＿＿＿＿＿＿＿＿＿＿＿＿＿＿＿＿＿＿。

13. 简述薄层色谱中，影响 R_f 值的因素。

第三章
柱色谱技术

📖 学习目标

知识目标：了解柱色谱的定义，熟悉柱色谱常用的流动相和固定相，掌握柱色谱的分离原理。

能力目标：掌握色谱法正确填装、加样、洗脱、收集和检测，解决其过程中的问题，学会柱色谱的制备。

素质目标：了解目前柱色谱检测在各个行业领域中的作用和发展趋势，培养柱色谱检测的兴趣。

第一节 了解柱色谱技术及分类

📖 案例

柱色谱-紫外分光光度法测定关黄柏中总生物碱的含量

关黄柏为芸香科植物黄檗的干燥树皮，具有清热燥湿、泻火除蒸、解毒疗疮的功效。其化学成分主要含有生物碱类、柠檬苦素类、酚酸类、萜类、苯丙素类、挥发性成分类等。其中，生物碱为主要有效成分，主要含有盐酸小檗碱、盐酸巴马汀、药根碱、黄柏碱等。2020版药典对关黄柏中的盐酸小檗碱、盐酸巴马汀两种生物碱进行了含量测定，但对其总生物碱含量并未做出要求。可采用柱色谱-紫外分光光度法对其总生物碱含量进行测定，方法简单，重复性好。

测定方法如下：精密称取关黄柏药材粉末 0.4g，置具塞三角烧瓶中，精密加入盐酸-乙醇（1∶100）溶液 100mL，称定重量，浸渍 15min 后，超声处理 1h，待冷却至室温时，再称定重量，用前述提取溶剂补足重量，摇匀，过滤，精密量取续滤液 5mL，至碱性氧化铝柱上（内径 1.5cm，10g），乙醇 25mL 洗脱，洗脱液收集至 50mL 容量瓶中，乙醇定容，摇匀，精密吸取上述溶液 4mL，置 10mL 容量瓶中，硫酸溶液（0.05mol/L）定容，摇匀，即得供试品溶液。取供试品溶液在 265 nm 处测定吸光度。

柱色谱法是最古老的色谱法，1906 年茨维特发明的色谱法就是柱色谱法。柱色谱法仪器价廉，使用简便，常作为物质的精制和分析的前处理方法。根据分离目的，将硅胶或离子交换树脂悬浮于流动相溶剂中，然后注入内径为 0.5～3cm 的色谱管，制成色谱柱。用重力或泵使流动相按一定速度流动，并保持稳定。进样时，用移液管等把样品溶液注入色谱柱上端。在注意避免产生气泡的同时，送入流动相，各组分就会经色谱柱分离并分别流出。用收集器分别接收流出液，用紫外或可见分光光度法或重量法等测定各流出液的组分浓度。

一、柱色谱技术的定义

柱色谱技术是将固定相（色谱填料）装于色谱柱内，流动相为液体，样品随流动相由上而下移动达到分离组分的目的的色谱技术。

二、柱色谱技术的分类

柱色谱技术按分离原理可分为吸附柱色谱法、分配柱色谱法、离子交换柱色谱法和凝胶柱色谱法（又称为体积排阻色谱法或分子排阻色谱法）。

第二节 熟悉柱色谱分离原理

一、吸附柱色谱的分离原理

吸附柱色谱法是以固体吸附剂为固定相，以液体为流动相，利用吸附剂对不同组分吸附能力差异来进行分离的方法。

（一）分离原理

吸附柱色谱法是利用各组分在吸附剂与洗脱剂之间的吸附和溶解（解吸）能力的差异而达到分离的。吸附过程是样品中的组分分子与流动相分子，彼此不断竞争占据吸附剂表面活性中心的过程。当组分分子占据吸附活性中心时，称为吸附；当流动相分子从活性中心置换出被吸附的组分分子时，称为解吸附。由于洗脱剂不断地移动，致使这种吸附与解吸附的过程会反复发生并建立新的平衡，组分分子就随洗脱剂移动，移动的速度与组分分子的平衡常数（或称吸附系数）和洗脱剂的流速有关。通过控制流动相（洗脱剂）的流速，各组分就依据其平衡常数的不同而得到分离。

（二）固定相

在吸附柱色谱法中，固定相又称吸附剂，吸附剂吸附能力的大小，一是取决于吸附中心（吸附点位）的多少；二是取决于吸附中心与被吸附物形成氢键能力的大小。吸附活性中心越多，形成氢键能力越强，吸附剂的吸附能力越强。常用的固定相有硅胶、氧化铝、聚酰胺、大孔吸附树脂等。

1. 硅胶

硅胶的含水量与吸附剂的表面活性成反比，含水量越大，吸附活性越低，脱附越容易，其含水量与活性的关系见表 3-1。将硅胶在 105～110℃加热 30min，其表面结合的水（自由水）能可逆地除去，使其吸附能力增强，此过程称为活化。若加热至 500℃，由于硅胶结构内的水（结构水）不可逆地失去，硅醇基结构变成硅氧烷结构，吸附能力显著下降。硅胶呈弱酸性，适用于分离碱性物质如脂肪胺和芳香胺。

表 3-1　硅胶和氧化铝含水量与活性关系

活性级	硅胶含水量/%	氧化铝含水量/%	吸附能力
Ⅰ	0	0	大
Ⅱ	5	3	↑
Ⅲ	15	6	
Ⅳ	25	10	
Ⅴ	38	15	小

2. 氧化铝

氧化铝表面的吸附机制是其表面铝羟基（Al-OH）的氢键作用而吸附其他的物质。吸附能力略高于硅胶，分离能力强，活性可以控制，其含水量与活性的关系见表 3-1。色谱用氧化铝有碱性、中性、酸性三种，而中性氧化铝使用最多，用于分离酸性、中性和碱性化合物，如生物碱、挥发油、萜类、甾体、蒽醌以及在酸碱中不稳定的苷类、酯、内酯等物质，具体应用范围见表 3-2。

表 3-2　氧化铝的应用范围

氧化铝种类	pH	应用范围
酸性氧化铝	4～5	分离酸性和对酸稳定的中性化合物,如酸性色素、氨基酸
中性氧化铝	7.5	分离酸性、中性和碱性化合物,如生物碱、挥发油、萜类、甾体、蒽醌以及在酸碱中不稳定的苷类、酯、内酯等
碱性氧化铝	9～10	分离碱性和中性化合物,生物碱

3. 聚酰胺

聚酰胺是由酰胺键聚合形成的高分子化合物。常用的聚酰胺是聚己内酰胺，其酰氨基中的羰基能与酚类、黄酮类和酸类化合物中羟基形成氢键；氨基与醌类、脂肪羧酸上的羰基形成氢键而产生吸附作用。不同的化合物，由于活性基团的种类、数目与位置不同，与聚酰胺形成氢键的形式和能力不同，从而实现分离。聚酰胺在水中形成氢键的能力最强，在有机溶剂中较弱，在碱性溶剂中最弱。主要适合于含—OH 的天然产物的有效成分分离。

4. 大孔吸附树脂

大孔吸附树脂是一种不含交换基团，具有大孔网状结构的高分子化合物，理化性质稳定，不溶于酸、碱及有机溶剂。大孔吸附树脂粒度多为 20～60 目，在水溶液中吸附力较强并有良好的吸附选择性，而在有机溶剂中吸附能力较弱，它是一种吸附性与筛分性原理相结合的分离材料。大孔吸附树脂主要用于水溶性化合物的分离纯化，如皂苷及其他苷类化合物的分离，对脂溶性化合物如果改变条件使其溶解在水中，掌握适宜的分离条件，也可达到满意的分离效果。

（三）流动相

吸附柱色谱法所用的流动相又称洗脱剂，具有洗脱作用，其洗脱过程实质上是流动相分子与被分离组分分子竞争占据吸附剂表面活性中心的过程。一般来说，极性大的溶剂对极性大的组分有较大的亲和力，极性小的溶剂对极性小的组分有较大的亲和力，中等极性的溶剂对中等极性的组分有较大的亲和力。常用溶剂按其极性从小到大顺序排列如下：石油醚＜环己烷＜四氯化碳＜苯＜乙醚＜乙酸乙酯＜丙酮＜乙醇＜水。

二、分配柱色谱的分离原理

分配柱色谱法是以液体为固定相，以液体为流动相，利用混合物中被分离组分在固定相和流动相中溶解度（分配系数）的差异来进行分离的方法。

（一）分离原理

分配柱色谱法的基本原理与液-液萃取原理基本相同，不同的是分配柱色谱法的分配平衡是在相对移动的固定相和流动相之间进行的。当流动相携带样品流经固定相时，样品的各组分在两相间不断进行溶解、萃取、再溶解、再萃取，当样品在色谱柱内经过数次分配后，分配系数稍有差异的组分就以不同的迁移速度通过色谱柱而实现分离。其中分配系数小的组分，洗脱时移动速率快，先从柱中流出；分配系数大的组分，洗脱时移动速率慢，后从柱中流出。各组分的分配系数相差越大，越容易分离。当各组分的分配系数相差不大时，可通过增加柱长来达到较好的分离效果。

（二）固定相

分配柱色谱所用的固定相由载体和涂渍或键合在载体表面的固定液组成。

1. 载体

载体是起负载固定液作用的，不与固定液、流动相及被测物质起化学反应，不溶于两相，有较大的表面积，机械强度好。常用的载体有硅藻土、吸水硅胶、纤维素以及微孔聚乙烯小球等。

2. 固定液

固定液是涂布在载体表面的特殊液体，与流动相极性差异较大，不溶或难溶于流动相，且组分在固定液中的溶解度要略大于其在流动相中的溶解度，以保证较好分离。

（三）流动相

分配柱色谱法常用的流动相有石油醚、醇类、酮类、酯类、卤代烷烃和苯等以及它们的混合物。流动相与固定液互不溶，极性相差较大且流动相对样品组分的溶解度足够大，又相对小于固定液对组分的溶解度。

三、离子交换柱色谱的分离原理

离子交换柱色谱法是以离子交换树脂作为固定相，以液体为流动相，由流动相携带被分离的离子型化合物在离子交换树脂上进行离子交换，根据离子交换能力的差异实现分离的方法。

（一）分离原理

离子交换柱色谱的分离机制是基于样品离子与流动相离子竞争占领离子交换剂上带相反电荷的位置，借助于样品离子对离子交换剂亲和力的不同以达到分离离子型或可离子化的分析目的。不同组分的离子与树脂的可交换离子竞争交换能力不同，交换能力弱的组分离子，不易被树脂吸附，移动速度快，保留时间短，先流出色谱柱；交换能力强的组分离子，易被树脂吸附，移动速度慢，保留时间长，后流出色谱柱。

（二）固定相

离子交换树脂以聚苯乙烯型离子交换树脂应用比较普遍，其骨架为以苯乙烯为单体，二乙烯苯为交联剂聚合而成的网状立体结构的聚合物。根据所引入的离子交换基团的不同，可分为阳离子交换树脂和阴离子交换树脂。

1. 阳离子交换树脂

阳离子交换树脂是在骨架上引入一些酸性基团，如磺酸基（—SO_3H）、羧基（—$COOH$）和酚羟基等，这些酸性基团上的 H^+ 可以和组分中的阳离子发生交换。根据这

些基团能电离出 H^+ 的程度又可以分为强酸性阳离子交换树脂（如含磺酸基）和弱酸性阳离子交换树脂（如含羧基和酚羟基）。

2. 阴离子交换树脂

阴离子交换树脂是在骨架上引入能电离出 OH^- 的碱性基团，这些碱性基团上的 OH^- 可以和组分中的阴离子发生交换。同样阴离子交换树脂又可分为强碱性阴离子交换树脂和弱碱性阴离子交换树脂。常用的阴离子交换树脂多为强碱性，如季铵基阴离子交换树脂，$R—N(CH_3)_3+OH^-$ 表示。含有铵基 $[—N(CH_3)^{3+}]$ 的树脂为强碱性阴离子交换树脂，含有氨基（$—NH_2$）、仲氨基 $—NHCH_3$、叔氨基 $—N(CH_3)_2$ 的树脂为弱碱性阴离子交换树脂。

（三）流动相

离子交换柱色谱法常用缓冲溶液作为流动相，有时加入与水混溶的有机溶剂。选择离子交换柱色谱的流动相应该满足的条件有：能够充分溶解各种盐并提供离子交换所必需的缓冲液；具有合适的离子强度以便控制样品的保留值；对被分离对象有选择性。

四、凝胶柱色谱的分离原理

（一）分离原理

凝胶柱色谱法又称分子排阻色谱法，凝胶柱色谱法是靠被分离组分分子体积与凝胶的孔径大小之间的相对关系而分离的色谱法。当流动相携带具有不同分子大小的样品进入色谱柱时，大于凝胶孔径的大分子，因不能渗入孔内而被流动相携带着沿颗粒间隙最先流出色谱柱；中等体积组分的分子能渗透到某些孔隙，但不能进入另一些更小的孔隙，它们以中等速度流出色谱柱；小体积的组分分子可以进入所用孔隙，因而被最后淋洗出色谱柱，从而实现分离。

（二）固定相

凝胶色谱柱多以亲水硅胶、凝胶或经修饰凝胶等高分子聚合物为填充剂，这些填充剂表面分布着不同尺寸的孔径，每个颗粒犹如一个筛子。

（三）流动相

凝胶色谱流动相的选择相对较简单，不像一般液相色谱对分离度的影响那么大。流动相的作用不是为了控制分离，而是作为试样载体。流动相应对样品具有很好的溶解性，且与固定相凝胶有某些相似性质，能浸润凝胶。除了液相色谱常用的溶剂（正己烷、环己烷、苯、氯仿、水、二甲基甲酰胺、二氧六环、四氢呋喃等）以外，凝胶色谱还使用液相色谱很少使用的氯代苯、间甲苯酚、邻氯苯酚等，它们大都是聚合物的良好溶剂。对于高分子化合物的分离，采用的溶剂主要是甲苯、间甲苯酚、四氢呋喃、N,N-二甲基甲酰胺等；生物物质的分离采用的主要流动相是水、缓冲盐溶液、乙醇及丙酮等。

💡 知识链接

凝胶柱色谱法的应用

凝胶柱色谱法可用于分离溶于水或溶于有机溶剂的各种化合物，特别适用于分离非离子型的中性分子、分子量大于 2000 的高分子量生物大分子和高聚物（$10^3 \sim 10^6$）。如果条件适当，也可以分离分子量低至 100 的化合物，已广泛用于测定高聚物的分子量分布。对于分子量差别较大的混合物（如高分子和低分子添加剂）以及低聚物的分离是非常有效的；能快速分离简单混合物。

在未知物的剖析中，凝胶柱色谱作为预分离手段，再配合其他分离方法，能有效解决各种复杂的分离问题。对于一般有机混合物，可采用凝胶柱色谱法分离，以判明样品的复杂程度和分子量范围，进而选择出合适的分离方法。所以，凝胶柱色谱在高分子化合物和小分子化合物中都有它独特的用途。

凝胶柱色谱法在生物化学领域中用于分离和测定生物大分子蛋白质和核酸，如蚕丝蛋白、人体血清成分、各种维生素、不同构象的多糖分子、乳清成分、各种酶等。凝胶柱色谱是蛋白质分子量的快速测定方法之一。测定时，一般需要标准分子量蛋白质（如醛缩酶、牛血清蛋白、卵清蛋白、胃蛋白酶、核糖核酸酶，是一组分子量为 14000～300000 的标准品）。

第三节　掌握柱色谱的色谱条件选择

一、吸附柱色谱的色谱条件选择

建立合适的吸附柱色谱条件实现混合物的分离，通常考虑三个方面的因素，即组分极性的大小、吸附剂的吸附活性和流动相的极性，即选择合适的固定相（吸附剂）和流动相（洗脱剂）。

（1）被测物质的极性　被测物质的结构不同，其极性也不同，被吸附剂表面吸附的能力也不同。化合物的极性大小，由化合物的官能团决定。常见官能团的极性由小到大的顺序是：烷烃＜烯烃＜醚类＜硝基化合物＜二甲胺＜酯类＜酮类＜醛类＜硫醇＜胺类＜酰胺＜醇类＜酚类＜羧酸类。

（2）吸附剂的性能　分离极性大的物质，一般选用吸附活性小的吸附剂；分离极性小的物质，可选择吸附活性稍大的吸附剂。

（3）流动相的极性　一般依据"相似相溶"原则，分离极性较大的物质应选择极性较大的溶剂作流动相；分离极性较小的物质，则宜选择极性较小的溶剂作流动相。

选择色谱分离条件应从上述三方面因素考虑。一般情况下，若被测物质极性较大，应选择吸附活性较小的吸附剂，用极性较大的溶剂作为流动相；如被测物质极性较小，应选择吸附活性较大的吸附剂，用极性较小的溶剂作为流动相。一般被分离的物质往往优先确定，主要是选择吸附剂的活性和流动相的极性，最佳方案总是通过实验来确定。

二、分配柱色谱的色谱条件选择

根据固定相和流动相的极性相对强度，分配柱色谱法分为正相分配色谱和反相分配色谱。固定相比流动相的极性强的，称为正相分配色谱；固定相比流动相的极性弱的，称为反相分配色谱。

（1）正相分配色谱色谱条件的选择　固定相为强极性溶剂：如水、各种缓冲溶液、甲醇、甲酰胺、丙二醇等及它们的混合溶液等；流动相为弱极性的有机溶剂：如石油醚、醇类、酮类、酯类、卤代烃等或它们的混合物。适用于分离强极性的组分，极性小些的组分先流出色谱柱。

（2）反相分配色谱色谱条件的选择　固定相为极性小的有机溶剂：如硅油、液体石蜡等；流动相为强极性溶剂：如水、各种水溶液（包括酸、碱、盐及缓冲溶液）、甲醇等。适用于分离非极性、弱极性或中等极性的组分，被分离组分流出顺序与正相分配色谱相反，极性大的组分先流出。一般反相分配色谱应用更为广泛。

三、离子交换柱色谱的色谱条件选择

被分离组分在离子交换柱中的保留时间除与样品组分的离子和树脂上的离子交换基团作用强弱有关外，还受流动相的 pH、所加盐的种类和浓度、加入有机溶剂等因素的影响。

💡应用

柱色谱法在中药分析中的应用

中药材中有效成分具有显著的生理活性和药理作用，其中以多糖、生物碱和黄酮等的应用最为广泛。但中药材有效成分复杂、含量低、杂质多，用常规提取法得到的提取物仍是混合物，需进一步分离与纯化。柱色谱技术是利用物质的分子形状、大小、带电状态、溶解度、吸附能力、分配系数、分子极性及亲和力等理化性质的差别，使混合物中各组分以不同程度分布在固定相和流动相中，使各组分逐步分离。其优点是分离效率高，应用物质范围广、分离条件参数选择性强、操作条件温和等，广泛应用于多糖、生物碱、黄酮、酶、色素、苷类、萜类等代谢产物和生物大分子的分离纯化。

1. 多糖

多糖是由单糖聚合形成的天然高分子化合物，是生物体内重要的生物大分子，具有抗肿瘤、免疫调节、抗衰老、抗病毒、降血糖、降血脂等多种生物活性，其在医药、保健等方面用途广泛。目前，常用于多糖分离纯化的为离子交换柱色谱、凝胶柱色谱、吸附柱色谱。在离子交换柱色谱分离中药材多糖中，常用的固定相是离子交换纤维素和离子交换树脂。不同柱色谱均可应用在多糖的分离纯化中，有的研究将多种类型柱色谱联合使用，以达到提高多糖纯度获得单体的目标。

2. 生物碱

生物碱为一类显碱性的含氮有机化合物，具有抗肿瘤、抗菌、抗病毒、保护心血管等作用。传统分离纯化生物碱的方法效率和纯度较低，而柱色谱技术对生物碱有较好的分离纯化效果，其常用的柱色谱有离子交换柱色谱和吸附柱色谱技术。

3. 黄酮

总黄酮是黄酮类化合物的总称，包括黄酮、黄酮醇双氢黄（醇）、异黄酮、双黄酮、黄烷醇、查尔酮、橙酮、花色苷及新黄酮类等，是一类很强的抗氧化剂，能够抗癌、防癌、抑菌、抗病毒、保护心血管系统、调节免疫系统功能等。目前分离黄酮类物质常采用离子交换柱色谱和吸附柱色谱。

总之，柱色谱技术具有回收率和纯度高、能源消耗和环境污染低等优点，在中药材有效成分的分离纯化方面有广阔的应用前景。对不同中药材和不同有效成分，甚至同一中药材的同一成分，所使用的柱色谱技术也呈现出多样化。这不仅体现在柱色谱的类型、固定相、流动相的选择，还体现在上样液、上样浓度、洗脱液、流速、温度等技术参数，以及多种色谱柱的联合使用上。在实际使用中，应根据特定中药材和有效成分以及产品的质量要求，优化分离纯化生产工艺技术。

第四节 学会柱色谱的制备和洗脱

一、健康安全和环保

乙醚易挥发，对呼吸道有刺激作用。

二、实训目的

（1）学会干法/湿法装柱。
（2）学会柱色谱的洗脱方法。

三、原理

本法为吸附柱色谱法，是利用色谱柱内吸附剂对于待测物质中各组分的吸附能力的差异以达到分离的方法。

四、仪器和试剂

仪器：色谱柱、洗耳球、刻度吸管。

试剂：吸附剂（中性氧化铝）、乙醇、甲基橙-亚甲基蓝混合样品、棉花。

五、测定步骤

1. 准备色谱柱

色谱柱为内径均匀，下端（带或不带活塞）缩口的硬质玻璃管，端口或活塞上部铺垫适量的棉花，以防止吸附剂流失。

2. 准备固定相

固定相的颗粒应尽可能大小均匀，以保证良好的分离效果。除另有规定外，通常多采用直径为 0.07～0.15mm 的颗粒。

3. 装柱

① 干法。将 10g 中性氧化铝均匀地一次加入色谱柱中，振动管壁使其均匀下沉，然后打开色谱柱下端活塞，沿管壁缓缓加入乙醇，待柱内氧化铝全部湿润，且不再下沉为止。也可在色谱柱内加入适量的乙醇，旋开活塞，使乙醇缓缓滴出，然后自管顶端缓缓加入乙醇，使其均匀地润湿下沉，在管内形成松紧适度的吸附层。装柱完毕，关闭下端活塞。操作过程中应保持吸附层上方有一定量的洗脱剂。

② 湿法。将氧化铝与乙醇混合均匀，采用搅拌方式除去其中气泡，打开下端活塞，缓缓倾入色谱柱中，必要时，振动管壁使气泡排出，用洗脱剂将管壁吸附剂洗下，使色谱柱面平整。待平衡后，关闭下端活塞，操作过程中应保持吸附层上方有一定量的乙醇。

4. 加样与洗脱

用刻度吸管移取约 0.8mL 甲基橙-亚甲基蓝混合样品，在离固体面 5mm 处转圈沿内壁缓慢加样（加样品）。

下面接一干净烧杯，打开活塞，用胶头滴管转圈沿内壁滴加乙醇，流至液面与固体面齐平处，再滴加乙醇，如此反复 2～3 次（用乙醇洗脱）。

用胶头滴管转圈沿内壁滴加乙醇，直至蓝色物质全部流出（接出蓝色的亚甲基蓝）。

换烧杯，沿内壁滴加水，直至橙黄色物质全部流出（用水洗脱，接出橙黄色的甲基橙）。

六、写出实训报告

实训报告中应该包含安全健康与环保、原理、操作过程和对结果的评价。

🔬 科学探究

柱压与分离效果

压力可以增加淋洗剂的流动速度，减少产品收集的时间，但是会减低柱子的塔板数。所以其他条件相同的时候，常压柱是效率最高的，但是时间也最长，比如天然化合物的分离，一个柱子需要分离几个月。

加压柱与常压柱类似，只不过外加压力使淋洗剂走得快些。压力的提供可以是压缩空气，双连球是常用的手动加压的方法。特别是在容易分解的样品的分离中适用。压力不可过大，不然溶剂走得太快就会降低分离效果。过柱时是否加压要依据具体情况确定，通常情况下直径比较粗的柱子用常压即可，因其横截面积的缘故淋洗剂的流速已足够快。通常控制柱子下端液体流速在 $0.5\sim1$ 滴/s 的范围比较合适。

减压柱能够减少硅胶的使用量，能够节省一半甚至更多，但是由于大量的空气通过硅胶会使溶剂挥发（有时在柱子外面有水汽凝结），以及有些比较易分解的东西可能得不到，而且还必须同时使用水泵抽气（很大的噪声，而且时间长），一般不推荐使用。

第五节 柱色谱技术规范操作案例

一、操作条件

（一）柱色谱岗位操作规程

① 确定干燥、不含溶剂的待分离粗产品的重量。

② 用薄层色谱（TLC）选取溶剂体系，使 R_f 的值处于 $0.2\sim0.3$ 之间。

③ 确定用于样品上柱的方法。可有三种选择：净试样法，溶液法（湿法）或硅胶吸附法（干法）；对于液体和固体，较为普遍的方法是溶液法（湿法）上样，即将样品溶于溶剂中，然后将溶液加入分离柱。

④ 确定合适的硅胶和化合物的比例。对于简单的分离，通常要求两者的比例为 $10\sim30：1$（重量比）；但对比较困难的分离，需要的比例高达 $120：1$。

⑤ 选取合适的分离柱。硅胶量决定了分离柱的尺寸，一般选用短而粗的加压柱。

⑥ 选取合适的收集用容器。将硅胶体积除以 4，然后选取能装下这个体积的容器就可以。

⑦ 装柱。戴好活性炭口罩，在（落地）通风橱中装好分离柱，干法和湿法装柱均可，只要能把柱子装实就行。装完的柱子应该要适度紧密（太密了淋洗剂走得太慢），一定要均匀（不然样品就会从一侧斜着下来）。

⑧ 加样。用少量的溶剂溶解待分离粗品，加样，加完后将下面的活塞打开，待溶剂层下降至石英砂面时，加入淋洗剂，一开始不要加压，等溶样品的溶剂和样品层有一段距离（2～4cm），再加压，这样避免了溶剂（如二氯甲烷等）夹带样品快速下行。

⑨ 样品的收集。一边收集样品，一边进行色谱分析（TLC、LC-MS 或 HPLC）跟踪柱子的分离进程。

⑩ 将所需纯度的流出组分合并后用旋转蒸发仪进行浓缩。

⑪ 当完全除去溶剂后，进行分析［LC-MS、HPLC、或 NMR（核磁共振）等］，称重。

⑫ 按相关规程进行清场处理。

（二）柱色谱实验操作规程

1. 吸附柱色谱

吸附柱色谱是利用色谱柱内吸附剂对于待测物质中各组分的吸附能力的差异以达到分离的方法。

（1）仪器与用具 吸附剂常用的有氧化铝、硅胶、聚酰胺、大孔吸附树脂等。吸附剂的颗粒应尽可能大小均匀，以保证良好的分离效果。除另有规定外，通常多采用直径为 0.07～0.15mm 的颗粒。

色谱柱为内径均匀，下端（带或不带活塞）缩口的硬质玻璃管，端口或活塞上部通常铺垫适量的棉花或玻璃纤维，以防止吸附剂流失。

（2）操作方法

① 吸附剂的填装。干法：将吸附剂均匀地一次加入色谱柱中，振动管壁使其均匀下沉，然后打开色谱柱下端活塞，沿管壁缓缓加入洗脱剂，待柱内吸附剂全部湿润，且不再下沉为止。也可在色谱柱内加入适量的洗脱剂，旋开活塞，使洗脱剂缓缓滴出，然后自管顶端缓缓加入吸附剂，使其均匀地润湿下沉，在管内形成松紧适度的吸附层。装柱完毕，关闭下端活塞。操作过程中应保持吸附层上方有一定量的洗脱剂。

湿法：将吸附剂与洗脱剂混合均匀，采用搅拌方式除去其中气泡，打开下端活塞，缓缓倾入色谱柱中，必要时，振动管壁使气泡排出，用洗脱剂将管壁吸附剂洗下，使色谱柱面平整。待平衡后，关闭下端活塞，操作过程中应保持吸附层上方有一定量的洗脱剂。

② 供试品的加入。湿法加入法：先将色谱柱中洗脱剂放至与吸附剂面相齐，关闭活塞；用少量初始洗脱溶剂使供试品溶解，沿色谱管壁缓缓加入供试品溶液，应注意勿使吸附剂翻起（亦可在吸附剂表面放入面积相当的滤纸），待供试品溶液完全转移至色谱管中后，打开下端活塞，使液面与柱面相齐，加入洗脱剂。

干法加入法：如供试品不易溶解于初始洗脱剂，可预先将供试品溶于适当的溶剂中，与少量吸附剂混匀，采用加温或挥干方式除去溶剂后，再将带有供试品的吸附剂加入制备好的吸附剂上面，然后加入洗脱剂。如供试品在常用溶剂中不溶，也可将供试品与适量的吸附剂在乳钵中研磨混匀后加入。

③ 洗脱。除另有规定外，通常按洗脱剂洗脱能力大小，按递增方式变换洗脱剂的品种与比例，分步收集流出液。收集流出液通常有两种方式，一是等份收集（亦可用自动收集器），二是按变换洗脱剂收集。操作过程中应保持有充分的洗脱剂留在吸附层的上面。

（3）注意事项 在装柱及洗脱的操作过程中，应保持吸附层上方有一定量的洗脱剂，防止断层和旁流。

通常应收集至流出液中所含成分显著减少或不再含有时，再改变洗脱剂的品种或比例。

2. 分配柱色谱

分配柱色谱是利用色谱柱内待测物质在两种不相混溶（或部分混溶）的溶剂（固定相、流动相）之间的分配系数的不同来达到组分分离的方法。

（1）仪器与用具　载体（支持剂或担体）只起负载固定相的作用，本身为惰性，没有吸附作用。常用的有吸水硅胶、硅藻土、纤维素。

色谱柱同吸附柱色谱。

（2）操作方法

① 装柱。装柱前需将载体与固定液充分混匀，装柱，必要时用带有平面的玻璃棒压紧。

② 供试品的加入与洗脱。供试品如易溶于洗脱剂中，用洗脱剂溶解后移入色谱柱中载体上端，然后加洗脱剂洗脱。

供试品如易溶于固定液中，用固定液溶解后加入少量载体混合，待溶剂挥散后，加到色谱柱上端，然后加洗脱剂洗脱。

供试品如在上述两项中均不溶解，则取其他易溶溶剂溶解后加入少量载体混合，待溶剂挥散后，加到色谱柱上端，然后加洗脱剂洗脱。

（3）注意事项。洗脱剂需先加固定液混合使之饱和，以避免洗脱过程中两相分配的改变。

操作过程中，应保持吸附层上方有一定量的洗脱剂，防止断层和旁流。

（三）柱色谱实验操作记录

1. 柱色谱原始记录

班级：　　　　　　　姓名：　　　　　　学号：

温度/℃：　　　　　　相对湿度/%

样品编号		样品名称	
批号			
天平型号		天平编号	
柱制备方法	□干法(□中性氧化铝　g　□硅胶　g)□湿法(□中性氧化铝　g　□硅胶　g)		
实验过程			
实验结果			

检验者：　　　　　　校对者：　　　　　审核者：

日期：

2. 柱色谱操作视频

二、操作过程

1. 柱色谱规范操作流程

色谱柱的准备→固定相的准备→装柱→加样→洗脱、分离→定性或定量分析。

2. 柱色谱的操作使用

见"柱色谱实验操作规程"。

第六节　异常情况的案例分析

一、装柱时有气泡或不平

干装时，在使用前要洗柱，目的是排除吸附剂间隙中的空气，使吸附剂填充密实。先在柱底塞上少许玻璃纤维，再加入一些细粒石英砂，然后将准备好的吸附剂用漏斗慢慢加入干燥的色谱柱中，边加入边敲击柱身，务必使吸附剂装填均匀，不能有空隙。吸附剂用量应是被分离混合物量的 30～40 倍，必要时可多达 100 倍。洗柱时从柱顶由滴液漏斗加入所选的展开剂，适当放开柱下端的旋塞。加入时先快加，再放慢滴加速度，使吸附剂始终被展开剂覆盖。洗柱时也要轻敲柱身，排出气泡。

　　湿装时，将准备好的吸附剂用适量展开剂调成可流动的糊，如干装时一样准备好色谱柱，将吸附剂糊小心地慢慢加入柱中，加入时不停敲击柱身，务必使吸附剂装填均匀，不能有气泡和裂隙，还必须使吸附剂始终被展开剂覆盖。

二、样品不均匀或分离效果差

1. 装柱的要求

　　干法装柱时在装入洗脱剂后，由于溶剂和固定相之间的吸附放热，所以柱子容易变花，影响分离效果。固定相一定要添加结实；一定要用较多的溶剂"走柱子"，直到柱子的下端不再发烫，恢复到室温后再撤去压力。无论使用哪种方法装柱，最后都要求所装的柱子结实、匀称、无气泡。

2. 选择合适的洗脱剂

　　洗脱剂的极性可用薄层色谱来确定，一般以待分离样品 R_f 值为 0.2～0.3 为宜。选择的洗脱剂应该使两相邻物质 R_f 值之差最大化。有时虽然在薄层板上看到分离的效果很好，但过柱色谱时还是很难分开。主要是薄层色谱用硅胶比柱色谱用硅胶要细得多，所以分离效果好。解决的办法就是降低洗脱剂的极性，一般柱色谱用洗脱剂比薄层色谱用的展开剂极性要再降低一半可以达到比较好的分离效果。当所分离物质极性跨度较大时，可采用梯度洗脱的方法，即逐渐增加溶剂的极性，使吸附在硅胶上的不同化合物逐个洗脱下来。常用的展开剂极性小的用乙酸乙酯：石油醚系统；极性较大的用甲醇：氯仿系统；极性大的用甲醇：水：正丁醇：乙酸系统；拖尾可以加入少量氨水或冰乙酸。对于很难分离的化合物，一是增加柱子的长度和直径，二是减小洗脱剂的极性，这样可以很好地将混合物分开。在同样能洗脱的情况下，尽量使用毒性小的洗脱剂。例如，乙酸乙酯：石油醚系统和二氯甲烷：石油醚系统，在同样都能洗脱的情况下，应该用毒性小的乙酸乙酯：石油醚系统。另外洗脱剂在过柱子后最好也回收使用，一方面环保，另一方面也能节省部分经费，缺点是要消耗一定的人工。这里要注意的是，一般在过柱的同时进行的是减压旋蒸，混合溶剂的比例由于挥发度的不同会导致极性的变化，一般会使得极性变大，在梯度淋洗时比较合适。还有一般回收的溶剂中会有少量水分，使用前先要用干燥剂干燥好才能使用。

3. 加样的要求

　　上样也有湿法和干法之分。湿法一般用淋洗剂溶解样品，也可以用二氯甲烷、乙酸乙酯等，但溶剂越少越好。再用胶头滴管转移得到的溶液，沿着色谱柱内壁缓慢地均匀加入。在不用海沙的情况下，尽量不要破坏硅胶面。加样后，打开柱底活塞，让固定相充分地吸附所加样品。然后再加入一些洗脱剂，在充分地吸附后将一团脱脂棉塞至接近硅胶表面。然后就可以放心地加入大量洗脱剂，而不会冲坏硅胶表面。很多样品在上柱前是黏糊糊的，一般没关系。有的时候上样后在硅胶上又会析出，这一般都是比较大量的样品才会出现，出现这种情况的原因是硅胶对样品的吸附饱和，而样品本身又是比较好析出的固体，此时需要先重结晶样品，得到大部分的产品后剩余的产品再柱分。如果不能重结晶也没关系，直接过柱就行，样品会随着淋洗剂流动而慢慢溶解，最后随着洗脱剂流出。

4. 过柱的要求

　　柱色谱按过柱时的压力可以分为加压、常压、减压。压力可以增加淋洗剂的流动速度，减少产品收集的时间，但是会减少柱子的塔板数。所以其他条件相同的时候，常压柱是效率最高的，但是时间也最长，例如一些天然化合物的分离，有时一个柱子过几个月也有可能。减压柱能够减少硅胶的使用量，但是由于大量的空气通过硅胶会使溶剂挥发，有时在柱子外面有水汽凝结，另外有些比较易分解的东西可能得不到，而且还必须同时使用水泵抽气，噪声大，时间长，所以减压过柱用得比较少。加压过柱是一种比较好的方法，与常压柱类似，但用外加压力可以使淋洗剂走得快些。压力的提供可以是压缩空气，双连球或者小气泵（用鱼缸供气的加压泵就行）。特别是在容易分解的样品的分离中很适用。一般压力不可过大，不然溶剂走得太快就会降低分离效果。因为加压过柱效率高，分离效果较好，所以加压过柱在普通的有机化合物的分离中是非常适用的。一些低沸点溶剂装柱时往往会在柱子中产生气泡，使柱子变花，利用加压过柱法在装柱时就可以有效地解决这个问题，而且可以使柱子很快装实。

💡 项目总结

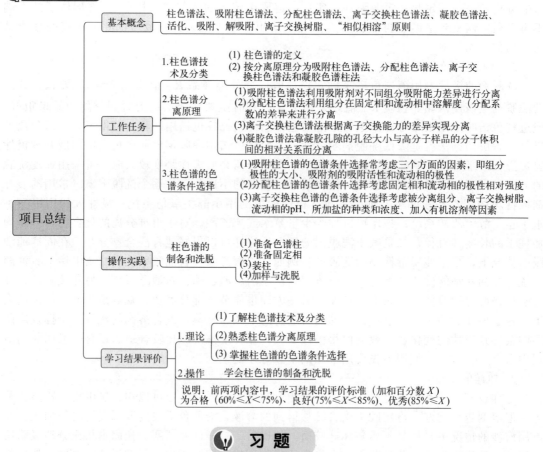

💡 习　题

1. 以硅胶为吸附剂的柱色谱分离极性较弱的物质时，宜选用（　　　）。

A. 极性较强的流动相

B. 活性较高的吸附剂和极性较弱的流动相

C. 活性较低的吸附剂和极性较弱的流动相

D. 活性较高的吸附剂和极性较高的流动相

2. 硅胶是一个略显酸性的物质，通常用于以下哪种物质的分离？（　　　）

A. 酸性　　　　　　　　B. 中性　　　　　　　　C. A＋B　　　　　　　　D. 碱性

3. 色谱法用的氧化铝（　　）。

A. 活性的强弱用活度级Ⅰ～Ⅴ表示，活度Ⅴ级吸附最强

B. 活性的强弱用活度级Ⅰ～Ⅴ表示，活度Ⅴ级吸附最弱

C. 中性氧化铝适于分离非极性物质

D. 活性与水量无关

4. 液-液色谱中，下列叙述正确的是（　　）。

A. 分配系数大的组分先流出柱　　　　　　B. 分配系数大的组分后流出柱

C. 吸附能力大的组分先流出柱　　　　　　D. 吸附能力大的组分后流出柱

5. 凝胶柱色谱法进行分离时，（　　）最先流出色谱柱。

A. 大体积分子　　　　B. 中等体积分子　　　　C. 小体积分子　　　　D. 极性大的分子

6. 离子交换色谱法是以（　　）作为固定相。

A. 离子交换树脂　　　B. 凝胶　　　　　　　C. 吸附剂　　　　　　　D. 氧化铝

7. 离子交换色谱法是根据（　　）的差异实现分离的方法。

A. 溶解　　　　　　　B. 吸附　　　　　　　C. 分配　　　　　　　　D. 离子交换能力

8. 什么是柱色谱法？按分离原理可分为哪几类？

9. 吸附柱色谱法的分离原理是什么？其常用的固定相和流动相是什么？

10. 分配柱色谱法的分离原理是什么？其常用的固定相和流动相是什么？

11. 离子交换柱色谱法的分离原理是什么？其常用的固定相和流动相是什么？

12. 凝胶柱色谱法的分离原理是什么？其常用的固定相和流动相是什么？

13. 什么是相似相溶原理？如何根据该原理选择固定相和流动相？

14. 柱色谱的制备和加样洗脱的流程是什么？

第四章
气相色谱技术

🔔 学习目标

知识目标：了解气相色谱分析中的基本理论及分类，熟悉气相色谱仪的结构和各部分的作用，掌握气相色谱分析的定性方法和定量方法。

能力目标：能正确操作气相色谱仪的开机、关机；会选择合适的气相色谱分析条件并优化，能准确计算分析结果。

素质目标：了解目前气相色谱检测在各个行业领域中的作用和发展趋势，培养对气相色谱检测的兴趣。

第一节　了解气相色谱法

🔔 案例

兴奋剂

国际上禁止使用的兴奋剂包括刺激剂类、麻醉剂类、阻断剂类、利尿剂类肽和蛋白激素以及类似物、血液兴奋剂等近百种物质成分。反对使用兴奋剂，就必须进行兴奋剂的检测，一般药物在体内大部分是通过尿液排出来的，所以兴奋剂的检测必须要求受检运动员提供75mL的尿样。送入实验室的尿样经过树脂交换、酶解、萃取、衍生化等多项环节，尽可能地除掉杂质。尽管如此，它里面仍存有上百种非兴奋剂成分的物质，对检测存在着干扰。另外，由于人体对不同药物代谢途径不同，有些药物代谢速度很快，所以需通过对药物代谢产物的检测，以寻找代谢产物中有关违禁药物的踪迹，一般可以运用气相色谱与质谱联用仪。气相色谱能对尿样中上百种物质成分根据其流动速度的差异进行逐个分离，也就是让物质成分一个一个地通过质谱部分，对其进行成分定性检测，以分别测定尿样中所含有的上百种成分，确定其中是否有兴奋剂药物的成分。

当然，随着科技的进步，兴奋剂的检测与反检测的方法与手段都逐步提高。为了满足兴奋剂检测的更高要求和不断出现的新型问题，需要不断进行研究与探索，有效地控制在运动竞技中使用兴奋剂的可能。

一、气相色谱法特点

气相色谱法是以气体作为流动相、液体或固体作为固定相的色谱方法。气相色谱法具有分离效能高，灵敏度高，分析速度快，能够对样品中各组分进行定性和定量分析，应用范围广等优点。

气相色谱法分离效能高是指对化学性质、化学结构极为相似，沸点十分接近的复杂混合物有很强的分离能力。例如，用毛细管柱可同时分析石油产品中 $50 \sim 100$ 个组分。

气相色谱法灵敏度高是指使用高灵敏度检测器可检测出 $10^{-13} \sim 10^{-11}$ g 的痕量物质。

分析速度快是相对化学分析法而言的。完成一个样品的分析，一般仅需几分钟，且所需样品量很少（气体样品仅需要 1mL 左右，液体样品仅需 1μL 左右）。

由于气相色谱法具有上述诸多优点，在科研、工业生产、环境保护等诸多领域中得到广泛应用。气相色谱法不仅可以用于分析气体样品，还可以分析液体样品和固体样品。只要样品在 450℃ 以下能够气化就可以利用气相色谱法进行分析。

气相色谱法的不足之处：首先是不能直接给出定性结果，不能用来直接分析未知物，必须用已知纯物质进行对照；其次，当分析无机物和高沸点有机物时比较困难，需要采用其他色谱分析方法来完成。

二、气相色谱仪的工作过程

气相色谱分析流程如图 4-1 所示。气相色谱仪的工作原理是：高压钢瓶提供 N_2 或 H_2 等载气（载气是用来输送试样且不与待测组分、固定相作用的气体），经减压阀减压后进入净化管（用来除去载气中杂质和水分），再由稳压阀和针形阀分别控制载气压力和流量（由浮子流量计指示），然后通过气化室进入色谱柱，最后通过检测器放空。待气化室、色谱柱、检测器的温度以及基线稳定后，试样由进样器进入，并被载气带入色谱柱。由于色谱柱中的固定相对试样中不同组分的吸附能力或溶解能力有所不同，因此不同组分流出色谱柱的时间产生差异，从而使试样中各种组分彼此分离，依次流出色谱柱。组分流出色谱柱后进入检测器，检测器将组分的浓度（mg/mL）或质量流量（g/s）转变成电信号，经过色谱工作站处理后，通过显示器或打印机即可得到色谱图和分析数据。

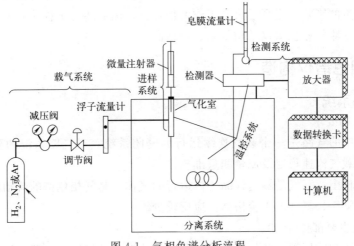

图 4-1 气相色谱分析流程

第二节　认识气相色谱仪

一、气相色谱仪分类

气相色谱仪的品牌、型号、种类繁多，但它们的基本结构是一致的，都是由气路系统、进样系统、分离系统、检测系统、温度控制系统和数据处理系统六大部分组成。

常见的气相色谱仪有单柱单气路和双柱双气路两种类型。单柱单气路气相色谱仪（如图4-2所示）工作流程为：由高压气瓶供给的载气经减压阀、净化管、稳压阀、转子流量计、进样器、色谱柱、检测器后放空。单柱单气路气相色谱仪结构简单、操作方便、价格便宜。

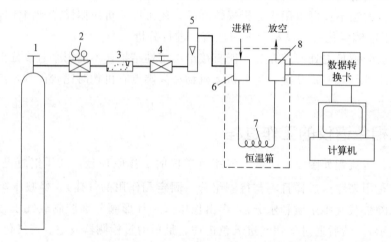

图 4-2　单柱单气路气相色谱仪结构示意图
1—高压气瓶；2—减压阀；3—净化管；4—稳压阀；
5—转子流量计；6—气化室；7—色谱柱；8—检测器

双柱双气路气相色谱仪（如图4-3所示）是将通过稳压阀后的载气分成两路进入各自的进样器、色谱柱和检测器，样品进入其中一路进行分析，另一路用作补偿气流不稳或固定液流失对检测器产生的影响，提高了仪器工作的稳定性，因而适用于程序升温操作和痕量物质的分析。双柱双气路气相色谱仪结构复杂、价格高。

二、气相色谱仪构造

（一）气路系统

1. 气路系统的要求

气相色谱仪中的气路是一个载气连续运行的密闭系统。对气路系统的要求是：载气纯净、密闭性好、载气流速稳定及流量测量准确。

气相色谱分析中，载气是输送样品气体运行的气体，是气相色谱的流动相。常用的载气为氮气、氢气。氦气、氩气由于价格高，应用较少。

2. 气路系统主要部件

（1）气体钢瓶和减压阀　载气一般可由高压气体钢瓶或气体发生器来提供。采用高压气

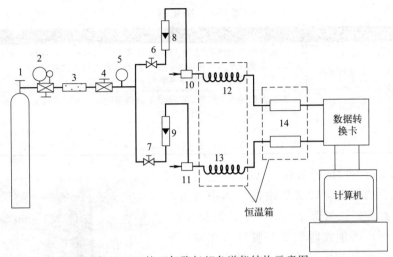

图 4-3　双柱双气路气相色谱仪结构示意图

1—高压气瓶；2—减压阀；3—净化器；4—稳压阀；5—压力表；6,7—针形阀；

8,9—转子流量计；10,11—进样气化室；12,13—色谱柱；14—检测器

瓶供气的优点是：供气稳定、纯度高、质量有保证、种类齐全、安装容易、更换方便、投资小、运行成本低、维修量小、净化器简单；其不足是：当地要有供应源、有一定的危险性、需配置专门的气源室、需要制订整套安全使用规章制度。

用于气相色谱仪的气体发生器主要有 H_2、N_2 与空气发生器。其主要优缺点是：操作安全简单，对安装与放置地点以及环境没有苛刻要求，可获取不同纯度（99.99% ～99.9999%）的各类气体，但首次投资偏高，使用中需经常维修与保养，部分气体（如 He 与 Ar 等）无发生器装置。

一般气相色谱仪使用的载气压力为 0.2～0.4MPa，因此需要通过减压阀调节钢瓶输出压力。减压阀是用来将高压气体调节到较小压力（通常将 10～15MPa 压力减小到 0.1～0.5MPa）的设备。

（2）净化管　高压气瓶供给的气体经过减压阀后，必须经过净化管净化处理。净化管内可以装填 4A（5A）分子筛、变色硅胶、活性炭，用来吸附气体中的微量水和有机杂质。净化管通常为内径 30mm、长 200～250mm 的不锈钢管，如图 4-4 所示。

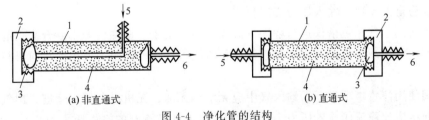

(a)非直通式　　(b)直通式

图 4-4　净化管的结构

1—干燥管；2—螺母；3—玻璃毛；4—干燥剂；5—载气入口；6—载气出口

净化管内装填物质的种类取决于对载气纯度的要求，比如特定场合下也可使用 P_2O_5 或 Cl_2 除水，使用碱石棉除 CO_2。净化管的出口和入口应加上标志，出口应当用少量纱布或脱脂棉轻轻塞上，严防净化剂粉尘流出净化管进入色谱仪。

净化剂使用一段时间后净化能力下降以致失去净化功能，此时可将净化剂活化后重复使用。活化方法如表 4-1。

表 4-1　净化剂

净化剂	净化物质	活化方法
4A、5A 分子筛	烃、水、H₂S 或油污等	①在空气中加热至 520~560℃，烘烤 3~4h，冷却密封保存。活化温度不要超过 680℃，以免分子筛结构破坏。分子筛活化后残留水分越少，则除水效率越高　②装在过滤器中 350℃ 下通氮气 6h
硅胶	水或烃类	普通硅胶粉碎过筛后，用 3mol/L 硅酸浸泡 1~2h 后用蒸馏水浸至无 Cl⁻，80℃ 烘烤至全部变成蓝色，冷却封装保存
活性炭	烃类	非色谱用活性炭粉碎过筛后，用苯浸泡几次以除去硫黄、焦油等杂质后，在 380℃ 下通过水蒸气吹至乳白色物质消失为止，密封保存。使用前 160℃ 下烘烤 2h 即可

目前市场上有专门的脱氧管，见图 4-5。可以脱去氮气、氩气、二氧化碳和其他惰性气体中残留的氧气、水分及烃类。脱氧管主要有：不锈钢脱氧管，有机玻璃脱氧管，再生式脱氧管。脱氧管在室温下使用，吸氧后，脱氧剂由亮绿色变为黑色，当管内脱氧剂基本变为黑色后，要停止使用，需再生处理。使用于毛细管气相色谱系统，电子捕获检测器（ECD），可以提高谱柱使用寿命，使分析结果更准确。

图 4-5　脱氧管

（3）稳压阀　由于气相色谱分析操作中要求载气流速必须稳定，所以载气管路中必须使用稳压阀稳定载气压力。气相色谱仪中常用的稳压阀是波纹管双腔式稳压阀，其用途主要是：①为针形阀提供稳定的气压；②接在稳流阀前，提供恒定的参考压力；③在毛细管柱进样分析时，调节供给载气柱前压。

稳压阀使用注意事项是：①所用气源应干燥，无腐蚀性、无机械杂质；②保证稳压阀的输出压差≥0.05MPa；③进、出气口不能接反；④稳压阀长期不用，应把调节旋钮放松，关闭阀，以防弹簧长期受力疲劳而失效。

（4）针形阀　在气路中使用针形阀的目的是细微地均匀调节流速，在恒温分析中直接装在稳压阀后调节，在程序升温分析中将它设计在稳流阀中。针形阀使用注意事项是：①进、出气口不能接反；②严防水、灰尘等机械杂质进入；③阀杆漏气可以更换密封垫圈；④针形阀要想得到稳定的流速，输入压力必须恒定。

（5）稳流阀　气相色谱仪进行程序升温操作时，由于色谱柱柱温不断升高引起色谱柱阻力不断增加，将使载气流速发生变化。使用稳流阀可以在气路阻力发生变化时维持载气流速的稳定。

稳流阀使用注意事项是：①输入气中应无水、无油、无机械杂质；②进、出气口不能接反；③柱前压应比稳流阀输入压力小 0.05MPa 以上。稳流阀的输入压力为 0.03~0.3MPa，输出压力为 0.01~0.25MPa，输出流量为 5~400mL/min。当柱温从 50℃ 升至 300℃ 时，若流量为 40mL/min，此时的流量变化可小于±1%。

（6）管路连接　气相色谱仪内部的连接管路使用不锈钢管。气源至仪器的连接管路多采用不锈钢管，也可采用成本较低、连接方便的塑料管。连接处使用螺母、压环和"O"形密封圈进行连接。连接管道时，要求既要保证气密性，又不损坏接头。

（7）转子流量计、皂膜流量计　载气流量是气相色谱分析的一个重要操作条件。正确选择载气流量，可以提高色谱柱的分离效能，缩短分析时间。气相色谱分析中载气流量一般采用转子流量计（如图 4-6 所示）和皂膜流量计（如图 4-7 所示）测量。

图 4-6　转子流量计

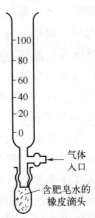

气体入口

含肥皂水的橡皮滴头

图 4-7　皂膜流量计

转子流量计由一个上宽下窄的锥形玻璃管和一个能在管内自由旋转的转子组成，当气体自下端进入转子流量计时，转子随气体流动方向上升，转子上浮高度和气体流量有关，因此根据转子的位置就可以指示气体流速的大小。由于载气入口压力变化、气体种类不同，气体的流速和转子的高度并不成直线关系，转子流量计上的刻度只是气体流量的参考数值。如果需要使用转子流量计准确测定载气流量，就必须先用皂膜流量计对其标定，绘出不同压力、不同气体的体积流速与转子高度的关系曲线图。

皂膜流量计是用于精确测量气体流速的器具。量气管下方有气体入口和橡皮滴头，使用时先向橡皮滴头中注入肥皂水，挤动橡皮滴头就有皂膜进入量气管。当气体自气体进口进入时，顶着皂膜沿着管壁向上移动。用秒表测定皂膜移动一定体积所需时间，就可以计算出载气体积流速（mL/min），测量精度达 1%。

3. 气路系统辅助设备

（1）高压气瓶　高压气瓶是高压容器，气瓶顶部装有瓶阀，瓶阀上装有防护装置（钢瓶帽）。每个高压气瓶筒体上都套有两个橡皮腰圈，以防振动和撞击。

为了保证安全，各类高压气瓶都必须定期作耐压检验。

（2）高压气瓶阀和减压阀　高压气瓶顶部装有高压气瓶阀（又称总阀）。减压阀装在高压气瓶阀出口处，用来将高压气体调节到较小的压力（通常将 10～15MPa 压力减小到 0.1～0.5MPa）。高压气瓶阀与减压阀结构如图 4-8 所示。

使用钢瓶时将减压阀用螺旋套帽装在高压气瓶阀的支管 B 上（减压阀的功用是使高压气体的压力降低和稳定气体的压力）。使用扳手打开钢瓶总阀 A（逆时针方向转动），此时高压气体进入减压阀的高压室，其压力表（0～25MPa）指示气体钢瓶内压力。顺时针方向缓慢转动减压阀上 T 形阀杆 C，使气体进入减压阀低压

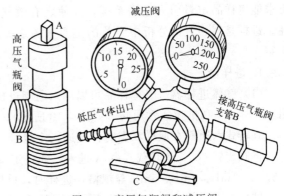

图 4-8　高压气瓶阀和减压阀

室，其压力表（0～2.5MPa）指示输出管线中气体压力。不用气时应先关闭气体钢瓶总阀，待压力表指针指向零点后，再将减压阀 T 形阀杆 C 沿逆时针方向转动旋松（避免减压阀中的弹簧长时间压缩失灵）关闭。

实验室常用减压阀有氢气、氧气、乙炔气三种。每种减压阀只能用于规定的气体，如氢气钢瓶选氢气减压阀；氮气、空气钢瓶选氧气减压阀；乙炔钢瓶选乙炔减压阀等。氢气、氧气、乙炔气三种减压阀结构各不相同，以防止混用。打开钢瓶总阀之前应使减压阀处于关闭状态（T 形阀杆松开），否则容易损坏减压阀。

4. 气路系统的日常维护

（1）检漏　气相色谱仪气路不密闭将会使实验现象出现异常，造成基线漂移、数据不准确。用氢气作载气时，氢气若从柱接口漏进恒温箱，可能会发生爆炸事故。所以，气相色谱仪气路要经常认真仔细地进行检漏。

气路检漏常用的方法有两种：一种是皂膜检漏法，即用毛笔蘸上肥皂水涂在各接头上检漏，若接口处有气泡溢出，则表明该处漏气（注意：接头处如果泄漏严重，有时反而不易观察到气泡溢出）。漏气处应重新拧紧或更换密封垫，直到不漏气为止。检漏完毕应使用干布将皂液擦净。

另一种叫作堵气观察法，即用橡皮塞堵住检测器气体出口处，转子流量计流量为"0"，则表明转子流量计至检测器区间不漏气；反之，若转子流量计流量指示不为"0"，则表明转子流量计至检测器区间漏气，应重新拧紧各接头，直至不漏气为止。

（2）气体管路的清洗　新管路和长时间使用后的金属管需要清洗时，应先用无水乙醇进行清洗，可除去管路内机械性杂质及易被乙醇溶解的有机物和水分。如果根据分析样品过程判定气路内壁可能还有其他不易被乙醇溶解的污染物，可针对具体物质溶解特性选择其他清洗液。选择清洗液的顺序为：先使用高沸点溶剂，而后再使用低沸点溶剂浸泡和清洗。可供选择的清洗液有萘烷、N,N-二甲基酰胺、蒸馏水、甲醇、乙醇、丙酮、乙醚、石油醚、氟利昂等。更彻底的处理方法是用喷灯加热管路并同时用氮气进行吹扫。

（3）稳压阀、稳流阀、针形阀的使用维护　稳压阀、稳流阀不可作开关阀使用；各种阀的进、出气口不能接反。针形阀、稳压阀及稳流阀的调节须缓慢进行。针形阀关闭时，应将阀门逆时针转动处于"开"的状态；稳压阀关闭时，应当顺时针转动放松调节手柄；调节稳流阀，应当先打开稳流阀的阀针，流量的调节应从大流量调节到所需要的流量。

（二）进样系统

气相色谱仪的进样系统是将样品引入色谱系统而又不造成系统漏气的一种特殊装置，它要求能将样品定量引入色谱系统，并使之有效气化，然后用载气将样品快速"扫入"色谱柱。进样是气相色谱分析中误差的主要来源之一。气相色谱仪的进样系统包括进样器和气化室。

1. 进样器

（1）气体进样器　气体样品可以用六通阀进样。根据六通阀结构可分旋转式六通阀（如图 4-9 所示）和推拉式六通阀（如图 4-10 所示）。

旋转式六通阀在取样状态时样气进入定量管，而载气直接从图 4-9 中 A 到 B。进样状态时，将阀旋转 60°，此时载气由 A 进入，通过定量管，将管中样气带入色谱柱中。定量管有 0.5mL、1mL、3mL、5mL 等规格，进样时，可以根据需要选择合适体积的定量管。

推拉式六通阀主要由阀体和阀杆两部分组成。阀杆推进时完成取样操作；拉出（6cm）

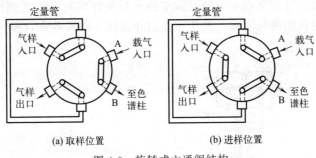

图 4-9 旋转式六通阀结构

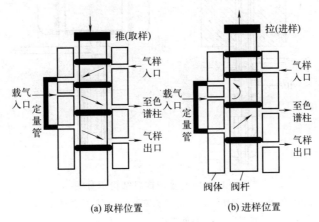

图 4-10 推拉式六通阀

时完成进样操作。

气体样品也可以用 0.25～5mL 医用注射器直接量取后由气化室的进样口注入进样。这种方法简单、灵活，但是误差大、重现性差。

（2）液体样品进样器 液体样品采用微量注射器（如图 4-11 所示）直接注入气化室进样。常用的微量注射器有 1μL、5μL、10μL 等。实际工作中可根据需要选择合适容积的微量注射器。

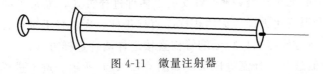

图 4-11 微量注射器

（3）固体样品进样器 固体样品必须先用溶剂溶解后，同液体样品一样用微量注射器进样。对高分子化合物进行色谱分析时，须将少量高聚物放入专用的裂解装置中，经过电加热，高聚物分解、气化，然后由载气将分解的产物带入色谱仪进行分析。

气相色谱仪还可以根据需要配置自动进样器，实现气相色谱分析进样完全自动化，免去了烦琐的人工操作，提高工作效率。

2. 气化室

气相色谱分析要求气化室温度要足够高（保证液体样品瞬间气化）。图 4-12 是一种常用的填充柱进样口结构示意图，气化室的作用是在电加热器的作用下将液体样品瞬间气化为蒸气，当用微量注射器直接将样品注入气化室时，样品瞬间气化，然后由载气将气化的样品带入色谱柱内进行分离。气化室内不锈钢套管中插入石英玻璃衬管能起到保护色谱柱的作用。进样口使用硅橡胶材料的密封隔垫，其作用是防止漏气。硅橡胶密封隔垫在使用一段时间后会失去密封作用，应注意更换。

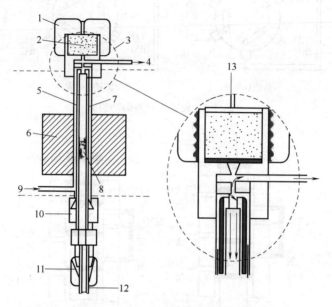

图 4-12　填充柱进样口结构示意图

1—固定隔垫的螺母；2—隔垫；3—隔垫吹扫装置；4—隔垫吹扫气出口；5—气化室；
6—电加热器；7—玻璃衬管；8—石英玻璃毛；9—载气入口；10—柱连接固定螺母；
11—色谱柱固定螺母；12—色谱柱；13—3 的放大图

由于硅橡胶密封隔垫在气化室高温的作用下会发生降解，硅橡胶中不可避免地含有一些残留溶剂或低分子低聚物。这些残留溶剂和降解产物通过色谱柱进入检测器，就可能出现"鬼峰"（即样品之外的物质产生的峰），影响分析。图 4-12 中的隔垫吹扫装置可以消除这一现象。

毛细管柱与填充柱相比内径很细、液膜很薄，柱容量要比填充柱小 2～3 个数量级。为克服毛细管柱容易引起的进样歧视❶现象发展出多种进样方式，如常见的分流/不分流进样、冷柱头进样、程序升温气化进样、大体积样品直接进样、大口径毛细管柱直接进样等。下面简单介绍分流/不分流进样与大口径毛细管柱直接进样两种进样方式。

（1）分流/不分流进样　分流进样系统如图 4-13（a）所示。进入进样口的载气（总流量 104mL/min）分成两个部分：一是隔膜清洗（一般为 1～3mL/min，图示流量为 3mL/min），二是进入气化室载气（101mL/min）。进入气化室的载气与样品气体混合后又分成两个部分：大部分经分流出口放空（分流流量 100mL/min），小部分进入色谱柱（柱流量 1mL/min）。常规毛细管柱的分流比（分流流量与柱流量之比）一般为（20：1）～（200：1），大口径厚液膜毛细管柱可为（5：1）～（20：1）。图 4-12（a）显示的分流比为 100：1。

---

❶　所谓进样歧视是指注射针插 GC 进样口时，针尖内的溶剂和样品中易挥发组分会先气化。无论进样速度有多快，不同沸点组分的气化速度总是有差异的。当注射完毕抽出针尖时，注射器中残留样品的组成与实际样品的组成是有差异的。一般来说，高沸点组分的残留要多一些。使用自动进样器经校正后可忽略这一歧视作用。另：衬管中的玻璃毛也能有效地减缓进样歧视，因为它使针尖上的样品尽快分散以加速气化。

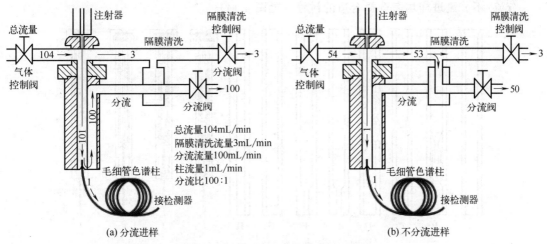

图 4-13　分流/不分流进样系统示意图

分流进样中由于大多数样品被分流放空，因此可防止毛细管柱柱容量超载。

分流比是分流进样的一个重要参数，其大小要根据样品浓度和进样量来进行选择。一般来说，分流比大，有利于峰形，但样品分流失真较严重；分流比小，进样失真和分流歧视❶变小，但初始谱带会变宽。在分析结果要求不高的情况下，选择较大的分流比更为有利。

分流进样方式适合于大部分挥发性样品特别是化学试剂的分析，也适合于浓度较高的样品或未知样品的分析。

由于毛细管柱的柱容量非常小，采用分流进样导致进入色谱柱的样品量很小，这对分析低浓度的微量组分和痕量组分极为不利，因此又发展出不分流进样，它兼具直接进样与分流进样的优点，样品几乎全部进入色谱柱，同时又能避免溶剂峰的严重拖尾，且灵敏度比分流进样要高 1～3 个数量级。

不分流进样系统如图 4-13（b）所示。不分流进样就是将分流电磁阀关闭，让样品全部进入色谱柱。不分流进样方式可以消除分流歧视现象，但气化后的大量溶剂不可能瞬间进入色谱柱会造成溶剂峰严重拖尾，使得早流出组分的色谱峰被掩盖，这种现象称为溶剂效应。消除溶剂效应主要是采用瞬间不分流技术。

所谓瞬间不分流技术指进样开始时关闭分流电磁阀，使系统处于不分流状态，待大部分气化的样品进入色谱柱后，开启分流阀，使系统处于分流状态，将气化室内残留的溶剂气体（也含有少量样品气体）很快从分流出口放空，尽可能消除溶剂拖尾对分析的影响。这种分流状态一直持续到分析结束，至下一个样品开始分析前再关闭分流阀。因此，不分流进样实际上是分流与不分流的结合，并不是绝对不分流。在这个过程中，确定瞬间不分流的时间往往是分析能否成功的关键，其数值大小需要根据样品的实际情况和操作条件进行优化，经验值是 45s 左右（一般在 30～80s 之间），通常可保证 95% 以上的样品进入色谱柱。

不分流进样方式常用于环境分析（如水和大气中痕量污染物的检测）、食品中农药残留检测以及临床和药物分析等。

---

❶　分流歧视是指在一定分流比条件下，样品中不同组分的分流比是不一致的，气化不太完全的组分比完全气化的组分可能多分流掉一些样品，导致进入色谱柱的样品组成不同于实际样品的组成。尽量使样品快速气化是消除分流歧视的重要手段，如采用较高的气化温度、使用合适的衬管等。

分流/不分流进样均需选择合适的衬管（见图 4-14）。

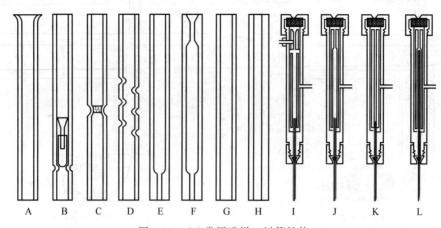

图 4-14　GC 常用进样口衬管结构

A—用于填充柱；B~F—用于毛细管柱分流进样；G，H—用于毛细管柱不分流进样；
I~L—用于大口径毛细管柱直接进样

（2）大口径毛细管柱直接进样　对于一些大口径（内径≥0.53mm）的毛细管柱，由于其柱容量较高，可将其直接接在填充柱进样口，像填充柱进样一样，所有气化后的样品全部进入毛细管柱，这就是大口径毛细管柱直接进样。

使用大口径毛细管柱直接进样时需先将填充柱接头换成大口径毛细管柱专用接头，并根据实际情况选择合适的衬管（见图 4-14）。

正确选择液体样品的气化温度十分重要，尤其对高沸点和易分解的样品，要求在气化温度下，样品能瞬间气化而不分解。一般仪器的最高气化温度为 350~420℃，有的可达450℃。大部分气相色谱仪应用的气化温度在 400℃ 以下。

3. 日常维护

（1）气化室进样口的维护　由于注射器长期反复穿刺，硅橡胶垫破损的颗粒会积聚在管路中造成进样口管道阻塞，解决方法是从进样口处拆下色谱柱，旋下散热片，使用一根细钢丝清除导管和接头部件内的硅橡胶颗粒。

如果气源不够纯净，使进样口沾污，应对进样口清洗，方法是用丙酮和蒸馏水依次清洗导管和接头部件并吹干。

管路安装与拆卸的程序正好相反，最后进行气密性检查。

（2）微量注射器的维护　微量注射器使用前应先用丙酮等溶剂洗净。注射高沸点黏稠物质后应进行清洗处理（清洗溶液顺序：5%NaOH 水溶液、蒸馏水、丙酮、氯仿，最后用真空泵抽干），以免注射器芯子被沾污阻塞；切忌用浓碱液洗涤，以避免玻璃和不锈钢零件受腐蚀而漏水漏气；针尖为固定式的注射器，不宜吸取有较粗悬浮物质的溶液。

注射器针尖经常会被样品中杂质或密封垫的硅橡胶堵塞，可用 $\phi0.1mm$ 不锈钢丝串通（10μL 以上容积的注射器可以把针芯拉出，在针芯入口处点入少量水，插入针芯快速注射可以把阻塞物顶出）。黏稠样品残留在注射器内部，不得强行来回抽动针芯，以免顶弯或磨损针芯而造成损坏。解决方法是使用丙酮、氯仿等有机溶剂仔细清洗；如发现注射器内有不锈钢金属磨损物（出现发黑现象）使针芯运动不顺畅时，可在不锈钢芯子上蘸少量肥皂水塞入注射器内来回抽拉几次，然后洗干净即可；注射器的针尖不能用火烧，以免针尖退火失去穿刺能力。

（3）六通阀的维护 六通阀在使用中必须绝对避免带有固体杂质的气体进入，以免拉动阀杆或转动阀盖时，固体颗粒磨损阀体，造成漏气；六通阀长期使用后，应该按照结构装卸要求拆下进行清洗。

（三）分离系统

在气相色谱仪中分离系统由柱箱和色谱柱构成。色谱柱是分离系统的关键，其作用是将样品中混杂在一起的多个组分分离开。

1. 柱箱

在分离系统中，柱箱是一个精密的控温箱。柱箱的主要参数是柱箱的控温精度和温度范围。

柱箱的控温精度通常为 ±0.1℃。

柱箱的控温范围一般在室温～450℃，有些仪器可以进行多阶程序升温控制，能满足色谱优化分离的需要。

2. 色谱柱的类型

色谱柱一般分为填充柱和毛细管柱。

（1）填充柱 填充柱柱长一般在 1～5m，内径一般为 2～4mm。在柱内均匀、紧密填充颗粒状的固定相。依据填充柱内径的不同，填充柱又可分为经典型填充柱、微型填充柱和制备型填充柱。填充柱的柱材料多为不锈钢，其形状有 U 形和螺旋形，使用 U 形柱时柱效较高。

（2）毛细管柱 毛细管柱柱长一般在 25～100m，内径一般为 0.1～0.5mm，柱材料大多用熔融石英，即弹性石英柱。毛细管柱比填充柱的分离效率有很大提高，可解决填充柱难于分离的、复杂样品的分析问题。常用的毛细管柱为涂壁空心柱（WCOT），其内壁直接涂渍固定液。按柱内径的不同，WCOT 可进一步分为微径柱、常规柱和大口径柱。涂壁空心柱的缺点是柱内固定液的涂渍量相对较少，且固定液容易流失。为了尽可能增加柱的内表面积，以增加固定液的涂渍量，出现了涂载体空心柱（SCOT，即内壁上沉积载体后再涂渍固定液的空心柱）和多孔性空心柱（PLOT，即内壁上有吸附剂的空心柱）。其中 SCOT 由于制备技术比较复杂，商品柱价格较高，而 PLOT 则主要用于永久性气体和低分子量有机化合物的分离分析。表 4-2 列出常用色谱柱的特点和用途。

表 4-2　常用色谱柱的特点和用途

参数		柱长/m	内径/mm	进样量/ng	主要用途
填充柱	经典型	1～5	2～4	10～10⁶	分析样品
	微型		≤1		分析样品
	制备型		＞4		制备色谱纯化物
WCOT	微径柱	1～10	≤0.1	10～1000	快速 GC
	常规柱	10～60	0.2～0.32		常规分析
	大口径柱	10～50	0.53～0.75		定量分析

3. 色谱柱的维护

使用色谱柱时应注意以下几点。

① 新制备的或新购置的色谱柱使用前必须进行老化。

② 新购置的色谱柱一定要先测试柱性能是否合格，如不合格可以退货或更换新的色谱

柱。色谱柱使用一段时间后，柱性能可能会发生下降。当分析结果有问题时，应该用测试标样在一定操作条件下测试色谱柱，并将结果与前一次相同操作条件下测试结果相比较，以确定问题是否出在色谱柱上。每次测试结果都应作为色谱柱数据保存起来。

③ 色谱柱暂时不用时，应将其从仪器上卸下，在柱两端垫上硅橡胶垫后用不锈钢螺母拧紧，以免柱头被污染。

④ 每次关机前都应将柱温降至室温，然后再关电源和载气。若温度过高时切断载气，则空气（氧气）吸入柱内造成固定液氧化和降解。

⑤ 仪器有过温保护功能时，每次新安装了色谱柱都要根据固定液最高使用温度重新设定保护温度（超过此温度时，仪器会自动停止加热并报警），以确保柱温不超过固定液的最高使用温度。柱温超过固定液的最高使用温度将使固定液的流失加速，降低色谱柱的使用寿命。

⑥ 毛细管柱使用一定时间后柱效大幅度降低，可能是两方面原因。其一，可能是固定液流失太多；其二，可能是柱头上吸附了一些高沸点的极性化合物而使色谱柱丧失分离能力，解决方法是在高温下老化色谱柱，用载气将污染物洗脱出来。如果色谱柱性能仍不能恢复，可从仪器上卸下柱子，将柱头截去 10cm 或更长，去掉最容易被污染的柱头后再安装测试，往往能恢复柱性能。如果还是不起作用，可再反复注射溶剂进行清洗，常用的溶剂依次为丙酮、甲苯、乙醇、氯仿和二氯甲烷，每次可进样 $5\sim10\mu L$，这一办法常能奏效。如果色谱柱性能还不好，就只有卸下柱子，用二氯甲烷或氯仿冲洗，溶剂用量依柱子污染程度而定，一般为 20mL 左右。如果这一办法仍不起作用，该色谱柱只有作报废处理了。

（四）检测系统

检测系统由检测器与放大器等组成。检测器是测量经色谱柱分离后顺序流出物质成分或浓度变化的器件，相当于色谱仪的"眼睛"。当混合组分经色谱柱分离后进入检测器时，检测器就将各组分浓度或质量的变化情况转换成易于测量的电信号（如电流、电压等），经放大器放大后输出至数据处理系统。因此，检测器的性能好坏直接影响到色谱的定性、定量分析结果。

（五）温度控制系统

气相色谱操作中需要控制色谱柱、气化室、检测器三部分的温度。温度控制直接影响色谱柱的分离效能、组分的保留值、检测器的灵敏度和稳定性。气相色谱操作温度是非常重要的技术指标。

1. 柱温

气相色谱仪安放色谱柱的恒温箱称为柱箱（层析室）。根据样品中组分分离要求，柱温在室温～450℃间可调。一般要求箱内控制点的控温精度在±(0.1～0.5)℃。恒温箱的温度可使用水银温度计或热电偶测量。

当分析沸点范围很宽、组分较多的样品时，用恒定的柱温很难满足分离要求。此时需要采用程序升温方式来实现组分间分离并缩短分析时间。所谓程序升温就是指在一个样品的分析周期里，色谱柱的温度按事先设定的升温程序，随着分析时间的增加从低温升到高温。起始温度、终点温度、升温速率等参数可调。

程序升温操作过程中柱温逐渐上升，固定液流失增加将引起基线漂移，可采用双柱补偿来消除，也可采用仪器配置的自动补偿装置进行"校准"和"补偿"两步骤来消除。

2. 检测器温度和气化室温度

气相色谱仪检测器和气化室各有独立的恒温调节装置，其温度控制及测量和色谱柱恒温箱类似。气化室温控精度要求不高，不同种类的检测器温控精度要求相差很大。

（六）数据处理系统

早期的气相色谱仪使用记录仪（电子电位差计）记录色谱图，后来出现了色谱数据处理机（单片机），现在绝大多数气相色谱仪是使用计算机进行数据采集和处理，高端仪器还可以通过计算机对气相色谱仪进行实时控制。

计算机实现数据采集和处理的过程是：气相色谱仪通过数据采集卡与计算机连接。在色谱工作站软件控制下，把气相色谱检测器输出的模拟信号转换成数字信号后进行采集、处理和存储，并对采集和存储的数据进行分析校正和定量计算，最后打印出色谱图和分析报告。

一般色谱工作站在数据处理方面的功能有：基线的校正、计算色谱峰参数（包括保留时间、峰高、峰面积、半峰宽等）、色谱峰的识别、重叠峰和畸形峰的解析、定量计算组分含量等。

计算机实现对色谱仪器实时控制的过程是：气相色谱仪通过仪器控制卡与计算机连接。在色谱工作站软件控制下，完成气相色谱仪器一般操作条件的控制。

目前国内市场上已出现多款中文操作界面"色谱工作站"，使用起来较方便，但这类产品只能实现数据采集和处理，并不具备控制仪器的功能。

（七）气相色谱仪的基本操作

不同公司、不同型号的气相色谱仪在使用方法上有一定差异，但是基本操作是一致的。

1. 气相色谱仪（火焰离子化检测器）的基本操作

① 开载气钢瓶总阀门（高压表指针指示钢瓶内的气压），再顺时针方向打开减压阀门（低压表指针指示输出气压）输入载气（注意气相色谱仪一定要先开载气后开电源），打开仪器上控制载气的针形阀、稳压阀调节适宜流量。

② 打开主机电源总开关。

③ 打开计算机及色谱工作站，输入分析操作条件。加热柱箱、加热气化室、加热火焰离子化检测器。

④ 柱温升至所设置温度后，稳定约 30min。

⑤ 打开无油空气压缩机电源开关。打开空气压缩机开关阀门、打开空气压缩机稳压阀至适宜值。或打开空气发生器电源开关。

⑥ 打开氢气钢瓶总阀门（高压表指针指示钢瓶内的气压）。再顺时针方向打开减压阀门（低压表指针指示输出气压）。或打开氢气发生器电源开关、打开气源开关阀门。

⑦ 逆时针方向打开空气针形阀和氢气稳压阀至适宜值，并调节至所需流量（高端仪器由计算机键盘输入空气和氢气流量值，仪器自动完成控制）。

⑧ 打开点火开关，点燃氢火焰。

⑨ 待仪器稳定（基线平直）后，即可进样分析。

⑩ 样品分析完成后，关闭各个加热开关，打开柱箱门（加速降温），当柱温降至室温后（需 20～30min），按与开机相反步骤关机。

2. 气相色谱仪（热导检测器）的基本操作

① 打开载气钢瓶总阀门输入载气，打开仪器上控制载气的针形阀、稳压阀调节适宜流量。

② 打开主机电源总开关。

③ 打开计算机及色谱工作站，输入分析操作条件。加热柱箱、加热气化室、加热热导池检测器。

④ 柱温升至所设置温度后，稳定约 30min。

⑤ 设定热导检测器适宜桥流值。

⑥ 待仪器稳定（基线平直）后，即可进样分析。

⑦ 样品分析完成后，关闭各个加热开关，打开柱箱门（加速降温），当柱温降至室温后（需 20～30min），按与开机相反步骤关机。

知识链接

微型气相色谱的特点及应用

在现代高新技术的推动下，各种仪器的小型化和微型化一直是一个重要的发展趋势，很突出的例子有各种化学传感器和生物传感器的开发。现已有多种传感器可用于矿井中易燃易爆和有毒有害气体的监测、战地化学武器的监测等。传感器有很高的灵敏度和专属性，但对复杂混合物的分析，如工业气体原料的质量控制、油气田勘探中的气体组成的分析、航天飞机机舱中的气体监测等，单靠传感器显然是不够的，需要用小型轻便快速的 GC 进行分析。

事实上，GC 的微型化一直是人们追求的目标，并已经历了几十年的发展。总的来看，开发微型 GC 有两种思路：一是将常规仪器按比例小型化，如 PE 公司的便携式 GC，其大小相当于一个旅行箱，质量为 20kg 左右；二是用高科技制造技术实现元件的微型化，如 HP 公司的微型 GC，其大小相当于一个文件包，质量只有 5.2kg。中国科学院大连化学物理研究所的关亚风教授也成功地研制出了微型 GC。这些微型 GC 的共同特点是：

（1）体积小，质量轻，便于携带，可安装在航天飞机及各种宇宙探测器上，也可由工作人员随身携带进行野外考察分析。

（2）分析速度快，保留时间以秒计，很适合有毒有害气体的监测和化工过程的质量控制。

（3）灵敏度高，对许多化合物的最低检测限为 10^{-5} 级。

（4）可靠性高，适合于不同的环境，可连续进行 2500000 次分析。

（5）功耗低，省能源，一般采用 12V 直流电，功耗不超过 100W。

（6）自动化程度高，可用笔记本电脑控制整个分析过程和数据处理，也可遥控分析。

（7）样品适用范围有限。目前市场上的微型 GC 基本都采用 TCD 检测器，进口温度不超过 150℃，故主要用于常规气体的分析，如天然气、炼厂气、氟利昂、工业废气以及液体和固体样品的顶空分析，而不适于分析高沸点样品。

目前已开发出多种专用的系列微型 GC，如天然气分析仪、炼厂气分析仪等。

第三节　熟悉气相色谱实验技术

一、色谱柱（固定相）的选择

在气相色谱分析中，样品的分离是在色谱柱中完成的。色谱柱是气相色谱仪的核心。混合组分能否在色谱柱中得到完全分离，在很大程度上取决于色谱柱的选择是否合适。因此，色谱柱的选择就成为色谱分析的关键问题。

色谱柱的选择从实质上来说就是色谱柱内固定相的选择。组分之间的分离是基于组分与固定相作用能力的差异。所以，选择固定相是气相色谱分析的主要工作之一。

（一）固体固定相

使用固体固定相的气相色谱方法称为气-固色谱，固定相是固体吸附剂。试样中各种组分气体由载气携带进入色谱柱，与吸附剂接触时，各种组分分子可被吸附剂吸附。随着载气的不断运行，被吸附的组分分子又从固定相中洗脱下来（脱附），脱附下来的组分分子随着载气向前移动时又被前面的固定相吸附。从而，随着载气的流动，组分吸附—脱附的过程反复、多次进行。由于各组分性质的差异，易被吸附的组分，脱附也较难，在柱内移动的速度就会慢，出柱的时间就长；反之，不易被吸附的组分在柱内移动速度快，出柱时间短。所以，由于样品中各组分性质不同，吸附剂对它们的吸附能力不同，样品中各组分在色谱柱中运行速度产生差异，经过一定柱长后，性质不同的组分便实现了彼此分离。

固体固定相的选择如下所述。

气-固色谱所采用的固定相为固体吸附剂。因此选择气-固色谱柱也就是选择固体吸附剂。常用的固体吸附剂主要有强极性硅胶、中等极性氧化铝、非极性活性炭、特殊作用的分子筛和高分子多孔小球等，它们主要用于惰性气体和 H_2、O_2、N_2、CO、CO_2、CH_4 等一般气体及低沸点有机化合物的分析。

固体吸附剂的优点是吸附容量大、热稳定性好、无流失现象且价格便宜，缺点是进样量稍大得不到对称峰、重现性差、柱效低、吸附活性中心易中毒、种类较少等。吸附剂需先进行活化处理，再装入色谱柱中使用。表 4-3 列出几种常用吸附剂的性能和使用方法。

表 4-3　气相色谱法常用吸附剂的性能和使用方法

吸附剂	最高使用温度/℃	极性	分析对象	活化方法
活性炭	＜300	非极性	分离永久性气体及低沸点烃类	先用苯浸泡，在350℃用水蒸气洗至无浑浊，180℃烘干备用
石墨化碳黑	可＞500	非极性	分离气体及烃类，对高沸点有机化合物峰形对称	先用苯浸泡，在350℃用水蒸气洗至无浑浊，180℃烘干备用
硅胶	可＞500	氢键	分离永久性气体及低级烃	200～900℃烘烤活化，冷至室温备用
氧化铝	可＞500	极性	分离烃类及有机物异构体	200～1000℃烘烤活化，冷至室温备用
分子筛	＜400	强极性	特别适用于永久性气体和惰性气体的分离	在300～550℃烘烤活化3～4h(超过600℃分子筛结构破坏、失效)
多孔共聚物	＜250	可从非极性到强极性	分离强极性、腐蚀性的低沸点及高沸点化合物，特别适于有机物中微量水分的分析	170～180℃下烘去微量水分后，在 N_2 中活化处理10～20h

（二）液体固定相

使用液体固定相的气相色谱方法称为气-液色谱。即将液态高沸点有机物（固定液）涂渍在固体支持物（称作担体或载体）上，然后均匀装填在色谱柱中。试样中各种组分气体由载气携带进入色谱柱与固定液接触时，气相中各组分分子可溶解到固定液中。随着载气的运行，被溶解的组分分子又从固定液中挥发出来，随着载气向前移动时又被前面的固定液溶解。随着载气的运行，溶解—挥发的过程反复进行。由于组分分子性质有差异，固定液对它们的溶解能力有所不同。易被溶解的组分，挥发也较难，在柱内移动的速度慢，出柱的时间就长；反之，不易被溶解的组分，挥发快，在柱内移动的速度快，出柱的时间就短。由于样品中各组分性质不同，固定液对它们的溶解能力不同，造成样品中各组分在色谱柱中运行速度的差异，经过一定柱长后，性质不同的组分便出现了彼此分离。

组分被固定相溶解的能力可用分配系数衡量，分配系数小的物质先出峰，分配系数大的物质后出峰。组分间分配系数差别越大，则分离越容易，需要的色谱柱长度越短。显然，分配系数相同的组分不能得到分离，色谱峰重合。

气液色谱填充柱中起分离作用的固定相是液体。因此，气-液色谱柱的选择主要就是固定液的选择。

1. 对固定液的要求

① 固定液沸点高。固定液沸点高则在操作柱温下蒸气压低，固定液的流失速度低、色谱柱寿命长。

② 稳定性好。在操作柱温下不分解、不裂解，黏度较低（可以减小液相传质阻力）。

③ 对样品中各种组分有一定溶解度，并且各组分溶解度须有差异，这样色谱柱对样品中各种组分才能有良好的选择性，达到相互分离的目的。

④ 化学稳定性好，在操作柱温度下，不与载气、载体以及待测组分发生不可逆化学反应。

2. 常用固定液的分类

气-液色谱使用的固定液种类繁多，已达 1000 多种。为了选择和使用方便，一般按固定液的"极性"大小进行分类。固定液极性表示含有不同官能团的固定液与分析组分中官能团及亚甲基间相互作用的能力。通常用相对极性（P）的大小来表示。这种表示方法规定：β, β'-氧二丙腈的相对极性 $P = 100$，角鲨烷的相对极性 $P = 0$，其他固定液以此为标准通过实验测出它们的相对极性均在 $0 \sim 100$ 之间。通常将相对极性值分为五级，即每 20 个相对单位为一级。相对极性在 $0 \sim +1$ 间的为非极性固定液（亦可用"−1"表示非极性）；+2、+3 为中等极性固定液；+4、+5 为强极性固定液。表 4-4 列出了一些常用固定液相对极性数据、最高使用温度和主要分析对象，供使用时选择和参考。

表 4-4　常用固定液

	固定液	最高使用温度/℃	常用溶剂	相对极性	分析对象
非极性	十八烷	室温	乙醚	0	低沸点碳氢化合物
	角鲨烷	140	乙醚	0	C_8 以前碳氢化合物
	阿匹松(L,M,N)	300	苯、氯仿	+1	各类高沸点有机化合物
	硅橡胶(SE-30,E-301)	300	丁醇＋氯仿(1＋1)	+1	各类高沸点有机化合物
中等极性	癸二酸二辛酯	120	甲醇、乙醚	+2	烃、醇、醛酮、酸酯各类有机物
	邻苯二甲酸二壬酯	130	甲醇、乙醚	+2	烃、醇、醛酮、酸酯各类有机物
	磷酸三苯酯	130	苯、氯仿、乙醚	+3	
	丁二酸二乙二酯醇	200	丙酮、氯仿	+4	芳烃、酚类异构物、卤化物
极性	苯乙腈	常温	甲醇	+4	卤化烃、芳烃和 $AgNO_3$ 一起分离烷烯烃
	二甲基甲酰胺	20	氯仿	+4	低沸点碳氢化合物
	有机皂-34	200	甲苯	+4	芳烃、特别对二甲苯异构体有高选择性
	β, β'-氧二丙腈	<100	甲醇、丙酮	+5	分离低级烃、芳烃、含氧有机物

续表

	固定液	最高使用温度/℃	常用溶剂	相对极性	分析对象
氢键型	甘油	70	甲醇、乙醇	+4	醇和芳烃、对水有强滞留作用
	季戊四醇	150	氯仿＋丁醇(1＋1)	+4	醇、酯、芳烃
	聚乙二醇-400	100	乙醇、氯仿	+4	极性化合物：醇、酯、醛、腈、芳烃
	聚乙二醇20M	250	乙醇、氯仿	+4	极性化合物：醇、酯、醛、腈、芳烃

近年来通过大量实验数据，利用电子计算机优选出12种"最佳"（并非最好，而是具有较强的代表性）固定液。这12种固定液的特点是：在较宽的温度范围内稳定，并占据了固定液的全部极性范围，实验室只需储存少量几种固定液就可以满足大部分分析任务的需要。12种"最佳"固定液见表4-5所列。

表4-5　12种"最佳"固定液

固定液名称	型号	相对极性	最高使用温度/℃	溶剂	分析对象
角鲨烷	SQ	-1	150	乙醚、甲苯	气态烃、轻馏分液态烃
甲基硅油或甲基硅橡胶	SE-30 OV-101	+1	350 200	氯仿、甲苯	各种高沸点化合物
苯基(10%)甲基聚硅氧烷	OV-3	+1	350	丙酮、苯	各种高沸点化合物、对芳香族和极性化合物保留值增大 OV-17＋QF-1可分析含氯农药
苯基(25%)甲基聚硅氧烷	OV-7	+2	300	丙酮、苯	
苯基(50%)甲基聚硅氧烷	OV-17	+2	300	丙酮、苯	
苯基(60%)甲基聚硅氧烷	OV-22	+2	300	丙酮、苯	
三氟丙基(50%)甲基聚硅氧烷	QF-1 OV-210	+3	250	氯仿 二氯甲烷	含卤化合物、金属螯合物、甾类
β-氰乙基(25%)甲基聚硅氧烷	XE-60	+3	275	氯仿 二氯甲烷	苯酚、酚醚、芳胺、生物碱、甾类
聚乙二醇	PEG-20M	+4	225	丙酮、氯仿	选择性保留分离含O、N官能团及O、N杂环化合物
聚己二醇 二乙二醇酯	DEGA	+4	250	丙酮、氯仿	分离C1～C24脂肪酸甲酯，甲酚异构体
聚丁二酸 二乙二醇酯	DEGS	+4	220	丙酮、氯仿	分离饱和及不饱和脂肪酸酯，苯二甲酸酯异构体
1,2,3-三(2-氰乙氧丙烷)	TCEP	+5	175	氯仿、甲醇	选择性保留低级含O化合物，伯、仲胺，不饱和烃、环烷烃等

3. 固定液的选择

选择固定液应根据不同的分析对象和分析要求进行。一般可以按照"相似相溶"原理进行选择，即按固定液的极性或化学结构与待分离组分相近似的原则来选择，其一般规律如下。

① 分离非极性物质，一般选用非极性固定液。试样中各组分按沸点从低到高的顺序流出色谱柱。

② 分离极性物质，一般按极性强弱来选择相应极性的固定液。试样中各组分一般按极性从小到大的顺序流出色谱柱。

③ 分离非极性和极性混合物时，一般选用极性固定液。这时非极性组分先出峰，极性组分后出峰。

④ 能形成氢键的试样，如醇、酚、胺、水的分离，一般选用氢键型固定液。此时试样中各组分按与固定液分子间形成氢键能力大小的顺序流出色谱柱。

⑤ 对于复杂组分，一般可选用两种或两种以上的固定液配合使用，以增加分离效果。

⑥ 对于含有异构体的试样（主要是含有芳香型异构部分），可以选用具有特殊保留作用的有机皂土或液晶固定液。

以上是选择固定液的大致原则。由于色谱分离影响因素比较复杂，因此选择固定液还可以参考文献资料、通过实验进行选择。

4. 载体

载体也称作担体，它的作用是提供一个具有较大表面积的惰性表面，使固定液能在它的表面上形成一层薄而均匀的液膜。

（1）对载体的要求

① 化学惰性好，即无吸附性、无催化性，且热稳定性要好。

② 表面具有多孔结构、孔径分布均匀，即载体比表面积要大，能涂渍更多的固定液又不增加液膜厚度。

③ 载体机械强度高，不易破碎。

（2）载体的分类　载体可分为无机载体和有机聚合物载体两大类。前者应用最为普遍的主要有硅藻土型载体和玻璃微球载体；后者主要包括含氟载体以及其他各种聚合物载体。

① 硅藻土型载体。硅藻土型载体使用的历史最长，应用也最普遍。这类载体是以硅藻土为原料，加入木屑及少量胶黏剂，加热煅烧制成。硅藻土载体是以硅、铝氧化物为主体，以水合无定形氧化硅和少量金属氧化物杂质为骨架。一般分为红色硅藻土载体和白色硅藻土载体两种。它们的表面结构差别很大，红色硅藻土载体表面孔隙密集，孔径较小，表面积大，能负荷较多的固定液。由于结构紧密，所以机械强度较好。缺点是表面有氢键及酸碱活性作用点，不宜涂渍极性固定液，一般用于分析非极性或弱极性物质。常用的红色硅藻土载体型号有国产 201、6201、301 和国外的 ChromosorbP、GasChromR 等。

白色硅藻土载体是将硅藻土加助熔剂（Na_2CO_3）后煅烧而成，氧化铁变成无色铁硅酸钠配合物，呈白色。与红色载体相比，结构疏松、机械强度差、表面孔径和比表面积较小，但表面活性中心显著减少，可用于涂渍极性固定液，分析极性物质。常用的白色载体型号有国产的 101、102、405 和国外的 ChromosorbAGW、Celite545 等。

② 玻璃微球载体。玻璃微球载体是一种有规则的颗粒小球。它具有很小的表面积，通常把它看作是非孔性、表面惰性的载体。玻璃微球载体的主要优点是能在较低的柱温下分析高沸点物质，使某些热稳定性差但选择性好的固定液获得应用。缺点是柱负荷量小，只能用于涂渍低配比固定液，而且，柱寿命较短。国产的各种筛目的多孔玻璃微球载体性能很好，可供选择使用。

③ 氟载体。氟载体的特点是吸附性小，耐腐蚀性强，适合于强极性物质和腐蚀性气体的分析。其缺点是表面积较小，机械强度低，对极性固定液的浸润性差，涂渍固定液的量一般不超过 5%。

这类载体主要有两种，常用的一种是聚四氟乙烯载体，通常可以在 200℃柱温以下使用，主要产品有国外的 Hablopart F、Teflon、Chromosorb T 等；另一种是聚三氟氯乙烯载体，与前者相比，颗粒比较坚硬，易于填充操作，但表面惰性和热稳定性较差，使用温度不能超过 160℃，其主要产品有国外的 Halopart K 和 Ekatlurin、Daiflon Kel-F-300 等。

（3）载体的预处理　理想的载体表面应具备化学惰性，但载体实际上总是呈现出不同程度的吸附活性和催化活性。特别是当固定液的液膜厚度较薄、组分极性较强时，载体对组分有明显的吸附作用，其结果是造成色谱峰严重不对称。

载体经过处理可以起到改性作用。

① 酸洗载体。可除去载体表面的铁等金属氧化物杂质。酸洗载体可用于分析酸性物和酯类样品。

② 碱洗载体。可以除去载体表面的 Al_2O_3 等酸性作用点。碱洗载体可用于分析胺类碱性物质。

③ 硅烷化载体。载体表面的硅醇和硅醚基团失去氢键力，因而纯化了表面，消除了色谱峰拖尾现象。硅烷化处理后的载体只适于涂渍非极性及弱极性固定液，而且只能在低于 270℃柱温下使用。

④ 釉化载体。釉化处理的载体吸附性能低，强度大，可用于分析强极性物质。市售载体有各种类型，用上述方法处理过的载体都有出售，可根据需要选购。

（4）载体的选择　选择适当载体能提高柱效，有利于混合物的分离，改善峰形。选择载体的一般原则如下：

① 分析非极性组分可选用红色载体，分析极性组分宜选用酸洗处理过的白色载体；

② 固定液用量＞15％时宜选用红色载体，固定液用量＜10％时宜选用表面处理过的白色载体（指酸洗与硅烷化）；

③ 分析非极性或极性高沸点样品时，可在高柱温下使用低涂渍量的玻璃微球载体；

④ 分析腐蚀性样品时，可使用聚四氟乙烯载体；

⑤ 分析酸性样品，可选用酸洗载体，分析碱性样品，可选用碱洗载体；

⑥ 为增强载体惰性，可在涂渍固定液前先涂渍＜1％的减尾剂（如聚乙二醇、吐温60等）；

⑦ 一般选用80～100目的载体，为提高柱效也可选用100～120目的载体，但应适当缩短柱长，以免柱压力降增大。

（三）合成固定相

1. 高分子多孔小球（GDX）

高分子多孔小球（微球）是以苯乙烯等为单体与交联剂二乙烯基苯交联共聚的小球，高分子多孔小球在交联共聚过程中，使用不同的单体或不同的共聚条件，可获得不同极性、不同分离效能的产品。GDX 既有吸附剂的性能又有固定液的性能。

高分子多孔小球既可以作为固定相直接使用，也可以作为载体涂上固定液后使用。高分子多孔小球作为固定相对含羟基的化合物具有很低的亲和力。在实际应用中常被用来分析有机物中的微量水。

2. 化学键合固定相

化学键合固定相，又称化学键合多孔微球固定相。这是一种以表面孔径度可人为控制的球形多孔硅胶为基质，利用化学反应方法把固定液键合于载体表面上制成的固定相。

化学键合固定相主要有以下优点：具有良好的热稳定性，适合作快速分析；对极性组分和非极性组分都能获得对称峰；国外的品种主要有美国 Waters 公司生产的 Durapak 系列，国产商品主要有上海试剂一厂的 500 硅胶系列与天津试剂二厂的 HDG 系列产品。

二、检测器的选择

气相色谱仪检测器的作用是将经色谱柱分离后按顺序流出的化学组分的信息转换为便于

记录的电信号，然后对被分离物质的组成和含量进行鉴定和测量。检测器是色谱仪的"眼睛"。检测器按检测原理的不同可分为浓度敏感型检测器和质量敏感型检测器。浓度敏感型检测器的响应值取决于载气中组分的浓度。常见的浓度型检测器有热导检测器（TCD）及电子捕获检测器（ECD）。质量敏感型检测器输出信号的大小取决于组分在单位时间内进入检测器的量，与浓度关系不大。常见的质量型检测器有火焰离子化检测器（FID）和火焰光度检测器（FPD）等。

（一）热导检测器

热导检测器（TCD）是利用被测组分和载气的热导率不同而产生响应的浓度型检测器。

1. 热导检测器结构和工作原理

（1）**热导检测器结构** 热导池池体用不锈钢或铜制成，内部装有热敏元件铼钨丝，其电阻值随本身温度变化而变化。

热导检测器有双臂热导池［如图 4-15（a）所示］和四臂热导池［如图 4-15（b）所示］两种。双臂热导池其中一个通道通过纯载气作为参比池，另一个通道通过样品作为测量池；四臂热导池中，有两臂为参比池，另两臂为测量池。参比池用来消除载气流速波动对检测器信号产生的影响。

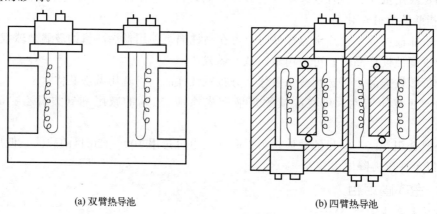

(a) 双臂热导池　　　　　　　　(b) 四臂热导池

图 4-15　热导检测器结构

（2）**测量电桥** 热导检测器中热敏元件电阻值的变化可以通过惠斯通电桥来测量。图 4-16 为四臂热导池测量电桥。

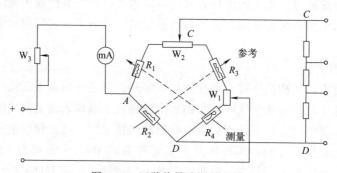

图 4-16　四臂热导池测量电桥

将四臂热导池的四根热丝分别作为电桥的四个臂，四根热丝阻值分别为：R_1、R_2、R_3、R_4。在同一温度下，四根热丝阻值相等，即 $R_1 = R_2 = R_3 = R_4$；其中 R_1 和 R_4 为测量池中热丝，作为电桥测量臂；R_2 和 R_3 为参比池中热丝，作为电桥的参考臂。W_1、W_2、W_3 分别为三个电位器，可用于调节电桥平衡和电桥工作电流（桥流-热丝电流）的大小。

（3）工作原理　热导检测器的工作原理是基于不同气体具有不同的热导率。热丝具有电阻随温度变化的特性（温度越高电阻越大）。当有一恒定电流通过热导池热丝时，热丝被加热（池内已预先通有恒定流速的纯载气），载气的热传导作用使热丝的一部分热量被载气带走，一部分传给池体。当热丝产生的热量与散失热量达到平衡时，热丝温度就稳定在一定数值上，也就使热丝阻值稳定在一定数值上。当没有进样时，参比池和测量池通过的都是纯载气，热导率相同，热丝温度相同，因此两臂的电阻值相同，电桥平衡，输出端 CD 之间无信号输出，记录系统记录的是一条直线（基线）。

当有试样进入仪器系统时，载气携带着组分蒸气流经测量池，待测组分的热导率和载气的热导率不同，测量池中散热情况发生变化，而参比池中流过的仍然是纯载气，参比池和测量池两池孔中热丝热量损失不同，热丝温度不同，从而使热丝电阻值产生差异使测量电桥失去平衡，电桥输出端 CD 之间有电压信号输出。记录系统绘出相应组分产生的电信号变化（色谱峰）。载气中待测组分的热导率与载气的热导率相差越大、待测组分的浓度越大，测量池中气体热导率改变就越显著，热丝温度和电阻值改变也越显著，输出电压信号就越强。输出的电压信号（色谱峰面积或峰高）与待测组分和载气的热导率的差值有关，与载气中样品的浓度成正比，这就是热导检测器定量测定的基础。

2. 热导检测器的特点

热导检测器对无机物或有机物均有响应（待测组分和载气的热导率有差异即可产生响应），是通用型检测器。热导检测器定量准确，操作维护简单、价廉。主要缺点是灵敏度相对较低。

3. 热导检测器检测条件的选择

影响热导池灵敏度的因素主要有桥电流、载气性质、池体温度和热敏元件材料及性质。对于给定的仪器，热敏元件已固定，需要选择的操作条件只有载气、桥电流和检测器温度。

（1）载气种类、纯度和流速

① 载气种类。载气与样品的热导率（导热能力）相差越大，检测器灵敏度越高。由于分子量小的 H_2、He 等导热能力强，而一般气体和有机物蒸气热导率（见表 4-6）较小，所以 TCD 用 H_2 或 He 作载气灵敏度高，线性范围宽。使用 N_2 或 Ar 作载气，因其灵敏度低，线性范围窄。

表 4-6　一些化合物蒸气和气体的相对热导率

化合物	相对热导率 （He＝100）	化合物	相对热导率 （He＝100）	化合物	相对热导率 （He＝100）
氦(He)	100.0	乙炔	16.3	甲烷(CH_4)	26.2
氮(N_2)	18.0	甲醇	13.2	丙烷(C_3H_8)	15.1
空气	18.0	丙酮	10.1	正己烷	12.0
一氧化碳	17.3	四氯化碳	5.3	乙烯	17.8
氨(NH_3)	18.8	二氯甲烷	6.5	苯	10.6
乙烷(C_2H_6)	17.5	氢(H_2)	123.0	乙醇	12.7
正丁烷(C_4H_{10})	13.5	氧(O_2)	18.3	乙酸乙酯	9.8
异丁烷	13.9	氩(Ar)	12.5	氯仿	6.0
环己烷	10.3	二氧化碳(CO_2)	12.7		

② 载气的纯度。载气的纯度也影响 TCD 的灵敏度。实验表明：在桥流 160～200mA 范

围内，用 99.999% 的超纯氢气比用 99% 的普通氢气灵敏度高 6%～13%。此外，长期使用低纯度的载气，载气中的杂质气体会被色谱柱保留，使检测器噪声或漂移增大。所以，在不考虑运行成本的前提下（高纯载气价格通常要高出数倍），建议使用高纯度载气。

③ 载气流速。热导检测器为浓度型检测器，载气流速波动将导致基线噪声和漂移增大。因此，在检测过程中，载气流速必须保持恒定。参考池的气体流速通常与测量池相等，但在程序升温操作时，参考池之载气流速应调整至基线波动和漂移最小为宜。

（2）电桥工作电流　通常情况下灵敏度 S 与电桥工作电流的三次方成正比。因此，常用增大桥流来提高检测器灵敏度。但是，桥流增加，噪声也将随之增大。并且，桥流越高热丝越易被氧化，使用寿命越短。所以，在灵敏度满足分析要求的前提下，应选取较低的桥电流，以使检测器噪声小、热丝寿命长。但 TCD 若长期在低桥流下工作，也可能造成池污染。因此，使用 TCD 时，可根据仪器说明书推荐的桥流值进行设定。

（3）检测器温度　热导检测器的灵敏度与热丝和池体间的温差成正比。实际操作中，增大温差有两个途径：一是提高桥流，以提高热丝温度，但噪声随之增大，热丝使用寿命短，所以热丝温度不能过高；二是降低检测器池体温度，但检测器池体温度不能太低（不能低于样品的沸点），以保证样品中的各种组分及色谱柱流失的固定液在检测器中不发生冷凝造成污染。使用气-固色谱对永久性气体进行分析，降低池体温度可大大提高灵敏度。

4. 热导检测器的应用

热导检测器是一种通用的非破坏型浓度型检测器，是实际工作中应用最多的气相色谱检测器之一。特别适用于永久性气体，C1～C3 烃类，氮、硫和碳的各类氧化物以及水等挥发性化合物的分析。TCD 在检测过程中不破坏被检测的组分，有利于样品的收集或与其他分析仪器联用。工业生产中需要在线监测，要求检测器长期稳定运行，而 TCD 是所有气相色谱检测器中最适于在线监测的检测器。

5. 热导检测器的维护

（1）使用注意事项

① 尽量采用高纯载气，载气中应无腐蚀性物质、机械性杂质或其他污染物。

② 未通载气严禁加载桥电流。因为热导池中没有气流通过，热丝温度急剧升高会烧断热丝。载气至少通入 10min，先将气路中的空气置换完全后，方可通电，以防热丝元件氧化。

③ 根据载气的种类，桥电流不允许超过额定值。不同品牌的 TCD 桥电流额定值有所不同，可参照仪器说明书。如某品牌 TCD 载气用氮气时，桥电流应低于 150mA；载气用氢气时，桥电流则应低于 270mA。

④检测器不允许有剧烈振动，以防热丝振断。

（2）热导检测器的清洗

热导检测器长时间使用或被沾污后，必须进行清洗。方法是将丙酮、乙醚、十氢萘等溶剂装满检测器的测量池，浸泡一段时间（20min 左右）后倾出，如此反复进行多次，直至所倾出的溶液非常干净为止。

当选用一种溶剂不能洗净时，可根据污染物的性质先选用高沸点溶剂进行浸泡清洗，然后再用低沸点溶剂反复清洗。洗净后加热使溶剂挥发，冷却至室温后，装到仪器上，然后加热检测器，通载气数小时后即可使用。

（二）火焰离子化检测器

火焰离子化检测器（FID）是气相色谱检测器中使用最广泛的一种，是典型的破坏型质量型检测器。

1. 火焰离子化检测器结构和工作原理

（1）火焰离子化检测器的结构 火焰离子化检测器的结构示意如图 4-17 所示。火焰离子化检测器由离子室、火焰喷嘴、极化极和收集极、点火线圈等主要部件组成。离子室由不锈钢制成，包括气体入口、出口。极化极为铂丝做成的圆环，安装在喷嘴上端。收集极是金属圆筒，位于极化极上方。以收集极作负极、极化极作正极，收集极和极化极间施加一定的直流电压（通常可在 150～300V 之间调节）构成一个电场。FID 载气一般用氮气，氢气用作燃气，分别由气体入口处引入，调节载气和燃气的流量使其以适宜比例混合后由喷嘴喷出。用压缩空气作为助燃气引入离子室，提供氧气，使用点火装置点燃后，在喷嘴上方形成氢火焰。

（2）FID 工作原理 当没有样品从色谱柱后流出时，载气中的有机杂质和流失的固定液进入检测器，在氢火焰作用下发生化学电离（载气不被电离），生成正、负离子和电子。在电场作用下，正离子移向收集极（负极），负离子和电子移向极化极（正极），形成微电流，流经输入电阻 R 时，在其两端产生电压信号 E。经过微电流放大器放大后形成基流，仪器在稳定的工作状态下，载气流速、柱温等条件不变，则基流应该稳定不变。

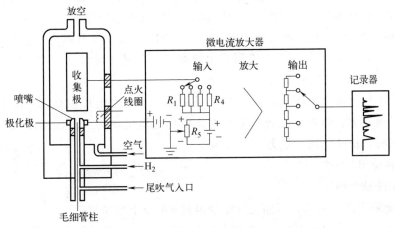

图 4-17　火焰离子化检测器结构示意图

分析过程中，基流越小越好，但不会为零。仪器设计上通过调节 R_5 产生反方向的补偿电压来使流经输入电阻的基流降至"零"，即"基流补偿"。一般在进样前需使用仪器上的基流补偿调节装置将色谱图的基线调至零位。进样后，载气携带分离后的组分从柱后流出，氢火焰中增加了组分电离后产生的正、负离子和电子，从而使电路中的微电流显著增大，即组分产生的信号。该信号的大小与进入火焰中组分的性质、质量成正比，这便是 FID 的定量依据。

2. 火焰离子化检测器的特点

FID 的特点是灵敏度高（比 TCD 的灵敏度高约 10^3 倍）、检出限低（可达 10^{-12} g/s）、线性范围宽（可达 10^7）。FID 结构简单，既可以用于填充柱，也可以用于毛细管柱。FID 对能在火焰中燃烧电离的有机化合物都有响应，是目前应用最为广泛的气相色谱检测器之一。FID 的主要缺点是不能检测永久性气体、水、一氧化碳、二氧化碳、氮的氧化物、硫化氢等物质。

3. 检测条件的选择

FID 需要选择的操作条件主要有：载气种类和载气流速；载气与氢气的流量比、氢气与空气的流量比；柱温、气化室温度和检测室温度；极化电压。

(1) 载气的种类、流速　FID 可以使用 N_2、Ar、H_2、He 作为载气。使用 N_2、Ar 作载气灵敏度高、线性范围宽，N_2 价格较 Ar 低很多，所以 N_2 是最常用的载气。

载气流速须根据色谱柱分离的要求和分析速度进行调节。对 FID 而言，适当增大载气流速会降低检测限，所以从最佳线性和线性范围考虑，载气流速以低些为妥。

(2) 氮氢比　使用 N_2 做载气较 H_2 做载气灵敏度高。为了使 FID 灵敏度较高，氮氢比控制在 $1:1$ 左右（为了较易点燃氢火焰，点火时可加大 H_2 流量）。增大氢气流速，氮氢比下降至 0.5 左右，灵敏度将会有所降低，但可使线性范围得到提高。

(3) 空气流速　空气是 H_2 的助燃气，为火焰燃烧和电离反应提供必要的氧，同时把燃烧产生的 CO_2、H_2O 等产物带出检测器，空气流速通常为氢气流速的 10 倍左右。流速过小，氧气供应量不足，灵敏度较低；流速过大，扰动火焰，噪声增大。一般空气流量选择在 $300\sim500mL/min$ 之间。

(4) 气体纯度　常量分析时，载气、氢气和空气纯度在 99.9% 以上即可。作痕量分析时，一般要求 3 种气体的纯度达到 99.999% 以上，空气中总烃含量应小于 $0.1\mu L/L$。

(5) FID 温度　FID 对温度变化不敏感。但在 FID 内部，氢气燃烧产生大量水蒸气，若检测器温度低于 80℃，水蒸气将在检测器中冷凝成水，减小灵敏度，增加噪声。所以，要求 FID 检测器温度必须在 120℃ 以上。

(6) 极化电压　极化电压会影响 FID 的灵敏度。当极化电压较低时，随着极化电压的增加灵敏度迅速增大，当电压超过一定值时，极化电压增加对灵敏度的增大没有明显的影响。正常操作时，极化电压一般为 $150\sim300V$。

4. FID 的使用与维护

(1) 使用注意事项

① 尽可能采用高纯气体，压缩空气必须经过 5A 分子筛净化。

② 为了使 FID 的灵敏度高、工作稳定，在最佳 N_2/H_2 及最佳空气流速条件下使用。

③ FID 长期使用后喷嘴有可能发生堵塞，造成火焰燃烧不稳定、漂移和噪声增大。实际使用中应经常对喷嘴进行清洗。

(2) FID 的清洗　当 FID 漂移和噪声增大时，原因之一可能是检测器被污染。解决方法是将色谱柱卸下，用一根不锈钢空管将进样口与检测器连接起来，通载气将检测器恒温箱升至 120℃ 以上后，从进样口注入约 $20\mu L$ 蒸馏水，再用几十微升丙酮或氟利昂溶剂进行清洗。清洗后在此温度下运行 $1\sim2h$，基线如果平直说明清洗效果良好。若基线还不理想，说明简单清洗已不能奏效，必须将 FID 卸下进行清洗。具体方法是：从仪器上卸下 FID，灌入适当溶剂（如 $1:1$ 甲醇-苯、丙酮、无水乙醇等）浸泡（注意切勿用卤代烃溶剂如氯仿、二氯甲烷等浸泡，以免与卸下零件中的聚四氟乙烯材料作用，导致噪声增加），最好用超声清洗机清洗。最后用乙醇清洗后置于烘箱中烘干。清洗工作完成后将 FID 装入仪器要先通载气 30min，再在 120℃ 的温度下保持数小时，然后点火升至工作温度。

5. FID 的应用

由于 FID 具有灵敏度高、线性范围宽、工作稳定等优点，被广泛应用于化学、化工、药物、农药、法医鉴定、食品和环境科学等诸多领域。由于 FID 灵敏度高，还特别适合作样品的痕量分析。

（三）电子捕获检测器

电子捕获检测器（ECD）是一种具有选择性的高灵敏度检测器，其应用仅次于热导检测器和火焰离子化检测器。ECD 仅对具有电负性的组分，如含有卤素、硫、磷、氧、氮等的组分有响应。组分的电负性愈强，检测器的灵敏度愈高。所以 ECD 特别适用于分析多卤化物、多环芳烃、金属离子的有机螯合物，还广泛应用于农药、大气及水质污染的检测。

1. 电子捕获检测器结构和工作原理

（1）电子捕获检测器结构　电子捕获检测器的结构如图 4-18 所示。电子捕获检测器的主体是电离室，电离室内装有 ^{63}Ni β 射线放射源。阳极是外径约 2mm 的铜管或不锈钢管，金属池体作为阴极。在阴极和阳极间施加一个直流或脉冲极化电压。

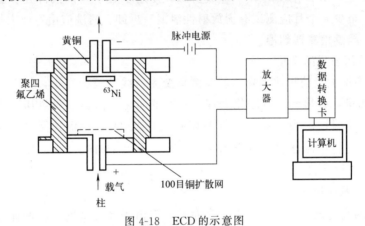

图 4-18　ECD 的示意图

（2）电子捕获检测器检测原理　当载气 N_2（或 Ar）以恒定流速进入检测器时，放射源放射出的 β 射线，使载气电离，产生正离子及电子：

$$N_2 \xrightarrow{\text{β 射线}} N_2^+ + e^-$$

正离子及电子在电场力的作用下向阴极和阳极定向流动，形成约为 10^{-8}A 的离子流——检测器基流。

当电负性物质 AB 进入离子室时，可以捕获电子形成负离子。电子捕获反应如下：

$$AB + e^- \longrightarrow AB^-$$

电子捕获反应中生成的负离子 AB^- 与载气的正离子 N_2^+ 复合生成中性分子。反应式为：

$$AB^- + N_2^+ \longrightarrow N_2 + AB$$

由于电负性物质捕获电子和正负离子的复合，使阴、阳极间电子数目和离子数目减少，导致基流降低，即产生了样品的检测信号。

2. 电子捕获检测器操作条件的选择

（1）载气和载气流速　N_2、Ar、H_2、He 均可作 ECD 的载气。N_2 与 Ar 作载气时基流与灵敏度均高于 H_2 和 He，故一般采用 N_2 与 Ar 作 ECD 的载气。使用毛细管柱时，可用 H_2 和 He 作 ECD 的载气，尾吹气用 N_2 或 Ar。

载气的纯度直接影响 ECD 的基流，因此 ECD 一般要求载气的纯度大于 99.99%，且要彻底去除残留的水和氧。载气流速可从组分分离的要求进行确定，通常填充柱为 20～50mL/min，毛细管柱为 0.1～10mL/min。为同时获得较好的柱分离效果和较高基流，通常在柱与检测器间引入尾吹气❶（N_2），使 ECD 内 N_2 达到最佳流量。

（2）ECD 的使用温度　电子捕获检测器的使用温度应该保证样品中的各种组分及色谱柱流失的固定液在检测器中不发生冷凝（检测器温度必须高于柱温 10℃以上）。ECD 的响应明显受到检测器温度的影响，因此检测器温度波动必须精密控制在小于（±0.1～0.3）℃，以保证响应值的测量精度能控制在 1% 以内。采用 ^{63}Ni 作放射源时，检测器最高使用温度可达 400℃；当采用 ^{3}H 作放射源时，检测器温度不能高于 220℃。

（3）极化电压　ECD 极化电压对基流和响应值都有影响，选择饱和基流值 85% 时的极化电压为最佳极化电压。直流供电型的 ECD，极化电压为 20～40V；脉冲供电型的 ECD，极化电压为 30～50V。

（4）使用安全　ECD 中安装有 ^{63}Ni 放射源，使用中必须严格执行放射源使用、存放管理条例，比如，至少 6 个月应测试有无放射性泄漏。拆卸、清洗应由专业人员进行。尾气必须排放到室外，严禁检测器超温。

3. 检测器被污染后的净化

若 ECD 噪声增大、信噪比下降、基线漂移变大、线性范围变小，甚至出负峰，则表明ECD 可能已被污染，必须要进行净化处理。常用的净化方法是"氢烘烤"法。具体操作方法是将气化室和柱温设定为室温，载气和尾吹气换成 H_2，调流速至 30～40mL/min，采用 ^{63}Ni 作放射源时将检测器温度设定为 300～350℃，保持 18～24h，使污染物在高温下与氢发生化学反应而被除去。

4. ECD 特点及应用

虽然 ECD 的线性范围较窄，仅有 10^4 左右，但由于其灵敏度高、选择性强，仍然得到了广泛应用。ECD 只对具有电负性的物质，如含 S、P、卤素的化合物，金属有机物及含羰基、硝基、共轭双键的化合物有响应；而对电负性很小的化合物，如烃类化合物，只有很小或没有输出信号。ECD 对电负性大的物质检测限可达 10^{-12}～10^{-14}，所以特别适合于分析痕量电负性化合物。

（四）火焰光度检测器

火焰光度检测器（FPD）是一种高灵敏度和高选择性的检测器，对含有硫、磷的化合物有较高的选择性和灵敏度，常用于分析含硫、磷的农药及环境监测中分析含微量硫、磷的有机污染物。

FPD 测磷的检测限可达 0.9pg/s，线性范围大于 10^6；测硫的检测限可达 20pg/s，线性范围大于 10^5。

1. 火焰光度检测器的结构和工作原理

（1）火焰光度检测器结构　FPD 由氢焰部分和光度部分构成。氢焰部分包括喷嘴、遮

---

❶　尾吹气是从色谱柱出口直接引入检测器的一路气体，以保证检测器在高灵敏度状态下工作。毛细管柱内载气流量太低（常规为 1～3mL/min），不能满足检测器的最佳操作条件（一般检测器要求 20mL/min 的载气流量），故毛细管柱大多采用尾吹气。尾吹气的另一个重要作用是消除检测器死体积引起的柱外效应，经分离的化合物流出色谱柱后，可能由于管道容积的增大而出现体积膨胀，导致流速缓慢，从而引起色谱峰变宽。

风罩等。光度部分包括石英窗、滤光片和光电倍增管，如图 4-19 所示。组分被色谱柱分离后，先与过量的燃气（氢气）混合后由检测器下部进入喷嘴，在空气中的氧气助燃下点燃后产生明亮、稳定的富氢火焰。硫、磷燃烧产生的特征光通过石英窗口、滤光片（含硫组分用 394nm 滤光片，含磷组分用 526nm 滤光片），然后经光电倍增管转换为电信号后由计算机处理。

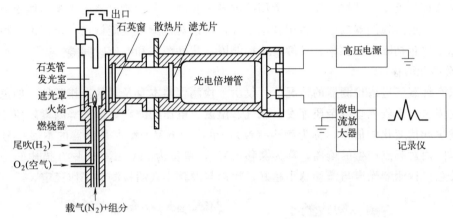

图 4-19　FPD 结构示意图

（2）FPD 工作原理　含硫或含磷的化合物在火焰中燃烧时，硫、磷被激发而发射出特征波长的光谱。当含硫化合物进入富氢火焰后，在火焰高温作用下形成激发态的 S_2^* 分子，激发态的 S_2^* 分子回到基态时发射出蓝紫色光（波长 $350\sim430$nm，最大强度对应的波长为 394nm）；当含磷化合物进入富氢火焰后，在火焰高温作用下形成激发态的 HPO^* 分子，激发态的 HPO^* 分子回到基态时发射出绿色特征光（波长为 $480\sim560$nm，最大强度对应的波长为 526nm）。特征光的光强度与被测组分的含量成正比。

2. 操作条件的选择

影响 FPD 响应值的主要因素是气体流速、检测器温度和样品浓度等。

（1）气体流速的选择　FPD 操作中需要使用 3 种气体：载气、氢气和空气。

使用 FPD 最好用 H_2 作载气，其次是 He，最好不用 N_2。这是因为用 N_2 作载气时，FPD 对 S 的响应值随 N_2 流速的增加而减小。H_2 作载气在相当大范围内响应值随 H_2 流速增加而增大。因此，最佳载气流速应通过实验来确定。

O_2/H_2 值决定了火焰的性质和温度，从而影响 FPD 灵敏度，是最关键的影响因素。通常 O_2/H_2 为 $0.2\sim0.4$，不同型号 FPD 间变化较大，最好使用时动手实测。同样型号的 FPD，S 的 O_2/H_2 稍高于 P。实际工作中应根据被测组分性质，参照仪器说明书，通过实际确定最佳 O_2/H_2。

（2）检测器温度的选择　FPD 检测硫时灵敏度随检测器温度升高而减小，而检测磷时灵敏度基本上不受检测器温度影响。实际操作中，检测器的操作温度应大于 100℃，以防 H_2 燃烧生成的水蒸气在检测器中冷凝而增大噪声。

（3）样品浓度的选择　在一定浓度范围内，样品浓度对 P 的检测无影响，为线性；而对 S 的检测却是非线性的。当被测样品中同时含 S 和 P 时，测定会互相干扰，因此使用 FPD 测 S 和测 P 时，选用不同滤光片和不同火焰温度来消除彼此的干扰。

3. 使用注意事项

① 使用聚四氟乙烯材料的色谱柱，以尽量减小色谱柱的吸附性；

② 保持 FPD 燃烧室的清洁，避免固定液、烃类溶剂与冷凝水的污染；

③ FPD 在富氢焰下工作，不点火不开氢气且随时观察避免火焰熄灭。

（五）检测器性能指标

检测器种类繁多，结构、原理、适用范围各不相同。各种检测器的优劣不能简单地进行比较。但是，通过检测器的一些通用技术指标，可以对检测器性能做出一定评价。检测器的性能指标主要包括噪声和漂移、灵敏度、检测限、线性范围和响应时间等。

1. 噪声和漂移

在只有纯载气进入检测器的情况下，仅由于检测仪器本身及其他操作条件（如色谱柱内固定液的流失，橡胶隔垫内杂质挥发，载气、温度、电压的波动，漏气等因素）使基线在短时间内发生起伏变化的信号，称为噪声（N），单位为 mV。噪声是仪器的本底信号。基线在一定时间内对起点产生的偏离，称为漂移（M），单位为 mV/h，图 4-20 描述的是噪声与漂移的关系。检测器噪声与漂移越小越好，噪声与漂移小表明检测器工作稳定。

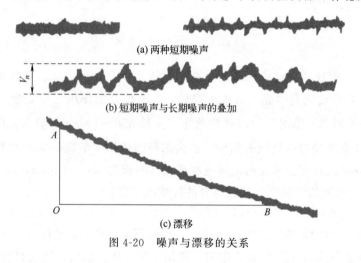

(a) 两种短期噪声

(b) 短期噪声与长期噪声的叠加

(c) 漂移

图 4-20　噪声与漂移的关系

2. 线性与线性范围

检测器的线性是指检测器内载气中组分浓度或质量与响应信号成正比的关系。线性范围是指被测物质的质量与检测器响应信号成线性关系的范围，以线性范围内最大进样量与最小进样量的比值表示。检测器的线性范围越宽所允许的进样量范围就越大。良好的检测器其线性接近于 1，且线性范围越宽越好。

3. 灵敏度

气相色谱检测器的灵敏度（S）是指某物质通过检测器时质量的变化率引起检测器响应值的变化率。即

$$S = \frac{\Delta R}{\Delta Q}$$

式中，ΔR 是检测器响应值的变化；ΔQ 是组分的浓度变化或质量变化。

浓度敏感型检测器的灵敏度用下式计算：

$$S_g = \frac{A c_1 c_2 F}{m}$$

质量敏感型检测器的灵敏度用下式计算：

$$S_t = \frac{60Ac_1c_2}{m}$$

式中，A 为峰面积，mm^2；c_1 为记录器或数据处理机灵敏度，mV/mm；c_2 为纸速倒数，min/mm；F 为载气流速，mL/min；m 为样品质量，mg。

S_g 单位为 $mV \cdot mL/mg$，含义是每毫升载气中含有 1mg 组分时，所产生的电位；

S_t 单位为 $mV \cdot s/g$，含义是 1g 样品通过检测器时，1s 内产生的电位。

检测器灵敏度越高检测器检测组分的浓度或质量下限越低。但是检测器噪声往往也较大。

4. 检测限

当待测组分的量非常小时在检测器上产生的信号会非常小，原则上通过放大器多级放大（提高检测器灵敏度）最终也能将其检测出来，但在实际操作中是行不通的。因为没有考虑到仪器噪声的影响。放大器放大组分信号的同时噪声信号也同时会被放大。组分信号太小则会被噪声信号掩盖。

通常将产生两倍噪声信号时，单位体积载气中或单位时间内进入检测器的组分量称为检测限 D（亦称敏感度），其定义可用下式表示：

$$D = \frac{2N}{S}$$

灵敏度和检测限是从两个不同方面衡量检测器对物质敏感程度的指标。灵敏度越大，检测限越小，则表明检测器性能越好。

5. 响应时间

检测器的响应时间是指进入检测器的组分输出达到 63% 所需的时间，一般情况下小于 1s。显然，检测器响应时间越小，表明检测器性能越好。

表 4-7 列出了商品检测器中性能较好的几种常用检测器的特点和技术指标。

表 4-7　常用气相色谱仪检测器的特点和技术指标

检测器	类型	最高操作温度/℃	最低检测限	线性范围	主要用途
火焰离子化检测器（FID）	质量型，准通用型	450	丙烷（碳）：<5pg/s	10^7（±10%）	各种有机化合物的分析，对碳氢化合物的灵敏度高
热导检测器（TCD）	浓度型，通用型	400	丙烷：<400pg/mL；壬烷：20000mV·mL/mg	10^5（±5%）	适用于各种无机气体和有机物的分析，多用于永久气体的分析
电子捕获检测器（ECD）	浓度型，选择型	400	六氯苯：<0.04pg/s	>10^4	适合分析含电负性元素或基团的有机化合物，多用于分析含卤素化合物
微型 ECD	浓度型，选择型	400	六氯苯：<0.008pg/s	>5×10^4	同 ECD
氮磷检测器（NPD）	质量型，选择型	400	用偶氮苯和马拉硫磷的混合物测定：氮：<0.4pg/s 磷：<0.2pg/s	>10^5	适合于含氮和含磷化合物的分析

续表

检测器	类型	最高操作温度/℃	最低检测限	线性范围	主要用途
火焰光度检测器(FPD)	质量型,选择型	250	用十二烷硫醇和三丁基膦硫酸酯混合物测定:硫<20pg/s磷<0.9pg/s	硫:>10^5磷:>10^6	适合于含硫、含磷和含氮化合物的分析
脉冲 FPD(PF-PD)	质量型,选择型	400	对硫磷:磷:<0.1pg/s;硫:<1pg/s;硝基苯(氮):<10pg/s	磷:10^5硫:10^3氮:10^2	同 FPD

三、载气及其线速的选择

当检测器、固定相确定后，对于一个分析项目，主要任务是选择最佳分离操作条件，实现试样中组分间的分离。

1. 载气种类的选择

作为气相色谱载气的气体，要求化学稳定性好、纯度高、价格便宜并易取得、能适合于所用的检测器。常用的载气有氢气、氮气、氦气等。其中氢气和氮气价格便宜，性质良好，是气相色谱分析最常用的载气。

（1）氢气　氢气具有分子量小、热导率大、黏度小等特点，在使用 TCD 时常被用作载气。在 FID 中它是必用的燃气。氢气的来源除氢气高压钢瓶外，还有氢气发生器。氢气易燃易爆，使用时应特别注意安全。

（2）氮气　由于氮气的扩散系数小，柱效比较高，除 TCD 外（在 TCD 中用得较少，主要是因为氮气热导率小、灵敏度低），在其他形式的检测器中，多采用氮气作载气。

（3）氦气　氦气从气体性质上看，与氢气性质接近，且具有安全性高的优点。但由于其价格较高，使用不普遍。

载气种类的选择首先要考虑使用何种检测器。比如使用 TCD，选用氢或氦作载气，能提高灵敏度；使用 FID 则选用氮气作载气。然后再考虑所选的载气要有利于提高柱效能和分析速度。例如选用摩尔质量大的载气（如 N_2）可以提高柱效能。

2. 载气线速的选择

载气线速 (u)＝柱长 (L)/死时间 (t_M)。

由速率理论方程式可以看出，分子扩散项与载气流速成反比，而传质阻力项与流速成正比，所以必然有一个最佳流速使板高 H 最小、柱效能最高。

最佳流速一般通过实验来选择。其方法是：选择好色谱柱和柱温后，固定其他实验条件，依次改变载气流速，将一定量标准物质注入色谱仪，出峰后，分别测出在不同载气流速下，该标准物质的保留时间和峰底宽。并计算出不同流速下的有效理论塔板高度（$H_{有效}$）。以载气线速度 u 为横坐标、板高 H 为纵坐标，绘制出 H-u 曲线（如图 4-21 所示）。

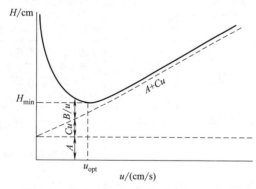

图 4-21　塔板高度 H 与载气流速 u 的关系

图 4-21 中曲线最低点处对应的塔板高度最小，因此对应的载气流速称为最佳载气流速 u_{opt}。在最佳载气流速下操作虽然柱效最高，但分析速度慢。因此实际工作中，为了加快分析速度，同时又不明显增加塔板高度的情况下，一般采用比 u_{opt} 稍大的载气流速进行操作。一般填充色谱柱（内径 3~4mm）常用流速为 20~100mL/min。

四、柱温的选择

柱温是气相色谱的重要操作条件，柱温直接影响色谱柱的选择性、柱效能、分析速度和柱的使用寿命。柱温低有利于分配，有利于组分之间的分离。但柱温过低，组分保留时间长，被测组分可能在柱中冷凝，传质阻力增加，使色谱峰扩张，甚至造成色谱峰拖尾。柱温高，组分保留时间短，分析速度快，有利于传质。但各个组分在固定液中的分配差异变小，不利于组分之间的分离。

柱温一般选各组分沸点平均温度或稍低于各组分沸点平均温度。表 4-8 列出了各类组分适宜的柱温和固定液配比，以供选择参考。

表 4-8 各类组分适宜的柱温和固定液配比

样品沸点/℃	固定液配比/%	柱温/℃
气体、气态烃、低沸点化合物	15~25	室温或<50
100~200 的混合物	10~15	100~150
200~300 的混合物	5~10	150~200
300~400 的混合物	<3	200~250

一般通过实验选择最佳柱温。柱温的选择原则是：既使样品中各个组分分离满足定性、定量分析要求，又不使峰形扩张、拖尾。

当被分析样品组成复杂、组分的沸点范围很宽时，用某一恒定柱温操作往往造成低沸点组分分离不好，而高沸点组分保留时间很长、峰形扁平。此时柱温可以采用程序升温操作，即柱温由低到高逐渐变化。柱温较低时可以使低沸点组分获得满意的分离效果，柱温升高后高沸点组分获得较高柱效，峰形变好。

图 4-22 为宽沸程试样在恒定柱温及程序升温时分离结果的比较。柱温较低（$T=45℃$）时低沸点组分分离良好，但高沸点组分未出峰［见图 4-22（a）］柱温较高（$T=145℃$）时，保留时间缩短，低沸点组分峰密集，分离不好，高沸点组分峰形变宽［见图 4-22（b）］；使用程序升温（$T=30 \rightarrow 180℃$，升温速率约 4.7℃/min）时，低沸点和高沸点组分均能获得良好的分离，且峰形正常［见图 4-22（c）］。

对单阶程序升温而言［见图 4-23（b）］，起始温度（图中为 50℃）常选取在样品中最易挥发组分的沸点附近，保持时间（图中为 5min）则取决于样品中低沸点组分的含量（保证其完全分离）。

终止温度（图中为 300℃）则取决于组分的最高沸点或固定液的最高使用温度。若固定液最高使用温度高于组分的最高沸点，则可选取稍高于最高沸点的温度作为终止温度，此时终止时间（图中为 10min）可较短；反之，则应选择固定液最高使用温度作为终止温度，此时终止时间需较长，以保证所有高沸点组分被洗脱出来。

升温速率的选择需兼顾分离度与分析时间两个方面，既要保证所有组分均能完全分离，又要保证分析时间长短合理。对内径 3~5mm、长 2~3m 的填充柱，升温速率通常选取 3~10℃/min；对内径 0.25mm、长 25~50m 的毛细管柱，升温速率通常选取 0.5~4℃/min。

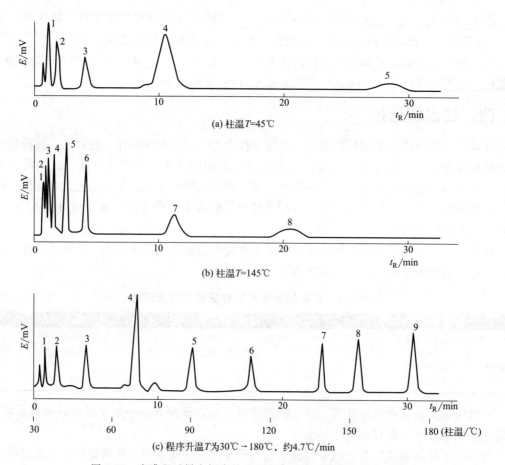

(a) 柱温 $T=45℃$

(b) 柱温 $T=145℃$

(c) 程序升温 T 为 30℃→180℃，约 4.7℃/min

图 4-22 宽沸程试样在恒定柱温及程序升温时分离结果的比较

1—正丙烷（-42℃）；2—正丁烷（-0.5℃）；3—正戊烷（36℃）；4—正己烷（68℃）；5—正庚烷（98℃）；
6—正辛烷（126℃）；7—溴仿（150.5℃）；8—间氯甲苯（161.6℃）；9—间溴甲苯（183℃）

对于组成复杂的试样，一次升温难以实现各个组分的完全分离时，可考虑选择多阶程序升温［见图 4-23（a）］以改善各组分的分离状况。目前，国内外生产的气相色谱仪多能提供 3～7 阶程序升温。

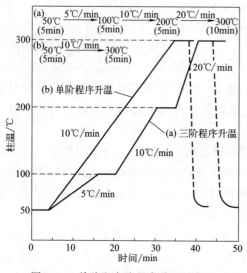

图 4-23 单阶和多阶程序升温示意图

在选择、设定柱温时还必须注意：柱温不能高于固定液最高使用温度，否则固定液短时间内大量挥发流失，致使色谱柱寿命降低甚至报废。

五、气化室和检测器温度的选择

气化室温度取决于样品的化学和热稳定性、沸程范围、进样口类型等。合适的气化室温度既能保证样品瞬间完全气化，又不引起样品分解。一般气化室温度设定为比柱温高 30～70℃或比样品中组分最高沸点高 30～50℃。多数配置分流/不分流进样口的色谱仪，气化室温度通常比柱温高 50～100℃。对于某些高沸点或热稳定性差的样品，为防止其分解，可调高分流比，在大量载气稀释的前提下，微量样品在低于沸点的温度下也能气化。气化室温度是否适宜，可通过实验来检验。检验方法是：在不同气化室温度下重复进样，若出峰数目变化，重现性差，则说明气化室温度过高；若峰形不规则，出现扁平峰则说明气化室温度太低；若峰形正常，峰数不变，峰形重现性好则说明气化室温度合适。

检测器温度取决于样品的沸程范围、检测器类型等，通常高于最高组分沸点 50℃ 左右。

六、进样量和进样时间的选择

1. 进样量

在进行气相色谱分析时，进样量要适当。若进样量过大超过柱容量，将致使色谱峰峰形不对称程度增加，峰变宽，分离度变小，保留值发生变化，峰高和峰面积与进样量不成线性关系无法定量。若进样量太小，又会因检测器灵敏度不够，不能准确检出。一般对于内径 3～4mm、固定液用量为 3%～15% 的色谱柱，检测器为 TCD 时液体进样量为 0.1～10μL；检测器为 FID 时进样量一般不大于 1μL。

2. 进样时间

气相色谱分析液体样品时，要求进样全过程快速、准确。这样可以使液体样品在气化室气化后被载气稀释程度小，以浓缩状态进入柱内，从而使色谱峰的原始宽度窄，有利于分离；反之若进样缓慢，样品气化后被载气稀释较严重，使峰形变宽，并且不对称，既不利于分离也不利于定量。

为了保证色谱峰的峰形锐利、对称，使分析结果重现性较好，进样时应注意以下操作要点。

① 使用微量注射器吸取液体样品时，应先用丙酮或乙醚抽洗 5～6 次后，再用试液抽洗 5～6 次，然后缓慢抽取（抽取过快针管内容易吸入气泡）一定量试液（稍多于需要量），如有气泡吸入，排除气泡后，再排去过量的试液。

② 取样后应立即进样。进样时应使注射器针尖垂直于进样口。左手把持针尖以防弯曲，并辅助用力（左手不要触碰进样口，以防烫伤）。右手握住注射器（如图 4-24 所示），刺穿硅橡胶垫，快速、准确地推进针杆（针尖不要碰到气化室内壁，针尖应扎到底）。用右手食指轻巧、迅速地将样品注入（沿注射器轴线方向用力，以防把注射器柱塞杆压弯），注射完成后立即拔出注射器。

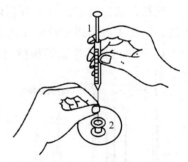

图 4-24 微量注射器进样姿势
1—微量注射器；2—进样口

③ 进样时针尖穿刺速度、样品注入速度、针尖拔出速度应该快速、一致；否则会影响进样的重现性。

💡 知识链接

气相色谱专家系统

现代色谱仪的发展目标是智能色谱仪，它不仅是一种全盘自动化的色谱仪，而且还将具有色谱专家的部分智能。智能色谱的核心是色谱专家系统。气相色谱专家系统是一个具有大量色谱分析方法的专门知识和经验的计算机软件系统，它应用人工智能技术，根据色谱专家提供的专门知识、经验进行推理和判断，模拟色谱专家来解决那些需要色谱专家才能解决的气相色谱方法及建立复杂组分的定性和定量问题。

色谱专家系统（ESC）的研制始于 20 世纪 80 年代中期，中国科学院大连化学物理研究所的 ESC 有气相与液相两大部分，可以分别用于气相色谱和液相色谱，使用的是个人微型计算机。

许多色谱数据站都有在线定性和定量功能，但其定性、定量软件只起自动化的作用，气相色谱专家系统，力求的是要起智能化的作用。气相色谱专家系统智能定性方法的核心是只储存物质在一个柱温和固定液时的保留指数的文献值，在一定范围内，可利用储存的少数与柱温、固定液有关的参数，预测其他柱温及固定液时的计算值，用其供作定性。对于出现组分分离不完全的情况，ESC 应用曲线拟合法时，先在计算机屏幕上显示色谱图，利用加减法更好地解决数值难以求准确的问题，然后用色谱峰分析软件分析色谱峰。

总之，色谱专家系统经过 10 多年的历程，已取得很大进展和一批可喜的成果，在生化、环保、石油化工等生产实践中愈加显示出其价值。可以预测，今后针对某些特定领域的问题，新的专用性专家系统软件将不断推出，可解决更多的各种实际问题。

第四节　掌握气相色谱定性定量分析方法

一、气相色谱法的定性分析

气相色谱法的定性分析有利用纯物质定性、利用文献保留值定性、利用保留指数定性等方法。下面主要介绍两种常用的定性案例。

1. 利用已知标准物的保留时间对照定性

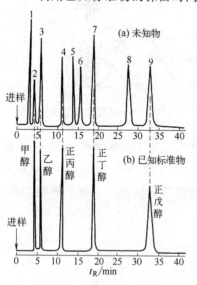

图 4-25　利用已知标准
物直接对照定性

利用已知标准物的保留时间对照定性的方法比较常用，具体方法是：将已知标准物与样品在相同色谱操作条件下分别进样分析，比较其保留时间是否一致，以此判断样品中是否有该物质。若二者相同，则说明未知物可能是该标准物；若二者不同，则说明样品中肯定不含有该标准物。如图 4-25 所示，可以推测未知样品中峰 2可能是甲醇，峰 3 可能是乙醇，峰 4 可能是正丙醇，峰 7可能是正丁醇，峰 9 可能是正戊醇。

利用已知标准物对照定性要求样品组成简单，基本组成已知，且有标准物质可以对照。定性过程中色谱操作条件的微小变化（如柱温、流动相流速等）均会使保留时间发生变化，从而对定性结果产生影响，甚至出现错误的定性结果。

2. 利用已知标准物加入法定性

将已知纯物质加入样品中，观察各组分色谱峰的相对变化来进行定性，这种方法称为峰高增加法定性，特别适合于未知样品中组分色谱峰过于密集、保留时间不易辨别的情况。

对照图 4-26（a）和图 4-26（b）两张色谱图，可知色谱峰 3 的相对峰高明显增加，因此 3 号峰可能是所加标准物质。也有可能加入纯物质后没有色谱峰的峰高增加，而是出现图 4-26（b）中虚线的 6 号峰，则可知未知样品中不含有所加的纯物质。

二、气相色谱法的定量分析

（一）定量分析基本公式

色谱法的定量依据是：在一定色谱操作条件下，进入检测器的组分 i 的质量 m_i 或浓度与检测器的响应信号（色谱峰的峰高 h_i 或峰面积 A_i）成正比，即

$$m_i = f_i A_i \text{ 或 } m_i = f_i h_i$$

式中，f_i 为定量校正因子。定量校正因子是一个与色谱操作条件有关的参数，其大小主要取决于仪器的灵敏度。定量校正因子分为绝对校正因子和相对校正因子。

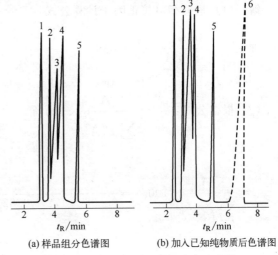

(a) 样品组分色谱图　　　(b) 加入已知纯物质后色谱图

图 4-26　已知标准物增加峰高法定性

（1）绝对校正因子（f_i）　绝对校正因子是指单位峰面积或单位峰高所代表的组分的量，即

$$f_i = \frac{m_i}{A_i}, f_{i(h)} = \frac{m_i}{h_i}$$

式中，f_i、$f_{i(h)}$ 分别为峰面积与峰高的绝对校正因子。由于绝对校正因子在准确测量时有一定的困难，而且使用时要求严格控制色谱操作条件，不具备通用性，因此实际应用时多采用相对校正因子。

（2）相对校正因子（f_i'）　相对校正因子指组分 i 与另一标准物质 s 的绝对校正因子之比。测定方法是：准确称取色谱纯（或已知准确含量）的被测组分和基准物质（TCD 常用苯，FID 常用正庚烷），配制成已知准确浓度的测试样品。在一定色谱操作条件下，取一定体积的样品进样，准确测量所得组分和基准物质的峰面积，根据下式即可计算出组分的相对校正因子。

$$f_i' = \frac{f_i}{f_s} = \frac{m_i A_s}{m_s A_i}$$

（二）定量方法

色谱法中常用的定量方法有归一化法、内标法、标准曲线法和标准加入法，下面是具体的计算案例及相关方法。

1. 归一化法

［例 4-1］　有一含四种物质的样品，现用 GC 测定其含量，实验步骤如下：

（1）校正因子的测定　准确配制苯（基准物）与组分甲、乙、丙、丁的纯品混合溶液，其质量（g）分别为 0.594、0.653、0.879、0.923 及 0.985，吸取混合液 0.2μL，进样三次，测得平均峰面积分别为 121、165、194、265 及 181。

（2）样品中各组分含量的测定在相同实验条件下，取该样品 0.2μL，进样三次，测得组分甲、乙、丙、丁的平均峰面积分别是 172、185、219 及 192。

试计算（1）各组分的相对质量校正因子；

（2）各组分的质量分数。

解：（1）根据相对校正因子计算公式：$f'_i = \dfrac{m_i A_s}{m_s A_i}$

即 $f'_{i(甲)} = \dfrac{0.653 \times 121}{0.594 \times 165} = 0.806$

同理，$f'_{i(乙)} = 0.923$，$f'_{i(丙)} = 0.710$，$f'_{i(丁)} = 1.11$

（2）根据公式：$w_i = \dfrac{f'_i A_i}{\sum\limits_{i=1}^{n} f'_i A_i} \times 100\%$

则

$$w_甲 = \frac{f'_甲 A_甲}{\sum\limits_{i=1}^{n} f'_i A_i} \times 100\% = \frac{0.806 \times 172}{0.806 \times 172 + 0.923 \times 185 + 0.710 \times 219 + 1.11 \times 192} \times 100\%$$

$$= 20.4\%$$

同理，$w_乙 = 25.2\%$，$w_丙 = 22.9\%$，$w_丁 = 31.4\%$

［例 4-2］ 用归一化法分析苯、甲苯、乙苯和二甲苯混合物中各组分的含量，在一定色谱条件下测得各组分的峰高及峰高校正因子见下表。试计算试样中各组分的含量。

组分	苯	甲苯	乙苯	二甲苯
h/mm	103.8	119.0	66.8	44.0
峰高校正因子 f_i	1.00	1.99	4.16	5.21

解：根据峰高归一化法定量公式

$$w_i = \frac{h_i f_i}{\sum\limits_{i=1}^{n} h_i f_i}$$

$$w_苯 = \frac{103.8 \times 1.00}{103.8 \times 1.00 + 119.0 \times 1.99 + 66.8 \times 4.16 + 44.0 \times 5.21}$$

$$= \frac{103.8}{848} = 12.2\%$$

$$w_{甲苯} = \frac{119.0 \times 1.99}{848} = 27.9\%$$

$$w_{乙苯} = \frac{66.8 \times 4.16}{848} = 32.8\%$$

$$w_{二甲苯} = \frac{44.0 \times 5.21}{848} = 27.0\%$$

归一化法的优点是简便、准确，进样量、流速、柱温等条件的变化对定量结果的影响很小；其不足是校正因子的测定比较麻烦，同时要求样品中各个组分能完全分离且均能在检测器上产生响应信号。

2. 内标法

[例 4-3] 测定二甲苯氧化母液中二甲苯的含量时，由于母液中除二甲苯外，还有溶剂和少量甲苯、甲酸，在分析二甲苯的色谱条件下不能流出色谱柱，所以常用内标法进行测定。以正壬烷作内标物，称取试样 1.528g，加入内标物 0.147g。测得色谱数据如下表所示：

组分	正壬烷	乙苯	对二甲苯	间二甲苯	邻二甲苯
f'_i	1.14	1.09	1.12	1.08	1.10
A/cm^2	90	70	95	120	80

计算母液中乙苯和二甲苯各异构体的质量分数。

解：根据公式 $w_i = \dfrac{m_s f'_i A_i}{m_{试样} f'_s A_s}$

则 $w_{乙苯} = \dfrac{0.147 \times 1.09 \times 70}{1.528 \times 1.14 \times 90} = 7.2\%$

同理，$w_{对二甲苯} = 9.98\%$，$w_{间二甲苯} = 12.2\%$，$w_{邻二甲苯} = 8.3\%$

内标法的关键是选择合适的内标物。选择内标物的要求是：①内标物应是试样中不存在的纯物质；②内标物的性质应与待测组分性质相近，以使内标物的色谱峰与待测组分色谱峰靠近并与之完全分离；③内标物与样品应完全互溶，但不能发生化学反应；④内标物的加入量应接近待测组分含量。

内标法的优点是：可消除进样量、操作条件的微小变化所引起的误差，定量较准确。其缺点是：选择合适的内标物比较困难，每次分析均要准确称量试样与内标物的质量，不宜做快速分析。在不知校正因子时，还可采用内标对比法来进行定量。

3. 标准曲线法

标准曲线法又称外标法，是一种简便、快速的定量方法。先用纯物质配制不同浓度的标准系列溶液；在一定的色谱操作条件下，等体积准确进样，测量各峰的峰面积或峰高，绘制峰面积或峰高对浓度的标准曲线（其斜率即为绝对校正因子）；然后在完全相同的色谱操作条件下将试样等体积进样分析，测量其色谱峰峰面积或峰高，在标准曲线上查出样品中该组分的浓度。

也可直接用单点校正法（直接比较法）进行定量。方法是：先配制一个和待测组分含量相近的已知浓度的标准溶液，然后在相同色谱操作条件下，分别对待测样品和标准溶液等体积进样分析，分别得到待测样品和标准样品目标组分的峰面积或峰高，通过下式进行计算：

$$w_i = \frac{w_s}{A_s} A_i, \quad w_i = \frac{w_s}{h_s} h_i$$

显然，当方法存在系统误差时（即标准工作曲线不通过原点），单点校正法的误差比标准曲线法要大得多。标准曲线法特别适合大量样品的分析，其优点是：可直接从标准工作曲线上读出含量；其不足是：每次样品分析的色谱条件（如检测器的响应性能、柱温、流动相流速及组成、进样量、柱效等）很难完全相同，待测组分与标准样品基体上存在差异，容易出现较大误差。

4. 标准加入法

标准加入法实质上是一种以待测组分的纯物质为内标物的内标法。操作方法是：称取质量为 m 的待测组分 i 的纯物质（体积为 V），将其加入待测样品溶液（其质量为 $m_{试样}$，体积为 $V_{试样}$；要求 $m_{试样} \gg m$，$V_{试样} \gg V$）中，测定增加纯物质前后组分 i 峰面积（或峰高）的增量，按下式计算组分 i 的质量分数：

$$w_i = \frac{\Delta w_i}{\dfrac{A_i'}{A_i} - 1} = \frac{m}{m_{试样}\left(\dfrac{A_i'}{A_i} - 1\right)}, \quad w_i = \frac{m}{m_{试样}\left(\dfrac{h_i'}{h_i} - 1\right)}$$

式中，A_i、A_i' 分别为增加纯物质前后组分 i 的峰面积；h_i、h_i' 分别为增加纯物质前后组分 i 的峰高。

标准加入法的优点是：以待测组分的纯物质作内标物，操作简单；其缺点是：色谱操作条件的微小变化会影响测定结果的准确度，增加纯物质前后两次进样量须保持一致。

第五节　了解气相色谱法的应用实例

气相色谱法广泛用于石油化工、高分子材料、药物分析、食品分析、农药分析、环境保护等领域。下面以几个简单的实例来说明气相色谱的广泛应用。

一、石油化工产品的 GC 分析

石油产品包括各种气态烃类物质、汽油与柴油、重油与蜡等，早期气相色谱的目的之一便是快速有效地分析石油产品。图 4-27 显示了用 Al_2O_3/KCl PLOT 柱分离分析 C1～C5 烃的色谱图。

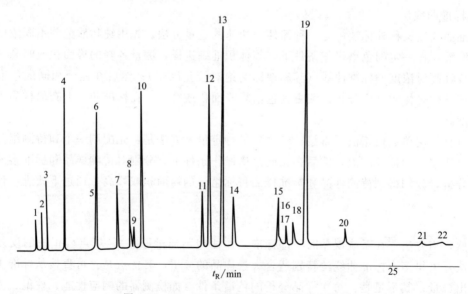

图 4-27　C1～C5 烃类物质的分离分析色谱图

1—甲烷；2—乙烷；3—乙烯；4—丙烷；5—环丙烷；6—丙烯；7—乙炔；8—异丁烷；9—丙二烯；10—正丁烷；
11—反-2-丁烯；12—1-丁烯；13—异丁烯；14—顺-2-丁烯；15—异戊烷；16—1,2-丁二烯；17—丙炔；
18—正戊烷；19—1,3-丁二烯；20—3-甲基-1-丁烯；21—乙烯基乙炔；22—乙基乙炔

色谱柱：Al_2O_3/KCl PLOT 柱，$50m \times 0.32mm$，$d_f = 5.0\mu m$

载气：N_2，$\bar{u} = 26cm/s$；气化室温度：250℃；柱温：70℃→200℃，3℃/min

检测器：FID；检测器温度：250℃

二、气相色谱在食品分析中的应用

食品分析可分为三个方面：一是添加剂，如对乳化剂、营养补剂、防腐剂等的分析；二是食品组成，如对水溶性类、糖类、类脂类等样品的分析；三是污染物，如对生产和包装中污染物、农药的分析。目前对食品的组成分析居多，其中酒类与其他饮料、油脂和蔬菜瓜果是重点分析对象。图 4-28 显示了牛奶中有机氯农药的分离分析色谱图。

三、气相色谱在环境分析中的应用

气相色谱法在环境保护方面也有广泛的应用，例如，室内空气质量的检测、大气中有害污染物的监测、水质和土壤污染物的分析，图 4-29 显示了水溶剂中常见有机溶剂的分离分析色谱图。

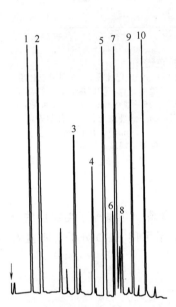

图 4-28　牛奶中有机氯农药的分离分析色谱图

1—六氯苯；2—林丹；3—艾氏剂；4—环氧七氯；

5—p'—滴滴伊；6—狄氏剂；7—p,p'—滴滴伊；

8—异艾氏剂；9—o,p'—滴滴涕；10—p,p'—滴滴涕

色谱柱：SE-52，25m×0.32mm，d_f=0.15μm

柱温：40℃（1min）$\xrightarrow{20℃/min}$ 140℃ $\xrightarrow{3℃/min}$ 220℃

载气：H_2，2mL/min；检测器：ECD

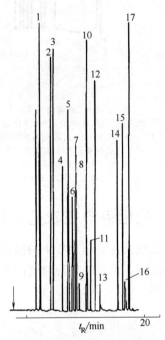

图 4-29　水溶剂中常见有机溶剂的分离分析色谱图

1—乙腈；2—甲基乙基酮；3—仲丁醇；4—1,2-二氯乙烷；

5—苯；6—1,1-二氯丙烷；7—1,2-二氯丙烷；

8—2,3-二氯丙烷；9—氯甲代氧丙环；10—甲基异

丁基酮；11—反-1,3 二氯丙烯；12—甲苯；13—未定；

14—对二甲苯；15—1,2,3-三氯丙烷；

16—2,3-二氯取代的醇；17—乙基戊基酮

色谱柱：CP-Sil5CB，25m×0.32mm

柱温：35℃（3min）→220℃，10℃/min

载气：H_2；检测器：FID

四、气相色谱在药物分析中的应用

许多中西药物能够直接利用气相色谱法进行分析，其中主要有兴奋剂、抗生素、磺胺类药、镇静药、镇痛药以及中药中常见的萜烯类化合物等。图 4-30 显示了镇静药的分离分析色谱图。

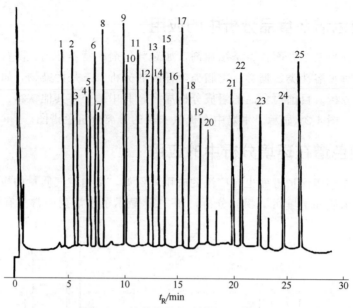

图 4-30　镇静药物的分离分析色谱图

1—巴比妥；2—二丙烯巴比妥；3—阿普比妥；4—异戊巴比妥；5—戊巴比妥；6—司可巴比妥；
7—眠尔通；8—导眠能；9—苯巴比妥；10—环巴比妥；11—美道明；12—安眠酮；13—丙米嗪；
14—异丙嗪；15—丙基解痉素（内标）；16—舒宁；17—安定；18—氯内嗪；19—3-羟基安定；
20—三氟拉嗪；21—氟安定；22—硝基安定；23—利眠宁；24—三唑安定；25—佳静安定
色谱柱：SE-54，22m×0.24mm；柱温：120℃→250℃（15min），10℃/min
载气：H_2；检测器：FID；气化室温度：280℃；检测器温度：280℃

五、气相色谱在农药分析中的应用

气相色谱法在农药分析中的应用主要是指对含氯、含磷、含氮等三类农药的分析。使用选择性检测器，可直接进行农药的痕量分析。图 4-31 显示了用 ECD 分析有机氯农药的分离分析色谱图。

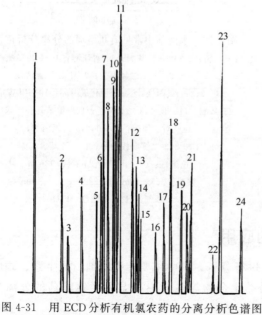

1—氯丹；2—七氯；

3—艾氏剂；4—碳氯灵；

5—氧化氯丹；6—光七氯；

7—光六氯；8—七氯环氧化合物；

9—反氯丹；10—反九氯；

11—顺氯丹；12—狄氏剂；

13—异狄氏剂；14—二氢灭蚁灵；

15—p,p'-滴滴伊；16—氢代灭蚁灵；

17—开蓬；18—光艾氏剂；

19—p,p'-滴滴涕；20—灭蚁灵；

21—异狄氏剂醛；22—异狄氏剂酮；

23—甲氧滴滴涕；24—光狄氏剂

色谱柱：OV-101，20m×0.24mm

柱温：80℃→250℃，4℃/min

检测器：ECD

图 4-31　用 ECD 分析有机氯农药的分离分析色谱图

第六节　气相色谱分析实训

一、乙醇中少量水分的检测——外标法定量

（一）健康安全和环保

乙醇易挥发，易燃，在通风橱内使用；氢气，易燃易爆，防止泄漏。

（二）实训目的

（1）用气相色谱法测定乙醇中少量水。

（2）学习和掌握气相色谱仪及热导检测器操作技术。

（3）学会用外标法进行气谱定量分析。

（三）原理

以 GDX-102 为固定相，外标法测定乙醇中微量水。图 4-32 是外标法测定乙醇中水分含量的色谱图。

（四）仪器与试剂

带橡胶帽小试剂瓶（5mL）5 个；乙醇（GC 级或分析纯）；蒸馏水；气相色谱仪；热导检测器；微量注射器 10μL 1 支；吸量管 5mL 1 支；载气：H_2；色谱柱：内径 4mm，长 2m 不锈钢柱；固定相：GDX-102（60～80 目）。

（五）操作条件

检测室温度 140℃；柱温 100℃；气化室温度 140℃。

（六）仪器操作步骤

（1）首先开通载气：把 H_2 高压气瓶的减压阀手柄左旋放松，旋开高压气瓶总阀，再右旋减压阀手柄，将输出压力调到 0.3MPa，然后调节载气流路上稳流阀，载气流速调节至 40mL/min。

（2）打开电源开关。

（3）设定柱室、气化室及热导检测器温度：设定气化室温度为 140℃，设定热导检测器温度为 140℃，设定柱室温度为 100℃。温度设定后，启动加热。

（4）待柱箱恒温后（恒温灯亮），设定桥流为 100mV，打开计算机中的 N2000 色谱工作站，查看基线。待基线稳定后进行分析。

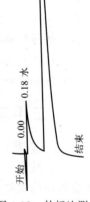

图 4-32　外标法测定乙醇中水的含量

（七）关机

分析完成后，先关加热电源开关，必须等到柱温降至接近室温时再关闭钢瓶总阀，待气路中压力很小后，放松载气减压阀、稳压阀。

清理试验台面，填写仪器使用记录。

（八）样品测定步骤

1. 标准曲线的绘制

分别配制水的标准溶液系列。取 5 个 5mL 带橡胶帽小试剂瓶，按下表配制，用吸量管量取溶液。

序号	1	2	3	4	5
含 4%水的乙醇溶液/mL	0.5	1.0	2.0	3.0	4.0
乙醇/mL	3.5	3.0	2.0	1.0	0

2. 气相色谱分析

在相同条件下，依次从试剂瓶中吸取 $1\mu L$ 标准系列溶液注入色谱仪进行测定，测得各标准系列溶液的色谱图，记录各图中水峰的峰面积（以 mm^2 为单位），并以峰面积为纵坐标、水的含量为横坐标，绘制出峰面积与含水量的标准曲线。

3. 待测样品的分析

在相同的条件下吸取待测试样 $1\mu L$ 进样，得到色谱图，由色谱图得到水峰的面积，然后从标准曲线上查出待测样中水的含量。

分析样品	标准溶液					待测样品
	1	2	3	4	5	
含水量	0.5	1.0	2.0	3.0	4.0	
峰面积/mm²						

（九）写出实训报告

实训报告中应包含安全健康与环保、原理、操作过程和对结果的评价。

（十）热导检测器使用注意事项

（1）开启仪器时应先开通载气 5～10min，将气路中的空气赶走，再开通电源。防止铼钨丝氧化。未通载气时，严禁加载桥流，否则会烧坏铼钨丝。

（2）停机时，应先关电源，待柱温降至室温时再关闭载气。

（3）在灵敏度足够的情况下，应使用较低的桥电流，以提高仪器稳定性，增加 TCD 使用寿命。

（十一）思考题

（1）热导检测器的工作原理是什么？

（2）什么叫外标法？外标法在什么情况下适用？

（3）影响外标法定量准确度的主要因素有哪些？

二、二甲苯混合物分析——归一化定量法

（一）健康安全和环保

乙苯，易燃，其蒸气与空气可形成爆炸性混合物。遇明火、高热或与氧化剂接触，有引起燃烧爆炸的危险。对人体有致癌作用。二甲苯，有毒，具刺激性气味、易燃。氢气，易燃易爆，防止泄漏。实验环境注意通风系统的使用。

（二）实训目的

（1）掌握火焰离子化检测器使用方法。

（2）了解保留时间及峰面积的概念、测定方法及其应用。

（3）掌握面积归一化定量方法。

（三）原理

工业二甲苯是乙苯、对二甲苯、间二甲苯、邻二甲苯的混合物，沸点分别为 136.2℃、138.4℃、139.1℃、144.1℃，性质极为相似，采用有机皂土-34 和邻苯二甲酸二壬酯混合固定液，混二甲苯中的各组分可得到很好的分离，它们按沸点由低至高的顺序由柱中流出。

图 4-33 为工业二甲苯气相色谱图。

面积归一化法定量原理如下：

如果试样中有 n 个组分，各组分的质量分别为 m_1，m_2，$\cdots$，m_n，在一定条件下测得各组分峰面积分别为 A_1，A_2，$\cdots$，A_n，各组分相对质量校正因子分别为 f_1，f_2，$\cdots$，f_n，则组分 i 的质量分数为：

$$w_i = \frac{m_i}{m} = \frac{m_i}{m_1 + m_2 + \cdots + m_n}$$

$$= \frac{f'_i A_i}{f'_1 A_1 + f'_2 A_2 + \cdots + f'_n A_n} = \frac{f'_i A_i}{\sum\limits_{i=1}^{n} f'_i A_i}$$

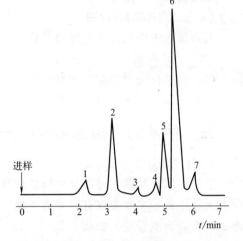

图 4-33　工业二甲苯气相色谱图

1,2,3—甲苯及烷烃杂质；4—乙苯；5—对二甲苯；6—间二甲苯；7—邻二甲苯

（四）仪器与试剂

气相色谱仪，火焰离子化检测器；色谱柱：有机皂土-34：邻苯二甲酸二壬酯：6201 红色载体（80～100）＝2.5：2.0：100；柱长 2m，内径 3mm；微量注射器 $1\mu L$；对二甲苯（色谱纯）；邻二甲苯（色谱纯）；间二甲苯（色谱纯）；样品：混合二甲苯。

（五）操作步骤

1. 色谱仪的启动

首先开启载气然后接通电源，设定柱温、进样器及检测器的温度，调节载气流量，待仪器稳定后方可进样。

本实验柱温 85℃，载气（N_2）流量 30～40mL/min。

打开空气压缩机开关，调节流量为 300～400mL/min，设置检测器温度 110℃。待检测器温度升至 110℃时，打开氢气钢瓶，将流量调至 70mL/min 左右，点火（氢火焰点燃可观察到基线有很大的变动或可听到"啪"的声响）。

氢火焰点燃后，将氢气流量降至 40mL/min。

2. 进样分析

吸取 $0.5\mu L$ 样品注入进样器，记录各色谱峰的保留时间，待组分完全流出后重复 1 次。用二甲苯异构体的标准样品进样，依据保留时间确定混合二甲苯中各色谱峰所代表的组分。

如果峰信号超出量程以外，可减少进样量、降低灵敏度或者增加衰减比。

（六）关机

关闭温度控制开关；待柱温降至室温后关闭气相色谱仪总电源开关、关闭载气。

清理实验台面，填写仪器使用记录。

（七）数据处理

设定色谱工作站显示各色谱峰的峰面积，设定色谱工作站定量测定方法，得到各组分质量分数。N2000 色谱工作站中不能输入各组分相对质量校正因子，可用各组分面积分数近似替代相对含量。

如果需要精确计算各组分质量分数，可根据工作站显示各色谱峰的峰面积及文献中查阅的相对质量校正因子值，通过人工计算得到各组分质量分数。

通过色谱工作站打印报告或手写实训报告。

（八）写出实训报告

实训报告中应包含安全健康与环保、原理、操作过程和对结果的评价。

（九）思考题

(1) 归一化法对进样量的准确性有无严格要求？

(2) 什么情况下可以采用峰高归一化法？如何计算？

三、甲苯的气相色谱分析——内标法定量

（一）健康安全和环保

甲苯、苯，其蒸气与空气可形成爆炸性混合物。高浓度苯对中枢神经系统有麻醉作用，引起急性中毒，主要表现有：轻者头痛、头晕、恶心、呕吐、轻度兴奋、步态蹒跚等酒醉状态；严重者发生昏迷、抽搐、血压下降，以致呼吸和循环衰竭。甲苯对皮肤、黏膜有刺激性，对中枢神经系统有麻醉作用。短时间内吸入较高浓度可出现眼及上呼吸道明显的刺激症状、眼结膜及咽部充血、头晕、头痛、恶心、呕吐、胸闷、四肢无力、步态蹒跚、意识模糊。重症者可有躁动、抽搐、昏迷等症状。

火焰离子化检测器所用燃气是氢气，易燃易爆，防止泄漏；燃烧时温度高，防止烫伤。各种电器使用过程中防止漏电触电。

实验过程做好个人防护，实验环境注意通风系统的使用。

（二）实验目的

① 进一步熟练掌握气相色谱法的进样操作。

② 能用内标法对试样中待测组分进行定性定量测定。

③ 进一步熟练掌握 FID 的基本操作。

（三）实验原理

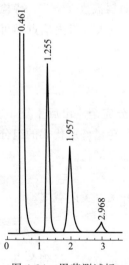

图 4-34　甲苯测试标
样分离色谱图

0.461—正己烷（溶剂）；

1.255—苯（内标）；1.957—甲

苯；2.968—杂质

邻苯二甲酸二壬酯是中等极性的固定液，在一定的色谱操作条件下可对一些简单的苯系化合物进行完全分离（其分离色谱图如图 4-34 所示）。

（四）仪器与试剂

(1) 气相色谱仪、火焰离子化检测器、气体高压钢瓶（N_2、H_2 与空气，其中空气高压钢瓶及氢气高压钢瓶可用气体发生器替代）、气体净化器、填充色谱柱（DNP，$2m \times 3mm$，100～120 目）、色谱工作站、样品瓶、电子天平、微量注射器（$1\mu L$）。

(2) 苯（GC 级）、甲苯（GC 级）、甲苯试样（C.P. 级或自制）、正己烷（AR）、蒸馏水。

（五）实验内容与操作步骤

1. 准备工作

(1) 配制标准溶液。取一个干燥洁净的样品瓶，加入 3mL 正己烷。加入 $100\mu L$ 甲苯（GC 级），准确称其质量，记为 m_{s1}；加入 $100\mu L$ 苯（GC 级，内标物）准确称其质量，记为 m_{s2}。摇匀备用。

(2) 配制测试溶液。另取一个干燥洁净的样品瓶，加入 3mL

正己烷。加入 $100\mu L$ 所测甲苯试样，准确称其质量，记为 $m_{样}$；加入 $100\mu L$ 苯（GC级，内标物），准确称其质量，记为 m_{s3}。摇匀备用。

2. 气相色谱仪的开机及参数设置

(1) 打开载气（N_2）钢瓶总阀，调节输出压力为 0.4MPa。

(2) 打开载气净化气开关，调节载气合适柱前压，如 0.14MPa，稳流阀控制为 4.4 圈，控制载气流量为约 35mL/min。

(3) 打开气相色谱仪电源开关。

注意：气相色谱仪柱箱内预装 DNP 填充柱（DNP，$2m\times3mm$，100～120 目），先完成老化操作（老化温度不能超过 DNP 色谱柱的最高使用温度 140℃）。

(4) 设置柱温为 85℃、气化室温度为 160℃和检测器温度为 140℃。

3. 火焰离子化检测器的基本操作

(1) 待柱温、气化室温度和检测器温度达到设定值并稳定后，打开空气钢瓶或空气发生器，调节输出压力为 0.4MPa；打开氢气钢瓶（或氢气发生器），调节输出压力为 0.2MPa。

(2) 打开空气净化器开关，调节空气稳流阀为 5.0 圈，控制其流量为约 200mL/min。

(3) 打开氢气净化器开关，调节氢气稳流阀为 4.5 圈，控制其流量为约 30mL/min。

(4) 点燃氢火焰。

(5) 让气相色谱仪走基线，待基线稳定。

4. 试样的定性定量分析

(1) 取两支 $10\mu L$ 微量注射器，以溶剂（如无水乙醇）清洗完毕后，备用。

(2) 打开色谱工作站（如 N2000），观察基线是否稳定。

(3) 基线稳定后，将其中一支微量注射器用甲苯测试标样润洗后，准确吸取 $1\mu L$ 该标样按规范进样，启动色谱工作站，绘制色谱图，完毕后停止数据采集。

(4) 按相同方法再测定 2 次甲苯测试标样与 3 次甲苯测试试样，记录各主要色谱峰的峰面积。

(5) 在相同色谱操作条件下分别以苯、甲苯（GC级）标样（用正己烷稀释至适当浓度）进样分析，以各标样出峰时间（即保留时间）确定甲苯测试标样与甲苯测试试样中各色谱峰所代表的组分名称。

注意：实验时注意观察测试试样中苯（内标物）、甲苯、乙苯（主要杂质）的出峰顺序，总结其出峰规律。

5. 结束工作

(1) 实验完毕后先关闭氢气钢瓶总阀，待压力表回零后，关闭仪器上氢气稳压阀，关闭氢气净化器开关。

(2) 关闭空气钢瓶总阀，待压力表回零后，关闭仪器上空气稳压阀，关闭空气净化器开关。

(3) 设置气化室温度，柱温在室温以上约 10℃，检测室温度为 120℃。

(4) 待柱温达到设定值时关闭气相色谱仪电源开关。

(5) 关闭载气钢瓶和减压阀，关闭载气净化器开关。

(6) 清理台面，填写仪器使用记录。

(六) 注意事项

(1) 微量注射器使用前应先用环己烷抽洗 15 次左右，然后再用所要分析的样品抽洗 15

次左右。

（2）在完成定性操作时，要注意进样与色谱工作站采集数据在时间上的一致性。

（3）氢气是一种危险气体，使用过程中一定要按要求操作，而且色谱实验室一定要有良好的通风设备。

（4）实训过程中防止高温烫伤。

（七）数据处理

（1）记录色谱操作条件。

（2）对每一次进样分析的色谱图进行适当优化处理。

（3）记录优化后的色谱图上显示出的峰面积等数值。

（4）数据处理。

① 相对校正因子的计算。对甲苯测试标样所绘制色谱图，按以下公式计算甲苯的相对校正因子 f_i。

$$f'_i = \frac{f_i}{f_s} = \frac{m_{s1} A_{s(苯)}}{A_{i(甲苯)} m_{s2}} （以苯为基准物质）$$

② 市售甲苯试剂纯度的计算。对甲苯试样所绘制色谱图，按以下公式计算甲苯试剂中甲苯的质量分数（%），并计算其平均值与相对平均偏差（%）。

$$w_i = f'_i \times \frac{m_{s3} \times A_{i(甲苯)}}{m_{样} \times A_{s(苯)}}$$

（八）写出实训报告

实训报告中应包含安全健康与环保、原理、操作过程和对结果的评价。

（九）思考题

（1）内标法定量有哪些优点？方法的关键是什么？

（2）本次分析采用峰高或峰面积进行定量分析哪一个更合适，为什么？

四、程序升温毛细管色谱法分析白酒中微量成分的含量

（一）健康安全和环保

氢气，易燃易爆，防止泄漏。白酒易挥发，有一定刺激性，在通风橱内使用。对照品〔乙醛、甲醇、乙酸乙酯、正丙醇、仲丁醇、乙缩醛、异丁醇、正丁醇、丁酸乙酯、醋酸正丁酯（内标）、异戊醇、戊酸乙酯、乳酸乙酯、己酸乙酯〕有一定刺激性及毒性，在通风橱内使用。

（二）实训目的

（1）掌握程序升温的操作方法。

（2）了解毛细管柱的功能、操作方法与应用。

（3）掌握内标法定量分析方法。

（三）原理

当被测样品组分非常多，沸程很宽的时候，如果使用同一柱温进行分离，分离效果往往很差。因为相对于低沸点的组分，柱温相对太高，组分很快流出色谱柱，色谱峰重叠在一起不易分开；相对于高沸点的组分，则因为柱温相对太低，组分很晚流出色谱柱，组分的保留时间太长、峰形很差，给分析工作带来困难。因此，对于宽沸程多组分的混合物样品，必须采用程序升温来代替等温操作。

程序升温是气相色谱分析中一项常用而且十分重要的技术。程序升温的方式可分为线性升温和非线性升温。根据分析任务的具体情况，可通过实验来选择适宜的升温方式，以期达到理想的分离效果。

白酒主要成分的分析便是用程序升温来进行的，图 4-35 显示了程序升温毛细管柱色谱法分析白酒主要成分的分离色谱图。

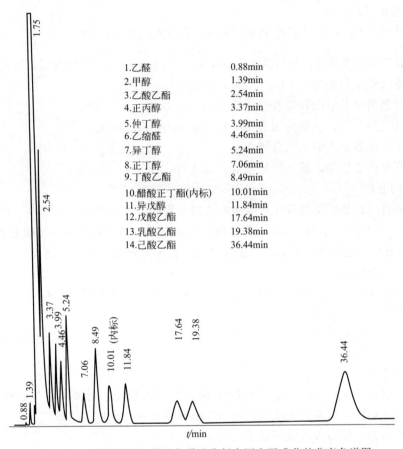

1.乙醛	0.88min
2.甲醇	1.39min
3.乙酸乙酯	2.54min
4.正丙醇	3.37min
5.仲丁醇	3.99min
6.乙缩醛	4.46min
7.异丁醇	5.24min
8.正丁醇	7.06min
9.丁酸乙酯	8.49min
10.醋酸正丁酯(内标)	10.01min
11.异戊醇	11.84min
12.戊酸乙酯	17.64min
13.乳酸乙酯	19.38min
14.己酸乙酯	36.44min

图 4-35　程序升温毛细管柱色谱法分析白酒主要成分的分离色谱图

（四）仪器与试剂

1. 仪器

气相色谱仪；交联石英毛细管柱（冠醚＋FFAP30mm×0.25mm）；微量注射器（1μL）。

2. 试剂

氢气、压缩空气、氮气；乙醛、甲醇、乙酸乙酯、正丙醇、仲丁醇、乙缩醛、异丁醇、正丁醇、丁酸乙酯、醋酸正丁酯（内标）、异戊醇、戊酸乙酯、乳酸乙酯、己酸乙酯（均为GC级）；市售白酒一瓶。

（五）操作步骤

1. 标样和试样的配制

（1）标样（1％～2％）的配制。分别吸取乙醛、甲醇、乙酸乙酯、正丙醇、仲丁醇、乙缩醛、异丁醇、正丁醇、丁酸乙酯、异戊醇、戊酸乙酯、乳酸乙酯、己酸乙酯各 2.00mL，用 60％乙醇（无甲醇）溶液定容至 100mL。

（2）（2％）醋酸正丁酯内标样的配制。吸取醋酸正丁酯 2mL，用上述乙醇定容至 100mL。

（3）混合标样（带内标）的配制。分别吸取标样 0.80mL 与内标样 0.40mL，混合后用上述 60％乙醇溶液配成 25mL 混合标样。

（4）白酒试样的配制。取白酒试样 10mL，加入 2％内标 0.40mL，混合均匀。

2. 气相色谱仪的开机

（1）通载气（N_2），调节流速 30mL/min；调分流比为 1∶100。

（2）设置柱温升温程序：初始温度为 50℃；50℃（6min）$\xrightarrow{4℃/min}$ 220℃；恒温在 220℃。

（3）设置气化室温度为 250℃。

（4）打开色谱仪总电源和温度控制开关。

（5）通氢气和空气，流量分别为 50mL/min 和 500mL/min。

（6）点火，检查氢火焰是否点燃。

（7）打开色谱工作站，输入测量参数、走基线。

3. 标样的分析

待基线平直后，依次用微量注射器吸取乙醛、甲醇、乙酸乙酯、正丙醇、仲丁醇、乙缩醛、异丁醇、正丁醇、丁酸乙酯、异戊醇、戊酸乙酯、乳酸乙酯、己酸乙酯标样溶液 0.2μL，进样分析，记录下样品名对应的文件名，打印出色谱图和分析结果。

4. 白酒试样的分析

（1）用微量注射器吸取混合标样 0.2μL，进样分析，记录下样品名对应的文件名，打印出色谱图和分析结果；重复两次。

（2）用微量注射器吸取白酒试样 0.2μL，进样分析，记录下样品名对应的文件名，打印出色谱图和分析结果；重复两次。

5. 结束工作

实验完成以后，在 220℃柱温下老化 2h 后，先关闭氢气，再关闭空气，然后关闭温度控制开关；待柱温降至室温后关闭气相色谱仪总电源开关；最后关闭载气。

清理实验台面，填写仪器使用记录。

（六）注意事项

（1）毛细管柱易碎，安装时要特别小心。

（2）不同型号的色谱柱，其色谱操作条件有所不同，应视具体情况而定。

（3）进样量不宜太大。

（七）数据处理

1. 定性

测定酒样中各组分的保留时间，求出相对保留时间值，即各组分与标准物（异戊醇）的保留时间的比值 $\gamma_{is} = t'_{R_i}/t'_{R_s}$，将酒样中各组分的相对保留值与标样的相对保留值进行比较定性。也可以采用在酒样中加入纯组分，使被测组分峰增大的方法来进一步证实和定性。

2. 求相对校正因子

相对校正因子计算公式为

$$f'_i = \frac{A_s m_i}{A_i m_s}$$

式中，A_i，A_s 分别为组分 i 和内标 s 的面积；m_i，m_s 分别为组分 i 和内标 s 的质量。

根据所测的实验数据计算出各个物质的相对校正因子。

3. 计算酒样中各物质的质量浓度

计算公式为

$$w_i = \frac{A_i}{A_s} \times \frac{m_s}{m_{\text{样}}} \times f'_i$$

式中，i 为酒样中各种物质；s 为内标物。

（八）写出实训报告

实训报告中应包含安全健康与环保、原理、操作过程和对结果的评价。

（九）思考题

（1）白酒分析时为什么用 FID，而不用 TCD？

（2）程序升温的起始温度如何设置？升温速率如何设置？

（3）实验完成以后，在 220℃柱温下老化 2h 的目的是什么？

项目总结

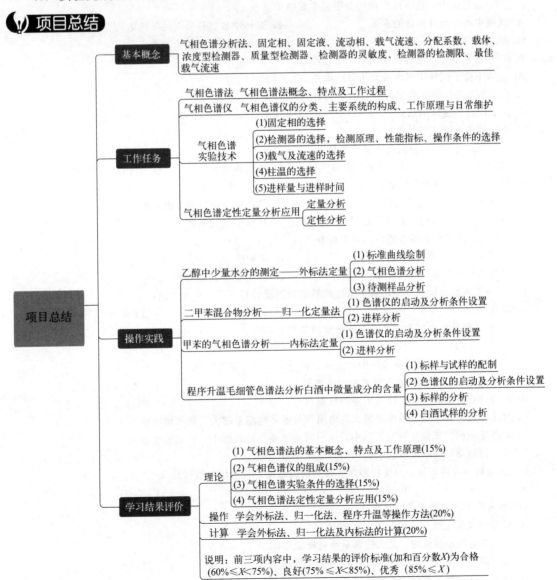

习题

1. 装在高压气瓶的出口，用来将高压气体调节到较小的压力的是（   ）。

A. 减压阀　　　　　　B. 稳压阀　　　　　　C. 针形阀　　　　　　D. 稳流阀

2. 既可用来调节载气流量，也可用来控制燃气和空气流量的是（   ）。

A. 减压阀　　　　　　B. 稳压阀　　　　　　C. 针形阀　　　　　　D. 稳流阀

3. 下列试剂中，一般不用于气体管路的清洗的是（   ）。

A. 甲醇　　　　　　　　　　　　　B. 丙酮

C. 5％氢氧化钠水溶液　　　　　　　D. 乙醚

4. 在气相色谱仪中，一般采用（   ）准确测定气体的流量。

A. 转子流量计　　　　B. 细缝流量计　　　　C. 容积流量计　　　　D. 皂膜流量计

5. 在气-液色谱中，色谱柱使用的上限温度取决于（   ）。

A. 试样中沸点最高组分的沸点　　　　　B. 试样中各组分沸点的平均值

C. 固定液的沸点　　　　　　　　　　　D. 固定液的最高使用温度

6. 在气-液色谱中，色谱柱使用的下限温度（   ）。

A. 应该不低于试样中沸点最低组分的沸点

B. 应该不低于试样中各组分沸点的平均值

C. 应该超过固定液的熔点

D. 不应该超过固定液的凝固点

7. 在毛细管色谱中，应用范围最广的柱是（   ）。

A. 玻璃柱　　　　　　B. 熔融石英玻璃柱　　C. 不锈钢柱　　　　　D. 聚四氟乙烯管柱

8. 下列（   ）情况发生后，应对色谱柱进行老化。（多选）

A. 每次安装了新的色谱柱后　　　　　　B. 色谱柱使用过程中出现鬼峰

C. 分析完一个样品后，准备分析其他样品之前　D. 更换了载气或燃气

9. 评价气相色谱检测器性能好坏的指标有（   ）。（多选）

A. 基线噪声与漂移　　　　　　　　　　B. 灵敏度与检测限

C. 检测器的线性范围　　　　　　　　　D. 检测器体积的大小

10. 下列气相色谱检测器中，属于浓度敏感型检测器的有（   ）。（多选）

A. TCD　　　　　　　B. FID　　　　　　　C. ECD　　　　　　　D. FPD

11. 下列气相色谱检测器中，属于质量敏感型检测器的有（   ）。（多选）

A. TCD　　　　　　　B. FID　　　　　　　C. ECD　　　　　　　D. FPD

12. 下列有关热导检测器的描述中，正确的是（   ）。（多选）

A. 热导检测器是典型的通用型浓度型检测器

B. 热导检测器是典型的选择型质量型检测器

C. 对热导检测器来说，桥电流增大，电阻丝与池体间温差越大，则灵敏度越大

D. 对热导检测器来说，桥电流减小，电阻丝与池体间温差越小，则灵敏度越大

E. 热导检测器的灵敏度取决于试样组分分子量的大小

13. 使用热导检测器时，为使检测器有较高的灵敏度，宜选用的载气是（   ）。

A. N_2　　　　　　　B. H_2　　　　　　　C. Ar　　　　　　　　D. N_2-H_2 混合气

14. 所谓检测器的线性范围是指（   ）。

A. 检测曲线呈直线部分的范围

B. 检测器响应呈线性时，最大的和最小进样量之比

C. 检测器响应呈线性时，最大的和最小进样量之差

D. 最大允许进样量与最小检测量之比

15. 测定以下各种样品时，宜选用何种检测器？

(1) 从野鸡肉的萃取液中分析痕量的含氯农药（　　　）；

(2) 测定有机溶剂中微量的水（　　　）；

(3) 啤酒中微量硫化物（　　　）；

(4) 白酒中的微量酯类物质（　　　）。

A. TCD　　　　　　　　B. FID　　　　　　　　C. ECD　　　　　　　　D. FPD

16. 使用气相色谱仪时，有下列步骤，正确的是哪个次序？（　　　）

(1) 打开桥电流开关；(2) 打开记录仪开关；(3) 通载气；(4) 升气化室温度，柱温，检测室温度；(5) 启动色谱仪开关。

A. (1)—(2)—(3)—(4)—(5)　　　　　　B. (2)—(3)—(4)—(5)—(1)

C. (3)—(5)—(4)—(1)—(2)　　　　　　D. (5)—(3)—(4)—(1)—(2)

E. (5)—(4)—(3)—(2)—(1)

17. 影响热导检测器灵敏度的最主要因素是（　　　）。

A. 载气的性质　　　　　　　　　　　B. 热敏元件的电阻值

C. 热导池的结构　　　　　　　　　　D. 热导池池体的温度

E. 桥电流

18. 适合于强极性物质和腐蚀性气体分析的载体是（　　　）。

A. 红色硅藻土载体　　　B. 白色硅藻土载体　　　C. 玻璃微球　　　　D. 氟载体

19. 固定液选择的基本原则是（　　　）。

A. 最大相似性原则　　　　　　　　　B. 同离子效应原则

C. 拉平效应原则　　　　　　　　　　D. 相似相溶性原则

20. 对于多组分样品的气相色谱分析一般宜采用程序升温的方式，其主要目的是（　　　）。（多选）

A. 使各组分都有较好的峰高　　　　　B. 缩短分析时间

C. 使各组分都有较好的分离度　　　　D. 延长色谱柱的使用寿命

21. 毛细管气相色谱分析时常采用"分流进样"操作，其主要原因是（　　　）。

A. 保证取样准确度　　　　　　　　　B. 防止污染检测器

C. 与色谱柱容量相适应　　　　　　　D. 保证样品完全气化

22. 在缺少待测物标准品时，可以使用文献保留值进行对比定性分析，操作时应注意（　　　）。（多选）

A. 一定要是本仪器测定的数据　　　　B. 一定要严格保证操作条件一致

C. 一定要保证进样准确　　　　　　　D. 保留值单位一定要一致

23. 为了提高气相色谱定性分析的准确度，常采用其他方法结合佐证，下列方法中不能提高定性分析准确度的是（　　　）。

A. 使用相对保留值作为定性分析依据

B. 使用待测组分的特征化学反应进行佐证

C. 与其他仪器联机分析（如 GC-MS）

D. 选择灵敏度高的专用检测器

24. 如果样品比较复杂，相邻两峰间距离太近或操作条件不易控制时，则准确测量保留值有一定困难，此时可采用（　　　）。（多选）

A. 相对保留值进行定性

B. 加入待测物的标准物质以增加峰高的方法进行定性

C. 文献保留值进行定性

D. 利用选择性检测器进行定性

25. 在法庭上涉及审定一个非法的药品，起诉表明该非法药品经气相色谱分析测得的保留时间，在相同条件下，刚好与已知非法药品的保留时间一致；辩护证明，有几个无毒的化合物与该非法药品具有相同的保留值。你认为用下列哪个鉴定方法为好？（　　　）

A. 用加入已知物以增加峰高的办法　　　B. 利用相对保留值进行定性

C. 用保留值的双柱法进行定性　　　　　　　　D. 利用文献保留指数进行定性

26. 气相色谱仪上使用的减压阀、稳压阀、针形阀、稳流阀分别起什么作用？

27. 试说明气路检漏的两种常用的方法。

28. 双柱双气路气相色谱仪与单柱单气路气相色谱仪相比各有什么特点？

29. 气-固色谱的固定相是_____；气液色谱的固定相是_____。

30. 在气-固色谱中，各组分的分离是基于组分在吸附剂上的_____和_____能力的不同；而在气-液色谱中，分离是基于各组分在固定液中_____和_____能力的不同。

31. 适合于用作气-液色谱的固定液应具备哪些性质？

32. 固定液选择的一般原则是什么？

33. 火焰离子化检测器与热导检测器各有什么特点？

34. 柱温高低对于组分分离有何影响？对于组分的保留时间有何影响？

35. 载气流速的快慢对于组分分离有何影响？对于组分的保留时间有何影响？

36. 对于进样速度有何要求？为什么？

37. 准确称取苯、正丙苯、正己烷、邻二甲苯四种纯化合物，配制成混合溶液，进行气相色谱分析，得到如下数据：

组分	苯	正丙苯	正己烷	邻二甲苯
$m/\mu g$	0.435	0.864	0.785	1.760
A/cm^2	3.96	7.48	8.02	15.0

计算正丙苯、正己烷、邻二甲苯三种化合物以苯为标准时的相对校正因子。

38. 某试样中含对、邻、间甲基苯甲酸及苯甲酸并且全部在色谱图上出峰，各组分相对质量校正因子和色谱图中测得的各峰面积积分值列于下表：

组分	苯甲酸	对甲基苯甲酸	邻甲基苯甲酸	间甲基苯甲酸
f'_i	1.20	1.50	1.30	1.40
A	375	110	60.0	75.0

用归一化法求出各组分的质量分数。

39. 用内标法测定环氧丙烷中的水分含量时，称取 0.0115g 甲醇（内标物），加到 2.2679g 样品中，测得水分与甲醇的色谱峰峰高分别为 148.8mm 和 172.3mm。水和甲醇的相对质量校正因子分别为 0.70 和 0.75，试计算环氧丙烷中水分的质量分数。

40. 用标准加入法测定丙酮中微量水时，先称取 2.6723g 丙酮试样于样品瓶中，接着又称取 0.0252g 纯水标样于该样品瓶中，混合均匀。在完全相同的条件下，分别吸取 $6.0\mu L$ 丙酮试样和 $6.0\mu L$ 加入纯水标样后的丙酮试样于气相色谱仪中进行分析测试，得到相应水峰的峰高分别为 145mm 与 587mm。求丙酮试样中水分的质量分数。

第五章
高效液相色谱技术

学习目标

知识目标：了解高效液相色谱仪的结构、主要部件性能，熟悉高效液相色谱技术所用固定相和流动相及选择原则，正相色谱、反相色谱的特点，掌握高效液相色谱技术的基本原理，定性、定量方法。

能力目标：掌握高效液相色谱仪正确开机、检测、关机，解决其过程中的问题。

素质目标：通过掌握高效液相色谱法，学会定性、定量分析方法，培养学生鉴别真伪、判断优劣的质量分析意识。通过对实验结果进行分析，培养学生数据处理能力，严谨的分析态度。

案例

高效液相色谱的应用研究快速发展

由于高效液相色谱法有分析速度快、分离效率高、检测灵敏度高、检测自动化、适用范围广等优点，高效液相色谱成为最为常用的分离和检测手段，在有机化学、生物化学、医学、药物学与检测、化工、食品科学、环境监测、商检和法检等方面都有广泛应用。另外，在高效液相色谱法的基础上不断发展，变性高效液相色谱法（DHPLC）随之兴起，广泛用于生物学、遗传学等领域。

第一节　了解高效液相色谱及其工作流程

一、高效液相色谱法定义

经典液相色谱技术是以液体为流动相的柱色谱分离分析方法。高效液相色谱法（HPLC）在经典液相色谱法基础上，引入了高效固定相、高压输液泵和高灵敏度检测器等新技术。其基本方法是用高压输液泵将流动相泵入装有固定相的色谱柱中，注入的试样被流动相带入柱内进行分离后，各组分依次进入检测器，然后用记录仪和数据处理装置记录数据并进行处理，最后进行定性定量分析。

二、高效液相色谱法的分类

高效液相色谱技术按固定相的聚集状态可分为液-液色谱技术（LLC）及液-固色谱技术（LSC）两大类。按照分离机理可分为分配色谱技术、吸附色谱技术、化学键合相色谱技术、离子交换色谱技术、分子排阻色谱技术、亲和色谱技术、胶束色谱技术等。其中以化学键合相色谱技术应用最为广泛。

化学键合相色谱技术是以液-液分配色谱为基础，将固定液官能团通过化学反应键合到载体表面制得化学键合相固定相，利用各组分分配系数的不同加以分离的色谱技术。根据固定相和流动相相对极性的大小分为正相键合相色谱技术和反相键合相色谱技术两种。

（一）反相键合相色谱技术

反相键合相色谱是由非极性固定相和极性流动相组成的色谱系统。固定相常采用十八烷基硅烷（ODS 或 C18）、辛烷基硅烷（C8）等，流动相多以水为基础溶剂，再加入一定量极性调节剂组成，如甲醇-水、乙腈-水等。可分离非极性至中等极性的有机物，其中极性大的组分先流出色谱柱，极性小的组分后流出。

（二）正相键合相色谱技术

正相键合相色谱的固定相极性比流动相极性强，固定相常用氰基与氨基化学键合相，流动相常用正已烷等烷烃加适量极性调节剂构成。可用于分离极性至中等极性的有机物。

三、高效液相色谱仪的工作流程

1. 高效液相色谱的分析流程

如图 5-1 所示，由泵将储液瓶中的溶剂吸入色谱系统，然后输出，经流量与压力测量之后，导入进样器。被测物由进样器注入，并随流动相通过色谱柱，在柱上进行分离后进入检测器，检测信号由数据处理设备采集与处理，并记录色谱图。废液流入废液瓶。遇到复杂的混合物分离（极性范围比较宽）还可用梯度控制器作梯度洗脱。这和气相色谱的程序升温类似，不同的是气相色谱改变温度，而 HPLC 改变的是流动相极性，使样品各组分在最佳条件下得以分离。

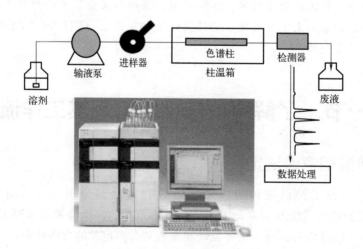

图 5-1　液相色谱简易流程图

2. 高效液相色谱的分离过程

同其他色谱过程一样，HPLC 也是溶质在固定相和流动相之间进行的一种连续多次交换过程。它借溶质在两相间分配系数、亲和力、吸附力或分子大小不同而引起的排阻作用的差别使不同溶质得以分离。开始样品加在柱头上，假设样品中含有 3 个组分，A、B 和 C，随流动相一起进入色谱柱，开始在固定相和流动相之间进行分配。分配系数小的组分 A 不易被固定相阻留，较早地流出色谱柱。分配系数大的组分 C 在固定相上滞留时间长，较晚流出色谱柱。组分 B 的分配系数介于 A、C 之间，第二个流出色谱柱。若一个含有多个组分的混合物进入系统，则混合物中各组分按其在两相间分配系数的不同先后流出色谱柱，达到分离之目的。

第二节　认识高效液相色谱仪器

高效液相色谱仪是实现液相色谱分析的装置。主要由高压输液系统、进样系统、分离系统、检测系统和数据记录及处理系统五大部分组成。其组成如图 5-2 所示。

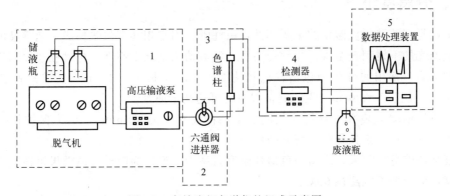

图 5-2　高效液相色谱仪的组成示意图

1—高压输液系统；2—进样系统；3—分离系统；4—检测系统；5—数据记录及处理系统

一、高压输液系统

高压输液系统包括储液瓶、脱气机、输液泵、梯度洗脱装置等。储液瓶用于存放流动相，容积一般为 0.5～2.0L，常用材料为玻璃和不锈钢；为防止流动相将气泡带入检测器而使基线噪声加剧，影响正常检测，流动相使用前应进行脱气处理。常用脱气方式有超声波脱气、真空脱气等。输液泵是高压输液系统的核心部件，要求流量稳定、输出压力高（一般 15～50MPa）、流量范围宽（一般 0.1～10mL/min）、密封性能好、耐腐蚀；泵工作时应防止任何固体微粒进入和储液瓶中流动相被完全用完。梯度洗脱装置可以连续或间断地改变两种或两种以上的溶剂的配比浓度，改变流动相的极性、pH 等，从而改善峰形、缩短分析时间、提高柱效。

二、进样系统

简易高效液相色谱仪配置有定量管的六通阀进样器，进样量准确、重复性好。如图 5-3

所示。

高级高效液相色谱仪带有自动进样装置，在程序控制下可自动完成取样、进样、清洗等一系列操作，工作人员只需将处理好的样品按顺序装入样品架即可，适合大批量样品的分析。

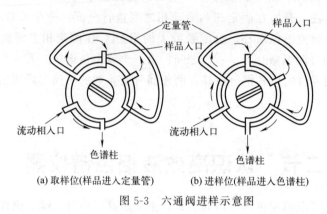

(a) 取样位(样品进入定量管)　　　(b) 进样位(样品进入色谱柱)

图 5-3　六通阀进样示意图

三、分离系统

色谱柱是高效液相色谱仪的重要部件，由柱管、固定相和密封垫构成。色谱柱的柱管通常为内壁抛光的不锈钢直型管，能承受高压，对流动相呈化学惰性。色谱柱按照用途分为分析型和制备型。常用的分析型色谱柱内径为 2～5mm，长 10～30cm；实验室制备柱内径 20～40mm，柱长 10～30cm，生产制备型内径可达几十厘米。

在分析柱前端常装有与分析柱相同固定相的短柱（5～20mm），称为保护柱，可以更换，主要起到保护、延长分析柱寿命的作用。

温度会影响分离效果，未指明色谱柱温度时系指室温。为改善分离效果可适当提高色谱柱的温度，但一般不宜超过 60℃。

四、检测系统

检测器将色谱柱分离后组分的浓度变化转化成电信号，输送给工作站进行数据处理。要求具备灵敏度高、响应快、线性范围宽、对流量和温度变化不敏感和重现性好的优点。目前应用较广泛的检测器有紫外检测器（UVD）、蒸发光散射检测器（ELSD）、荧光检测器（FD）、示差折光检测器（RID）、电化学检测器（ECD）。

紫外检测器（UVD）是当前高效液相色谱仪配置最多的检测器，主要用于检测有紫外吸收的样品。光学结构与一般的紫外分光光度计一致。适合大多数药物的质量分析。

紫外检测器采用低波长检测时，还应考虑有机溶剂的截止使用波长，并选用色谱级有机溶剂。反相色谱系统的流动相常用甲醇-水系统和乙腈-水系统，采用紫外末端波长检测时，宜选用乙腈-水系统。蒸发光散射检测器和质谱检测器不得使用含不挥发性盐的流动相。

五、数据记录及处理系统

高效液相色谱仪通常配有色谱工作站，通过微机控制，完成对检测信号的记录、处理。

第三节　掌握典型高效液相色谱仪开机与关机流程

典型高效液相色谱仪开机的基本操作是：打开仪器开关，开电脑，打开工作站，工作站会自动连接仪器。打开排气阀，手动或自动排气，排出气泡后，停止排气，关闭排气阀，设置泵比例、流速、波长等参数，运行仪器。

通常反相色谱柱是开机时先用甲醇-水冲洗色谱柱，然后冲洗流动相，平衡后进样分析。关机的时候冲洗色谱柱，然后用纯甲醇饱和色谱柱，这样才算是完成了实验。

一、开机顺序

① 检查溶剂托盘上的溶剂是否足量，以溶剂液面超过输液管过滤头 5cm 以上为宜。
② 检查输液管内部是否有气泡，若有，应及时通过排液阀排出。
③ 对溶剂（针对第①项看是否需要补充溶剂）和样品进行处理，过滤，脱气。
④ 打开主机电源，依次打开检测器，泵 A，泵 B，柱箱的电源。
⑤ 打开电脑，开启色谱工作站。
⑥ 先在工作站中开启活塞泵，用所需的流动相来平衡系统（约需 30min）。
⑦ 打开氘灯，等待系统基线走稳。
⑧ 开始进样检测。

二、关机顺序

关闭的时候先逐渐降低流速，流速降至 0 后，从工作站上关闭仪器，然后关闭工作站，关闭电脑，最后关闭仪器电源。

① 样品测定完毕，先关闭氘灯，减少损耗。
② 清洗系统和手动进样阀：根据所做样品不同，关机清洗的方式不一，具体方法如下：

a. 如果流动相是有机相，只包括甲醇、乙腈、异丙醇、水等，清洗时，只需用甲醇（100％）清洗 40～60min 即可关机。即将水相所对应的溶剂瓶更换为甲醇，将泵的比例调到 95％冲洗。

b. 如果流动相包含缓冲盐类，如：弱酸，弱碱（强酸碱绝对禁止注入本机！），乙酸，乙酸铵，三氟乙酸，磷酸，氨水，三乙胺，磷酸盐等。清洗时，需要用 95％水＋5％甲醇清洗 80～100min，再用甲醇（100％）清洗 40min 方可关机。即将放置缓冲盐的溶剂瓶换成水相，将泵的比率调到 95％，清洗 80～100min，再将水相的溶剂瓶换到甲醇，泵的比率不变，清洗 40min 方可关机。

c. 色谱柱清洗的时候，不推荐用纯水洗，加入 5％甲醇才能保证湿润，否则色谱柱的碳链会发生塌陷，破坏柱子。

d. 进样阀的清洗原则同上，只是在"Load"和"Inject"两挡都要用清洗液清洗两遍。进样阀严禁停留在"Load"和"Inject"中间。

e. 清洗的最终原则是在各条管道中都保存足够多的甲醇（最好都用 100％甲醇充满），以防霉变。因此在清洗的最后阶段，最好把各个输液瓶都换成甲醇再过一遍。

③ 清洗完毕后，在工作站中关闭恒流泵。

④ 然后依次关闭检测器，泵 A，泵 B，柱箱的电源。

⑤ 关闭工作站及电脑。

⑥ 盖好防尘罩。

⑦ 关闭稳压电源。

三、开关机前注意事项

① HPLC 系统中各部分是否开机正常。

② 溶剂瓶内溶剂是否新鲜且脱气。

③ 泵是否已初始化且工作正常。

④ 系统管路及电路是否连接正常。

⑤ 检测器是否通过自检且工作正常。

⑥ 溶剂的 pH 值是否合适。

⑦ 对温度敏感的检测器是否被阳光直射或被空调直吹。

⑧ 溶剂瓶是否被阳光直射。

⑨ 停机前是否将系统及柱子中的缓冲液置换干净。

⑩ 较长时间停机之前是否将柱子取下，且系统最后用甲醇冲洗过［系统不能长时间保存有缓冲液或四氢呋喃（THF）］。

⑪ 样品在流动相中是否具有良好的溶解度。

⑫ 所选用的过滤膜是否正确。

⑬ 若用手动进样器，所用的进样针是否正确。

四、切忌下列操作

① 示差折光检测器/荧光检测器的出口管路堵塞。

② 直接用甲醇置换缓冲液。

③ 样品会在流动相中产生沉淀。

④ 用水溶性滤膜过滤有机溶剂。

⑤ 溶剂，特别是缓冲液泄漏在仪器内部。

⑥ 流速变化率太大。

⑦ 高温使用下的柱子尚未降温就停泵。

⑧ 阳光直射溶剂瓶或检测器。

⑨ 空调直吹检测器。

⑩ THF 在不密封情况下长期存放。

第四节　高效液相色谱仪规范操作案例

知识链接

高效液相色谱的别称和技术应用

高效液相色谱法（HPLC）又称"高压液相色谱""高速液相色谱""高分离度液相色

谱""近代柱色谱"等。高效液相色谱是色谱法的一个重要分支，以液体为流动相，采用高压输液系统，将具有不同极性的单一溶剂或不同比例的混合溶剂、缓冲液等流动相泵入装有固定相的色谱柱，在柱内各成分被分离后，进入检测器进行检测，从而实现对试样的分析。该方法已成为化学、医学、工业、农学、商检和法检等学科领域中重要的分离分析技术应用。

一、高效液相色谱操作规程

以岛津仪器有限公司 LC-2010 型号为例。

（一）环境要求

室内温度应在 15～35℃之间，保持相对稳定；相对湿度 50％～70％；并保持良好的通风状态。

（二）开机准备

① 各储液罐装足本次试验所需溶剂或流动相。

② 检查溶剂冲洗罐装有足量的冲洗溶剂（甲醇）。

③ 根据实验要求装上适当的色谱柱。

④ 如果需要，在进样器上装上合适的样品环。

⑤ 检查是否有足量的记录纸，完成本次试验。

⑥ 检查废液罐是否足够收集系统排出的溶剂。

（三）操作步骤

（1）工作原理　用高压输液泵将具有不同极性的单一溶剂或不同比例的混合溶剂、缓冲液等流动相泵入装有固定相的色谱柱，经进样阀注入供试品，由流动相带入柱内，在柱内各成分被分离后，依次进入检测器，色谱信号由计算机记录及处理。

（2）操作基本要求

① 上机操作人员需具备色谱分析基础知识，认真阅读过本标准操作程序，并经上机前操作培训。

② 本机应处于正常状态，且在计量认证的有效期限内。

（四）操作规程

（1）启动系统

① 接通电源，开启主机和检测器电源后，打开计算机电源。

② 从 CLASS-VP 快捷图标打开 CLASS-VP 主菜单，在 Main Menu 窗口中双击 Instrument1 图标。当 LC-2010 发出蜂鸣声后，说明已建立计算机之间的连接。

③ 在 Main Menu 窗口中双击 Offline Processing 图标，双击 Instrument1，打开仪器进行脱机处理。

（2）选择分析方法　适用于所需方法不是当前方法，且该方法存储于计算机中。

在 LC Setup Assistant 窗口中单击 Method 的开启图标，选择存储于计算机中的所需方法，按 Download 图标，将该方法下载到 LC-2010 的主机上，下载完成出现一个确认消息窗口，单击 OK。

（3）建立分析方法　适用于所需方法不是当前方法，且该方法未存储于计算机中。

在 LC Setup Assistant 窗口中单击柱温、泵和检测器的图标，来配置 LC 参数。使用时钟图标输入时间程序命令。通过修改现存方法的有关参数来实现。

① 单击柱温图标，选择 0（室温）或具体温度来设置柱温。

② 单击泵图标，检查或修改流动相淋洗步骤，流动相平衡时间，流速，流动相配比以及淋洗方式等。

③ 单击检测器图标，检查或修改紫外检测器和/或二极管阵列检测器的参数设置。

④ 单击时钟图标输入时间程序命令，如方法运行和数据采集时间。

（4）平衡系统

① 在 Direct Control 工具栏上单击 InstrumentON/OFF。

② 激活 LC-2010 控制器，将 LC-2010 中的液体流量和色谱柱温调整到已下载的方法参数。

③ 当所有组分稳定时，出现" Ready" 指示灯，且状态栏变为绿色。

（5）建立和运行单独自动进样分析 Single Run

① 在 LC Setup Assistant 窗口中单击 Single Run 图标，或工具栏上的 Single Run 按钮，打开 Single Run Acquisition 对话框。

② 在 Single Run Acquisition 对话框中，Run information 部分里检查或输入 Sample ID，运行方法 Method，存储数据路径 Data path 及数据文件名 Data file。

③ 在 Single Run Acquisition 对话框中，Amount value 部分里根据需要检查或输入有关参数。

④ 在 Single Run Acquisition 对话框中，Calibrate 部分里根据需要检查或输入有关参数。

⑤ 在 Single Run Acquisition 对话框中，Autosample 部分里根据需要检查或输入 Program file，样品瓶编号 Vial 和进样体积 Injection volume。注：样品瓶编号 Vial 为 10001 至 10105 适用于样品架 1，20001 至 20105 适用于样品架 2，－1 适用于不必进样即可执行 Single Run。

⑥ 完成后，点击 Start，开始运行。

（6）建立和运行连续自动进样分析 Sequence Run

① 在 LC Setup Assistant 窗口中单击 Sequence Run 图标，或按工具栏上的 Sequence Run 按钮，打开 Sequence Run 对话框。

② 在 Sequence Run 对话框中，在 Sequence Information 部分里，选择需要的 Sequence name。

③ 在 Sequence Run 对话框中，在 Run range，Mode 部分里，根据需要检查或输入有关参数。

④ 完成后，点击 Start，开始运行。

（7）数据分析

① 数据分析各参数选择合适并存于分析方法中后，在每次数据采集后计算机自动给出分析数据。

② 在数据采集过程中需要分析数据或数据采集过程结束后改变分析参数进行数据分析，可在 Online 或 Offline Processing 下进行，建议尽可能在 Offline Processing 下进行。

a. 在工具栏中单击打开按钮，选择要分析的数据文件，打开。

b. 在工具栏中单击 Intergration Events 打开，选择输入各参数，或在窗口下方通过选择各图标选择分析参数。

c. 在工具栏中单击 Analysis 按钮打开，单击 Analyze 进行分析。

（8）预览和打印分析报告

① 创建报告模板。

a. 打开报告模板。单击 Edit Custom Report 按钮，或选择 Method—Custom Report 以打开自定义报告窗口；单击工具栏上的 Open 按钮；然后单击 Open Report Template。

b. 编辑文本。

c. 格式化色谱图。单击想要插入色谱图的地方以显示光标，然后用鼠标右键单击并在弹出的菜单中选择 Insert Graph—Data Graph；在对话框中指定要显示的谱图；确定图形大小。

d. 格式化运行报告。单击想要插入运行报告的地方以显示光标，然后用鼠标右键单击并在弹出的菜单中选择 Insert Repot—Run Report；在 Run Report 中完成报告信息，并单击按钮。

e. 预览报告；保存报告模板文件。

② 在工具栏中单击打开按钮，选择要分析的数据文件，工具栏中单击 Report，选择 view 预览或 print 打印。

（9）清洗　分析试验结束，根据本次试验的流动相、样品等选定冲洗体系的溶剂和时间，及时冲洗。

（10）关机　在 Direct Control 工具栏上单击 InstrumentON/OFF，并确认已停泵。退出 CLASS-VP，关主机和检测器，关计算机。

（五）用毕处理

① 仪器使用结束，操作者必须及时做试验记录。记录内容应包括试验日期，分析样品名称及数量，测定成分，使用的流动相，测定波长，色谱柱，柱温，冲洗体系的溶剂和时间，整个体系运行时间，仪器状态，操作者签字等。

② 整理仪器周围用过的玻璃仪器等试验材料，并取出主机中样品瓶。

（六）注意事项

① 建议本仪器操作者认真阅读本仪器使用手册（User's Manual）。

② 使用含盐类流动相时，特别要注意与甲醇或乙腈相互转换时，不要使盐沉析出来。

③ 流动相要尽可能使用色谱纯试剂，重蒸水或超纯水，其它试剂均需超滤后使用。供试液均需过 $0.45\mu m$ 滤膜后进样。

（七）维护保养

① 仪器放置位置固定，不得随意搬动。

② 仪器指定专人负责保管，仪器负责人必须指导实验者按本操作程序执行。

③ 仪器负责人对仪器故障、维修维护进行记录，并进行日常维护保养。

二、高效液相色谱仪维护保养操作规程

维护保养的目的是维持仪器处于正常运作状态，有效降低仪器发生故障的频率，延长仪器的使用寿命。高效液相色谱仪系统主要从输液、进样、分离和检测四部分进行维护保养，如图 5-4 所示。

（一）输液部分

输液系统日常维护部件如图 5-5 所示。

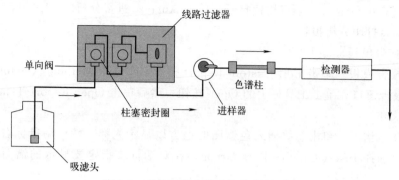

图 5-4　高效液相色谱系统维护流程图

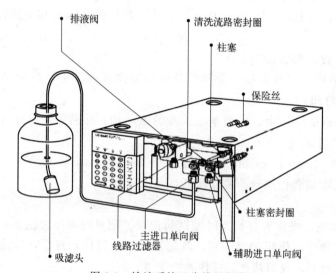

图 5-5　输液系统日常维护部件

1. 管线材料的选择

管线材料包括不锈钢、特氟龙（teflon）和聚醚醚酮（PEEK）。

（1）不锈钢（可用于所有连接）　能承受几百兆帕压力，酸性或高浓度盐环境中易腐蚀（尤其在 pH 小于 2 时）。

（2）PEEK（可用于所有连接）　能承受高达 25MPa 压力，可在整个 pH 范围（pH 1～14）内使用，不适用高溶解性溶剂如三氯甲烷、四氢呋喃等。

（3）特氟龙（用于柱后阻尼管、反应管和排液管）　化学惰性大，仅能承受 0.5MPa 压力。

2. 接头

（1）不锈钢接头/垫圈　主要用于输液泵、进样器的管路连接，能承受 40MPa 以上的压力，一旦固定，垫圈不可再动。

（2）PEEK 接头　主要用于色谱柱、检测器的管路连接，易于安装，能承受 25MPa 的压力，容易产生死体积。

3. 吸滤头（如图 5-6）

（1）材料　不锈钢烧结（或陶瓷），孔径 10μm。

（2）功能　防止较大固体不溶物进入液相色谱系统。

（3）日常维护　定期使用异丙醇（或 5％稀硝酸）清洗。

（4）故障及措施

① 故障：吸滤头堵塞，表现为管路中不断有气泡生成。

② 措施：用异丙醇（或 5％稀硝酸）浸泡并进行超声波清洗，再用蒸馏水清洗至中性。

4. 单向阀

尽量不要分解阀芯，因为重新组装后性能不被保证，输液可能不稳定。

常见故障 1：宝石球粘附于垫片（图 5-7），表现为泵无法吸液或排液，流路不通。

措施：用针筒抽出口单向阀以产生负压，使宝石球与垫片分开；拆下单向阀，放入异丙醇或水中，用超声波清洗。注：超声波清洗时开口端向上放置（如图 5-8）。

图 5-6　吸滤头

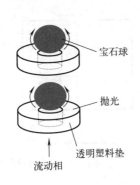

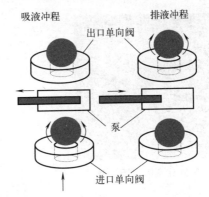

图 5-7　单向阀结构及原理

(a) 正确方向

(b) 错误方向

图 5-8　单向阀清洗放置方向

常见故障 2：宝石球或塑料垫片受污导致密封不好，表现为系统压力波动大。

措施：拆下单向阀，放入异丙醇或水中，用超声波清洗。

5. 柱塞密封圈和柱塞杆（图 5-9）

常见故障：密封圈磨损而导致密封不良，表现为系统压力波动大或漏液。

措施：更换密封圈。装卸柱塞密封圈工具如图 5-10 所示。

注意点：①更换密封圈拆卸泵头前，柱塞杆复位（P-SET）；新密封圈用异丙醇浸泡 15min 后再安装。②当更换柱塞密封圈后仍然频繁漏液时、柱塞密封圈使用寿命短时、柱塞杆损伤时要更换柱塞杆。③更换柱塞时，应同时更换隔膜。隔膜损坏导致泵头后部漏液时，

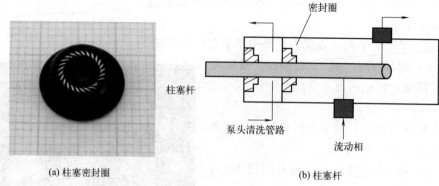

(a) 柱塞密封圈　　　　　　　　(b) 柱塞杆

图 5-9　柱塞密封圈和柱塞杆

应更换隔膜。

　　6. 线路过滤器（图 5-11）

图 5-10　装卸柱塞密封圈工具

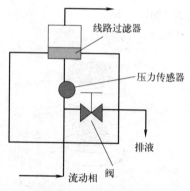

图 5-11　线路过滤器

　　故障：堵塞，表现为系统压力波动大或压力偏高。

　　措施：5％稀硝酸，超声波清洗。

　　判断依据：关闭排液阀，断开出口管路，设定流速 1mL/min，如压力＞3kgf/cm²
（11kgf＝9.80665N），则可能堵塞。

　　（二）进样部分

　　1. 手动进样器（7725/7725i）

　　7725i 手动进样阀见图 5-12。

　　（1）维护要点

　　① 将附件进样口清洗器连接在针管上，不应使用微型注射器清洗。

　　② 清洗液（试样溶剂或不含盐的流动相等）用注射器吸入。

　　③ 在进样（inject）状态下，将进样口清洗器压接在针导管上，流入清洗液 1mL 左右
（如图 5-13）。

　　④ 使用缓冲盐后，用纯化水清洗流路和针孔。

　　⑤ 清洗液可能反喷，因此注射器应慢慢地推压。

　　（2）操作注意点

　　① 进样时，进样针应插到底。

　　② 不使用时将针头留在进样器内。

图 5-12　7725i 手动进样阀

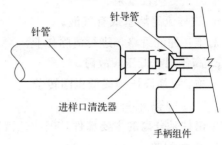

图 5-13　进样口清洗

③ 进样应使用液相色谱专用平头进样针。

④ 样品溶液 pH 小于 10，常用 Vespel 材质的密封垫，否则换 Tefzel 或 PEEK 材质的密封垫（适用于 pH 0~14）。

⑤ 清洗应使用专用进样口清洗器。

（3）常见故障与维护

常见故障 1：进样口漏液，定子面漏液。

措施：调紧压力调整螺钉，如果不成功则应更换转子或定子面组件。

常见故障 2：针密封漏液。

措施：从进样口取出针，用铅笔的橡皮头将针导管轻轻压入。

2. 自动进样器

① 自动进样器的零件保养及更换频率见表 5-1。

表 5-1　自动进样器的零件保养及更换频率

项　目	频率	备注
检查或更换针座 (Needle Seal)	1~2 年	约 40000 次进样
检查或更换低压阀转子 (LPV Rotor)	1~2 年	约 60000 次进样
检查或更换高压阀转子 (HPV Rotor)	2~3 年	约 100000 次进样
检查或更换高压阀/低压阀定子 (HPV/LPV Stator)	6 年	
更换样品环或样品针 (Sample Loop or Needle)	1~2 年	约 40000 次进样
检查或更换计量泵 (Plunger Seal)	1~2 年	
加油润滑	1~2 年	所有传动部件

② 常见故障与维护。

常见问题 1：漏液。可能有以下故障存在。

a. 样品环裂或接头故障。

措施：更换样品环或接头

b. 进样针位置不准、针或针座坏、高压阀或低压阀损坏。

措施：校准针位，更换针或针座，更换高压阀或低压阀转子。

c. 计量泵不良。

措施：更换计量泵。

d. 清洗口或者冷凝水废液管堵塞。

措施：清除堵塞。

常见问题 2：进样量不准。可能有以下故障存在。

a. 计量泵不良。

措施：更换计量泵。

b. 进样流路堵塞或有气泡。

措施：冲洗管路，进行清除作业。

c. 高压阀或低压阀故障。

措施：更换高压阀或低压阀转子。

（三）分离部分

色谱柱是分离的主要部件，因此色谱柱的日常保养非常关键。

1. 注意问题

① 购买新柱后一定要仔细阅读说明书，确认柱的使用条件以及清洗再生步骤，按照说明书条件测试色谱柱柱效，记录使用压力。

② 定期检测柱压和柱效。

③ 不同流动相之间转换时应注意溶剂的互溶性。

④ 确认样品不会在流动相中析出或带有固体不溶物，使用 $0.45\mu m$ 或 $0.2\mu m$ 的一次性滤膜过滤样品，或者进行前处理。

⑤ 为了延长色谱柱使用寿命，使用保护柱。

⑥ 定期用合适的溶剂清洗或再生色谱柱。

⑦ 长期不用时，清洗干净后，使用柱子说明书中指明的溶剂保存。柱子要从仪器上卸下并用堵头密封后保存。

2. 保养维护

① 色谱柱柱压过高，可能由微粒堵塞、不可逆吸附和细菌生长等引起，可以通过正向冲洗色谱柱、反向冲洗色谱柱或超声清洗色谱柱解决。

② 维护保养：一定要过滤流动相和样品，采用恰当的样品前处理方法，尽量使用保护柱，检测结束注意冲洗系统。需要定期冲洗色谱柱，防止机械振动和柱压急剧变化，关注色谱柱柱效变化。

③ 柱效低可能由色谱柱被污染、筛板堵塞、柱内死体积增加等引起，可以通过正向冲洗色谱柱、反向冲洗色谱柱或超声清洗色谱柱筛板解决，柱内死体积增加，需更换新柱。

（四）检测部分

1. 紫外检测器故障与维护

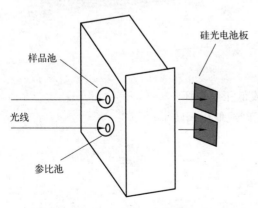

图 5-14　紫外检测器光路

紫外检测器光路见图 5-14。

（1）检测器基线异常

问题 1：基线噪声异常大。

故障原因：气泡未脱出、检测器污染、灯老化。

问题 2：出现漂移或不规则波动。

故障原因：系统污染，如色谱柱、管路、检测器和流动相等。

问题 3：产生规则波动。

故障原因：室温变化，如空气调节器直吹检测器、泵的脉动。

（2）紫外检测器性能判断　当出现 A 情况，为池子、透镜污染；出现 B 情况，则为灯老化，如表 5-2。

表 5-2　紫外检测器 A、B 情况表

项目	新的时候	A	B
参比池	800	100	100
样品池	900	800	150

故障：样品池受污，表现为样品池和参比池能量相差较大

检查方法：设定 250 nm 波长，通甲醇或水，查看 SMPL EN 和 REF EN，如两者相差较大，则样品池受污。

措施：用针筒注入异丙醇，清洗样品池；如污染严重，拆开样品池，将透镜等放入异丙醇中清洗。

2. 紫外灯的保养

① 氘灯保证寿命为 2000h。

② 保证仪器的使用环境。

③ 在分析前柱平衡得差不多时，再打开检测器紫外灯，不要频繁开关紫外灯，一般间隔时间在 3h 以上，否则会损害紫外灯的寿命。

④ 判断氘灯能量：设定 220nm 波长，检查参比池能量，如能量低于 800，需考虑更换氘灯。

3. 检测池背压

使用 0.3mmID×2m 塑料管作为阻尼管连接于检测器出口，否则检测池中会有气泡产生；连接阻尼管之前，必须先确认检测池能够承受的压力。

（五）日常维护小结

① 保持仪器的工作环境良好（温度、湿度、洁净度等）。

② 填写使用和维护日志，关注耗材寿命。

③ 做好泵的保养（使用缓冲盐时要清洗柱塞；水和盐不长期保存在泵里）。

④ 经常清洗进样器，防止污染物吸附或管路堵塞。

⑤ 定期清洗色谱柱，保证色谱柱性能，延长使用寿命。

⑥ 定期清洗检测器流路，防止污染物吸附。

⑦ 长时间不使用液相色谱仪，须全部更换为 70% 以上的甲醇水溶液，防止管路污染或堵塞。

三、高效液相色谱仪操作记录

高效液相色谱仪使用记录表

地点：高效液相室

使用时间					名称	批号	检验项目	使用前情况	使用后情况	使用人	备注
开始日期	开始时间	结束日期	结束时间	累计时间							

四、高效液相色谱仪规范操作流程图

（一）高效液相色谱系统介绍

高效液相色谱主要有以下三种系统：（简单）等度系统、低压梯度系统和高压梯度系统。

1. （简单）等度系统

（简单）等度系统见图 5-15。

储液瓶

脱气机

泵单元

手动进样器

色谱柱

检测器

废液瓶

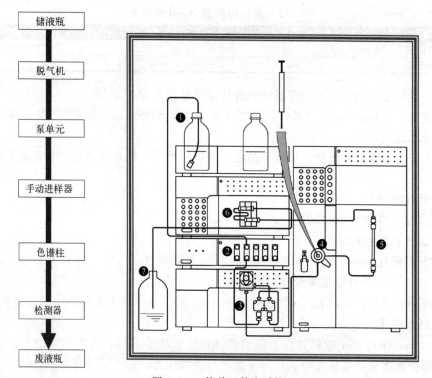

图 5-15 （简单）等度系统

2. 低压梯度系统

低压梯度系统见图 5-16。

储液瓶

脱气机

低压梯度单元

泵单元

混合器

自动进样器

色谱柱

检测器

废液瓶

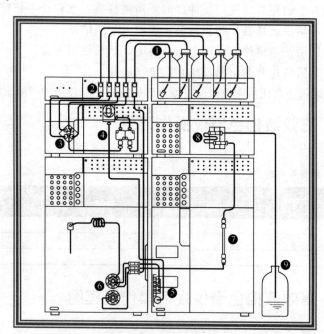

图 5-16 低压梯度系统

3. 高压梯度系统

高压梯度系统见图 5-17。

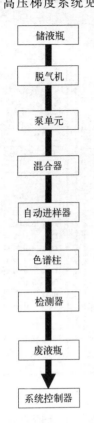

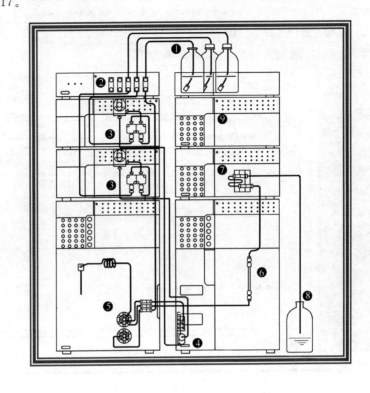

图 5-17　高压梯度系统

（二）高效液相色谱仪工作站（Labsolution 软件）的操作使用

以岛津 LC-20AD 为例进行介绍。

1. 开机

准备好分析方法，分析所需流动相和分析柱。打开岛津 LC-20AD 各仪器电源，观察仪器的"remote"灯点亮，确认仪器自检通过。

2. 登录软件

双击桌面的 Labsolution 图标。在登录菜单里，正确输入用户名和密码（默认用户名为"Admin"，密码不填），点击"确定"进入 Labsolution 主项目。

Labsolution 主项目包含 4 个子项目。其中，"仪器"为在线采集项目；"处理工具"为离线数据处理项目；"管理工具"为软件管理属性设置项目；"手册"为软件在线使用手册。

3. 进入在线采集

如需在线采集数据，双击图标（图例为 instrument1，如图 5-18）。

正常连接能听到"嘀"的连接提示音，如果出现硬件不匹配提示，请参考相关文件，重新做系统配置。

4. 仪器参数设置

打开已存在的方法或新建方法。如需新建方法，则点击图标（数据采集），激活仪器参数视图菜单，输入数据采集参数，如图 5-18。

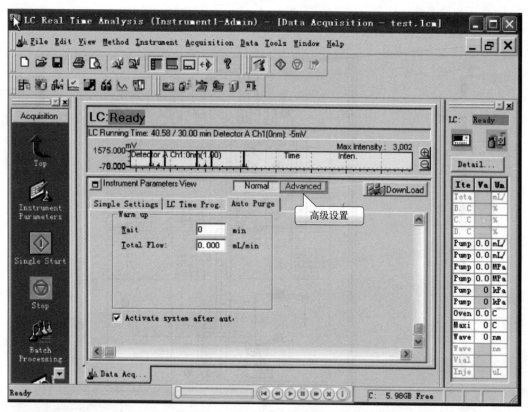

图 5-18　数据采集界面

　　"normal"（常规）标签下为常用的仪器参数，"advanced"（高级）标签下为所有可设置的仪器参数。以"高级"标签为例，需要设置的参数如下。

　　① "Data Acquisition"（数据采集）子栏目设置。

　　需在"LC Stop Time"（LC 结束时间）填入分析所需时间（例如 15min），然后点击"Apply to All acquisition time"（应用于所有采集时间）。确认需使用的检测器"Acquisition Time"（采集时间）前已打钩（如图 5-19）。

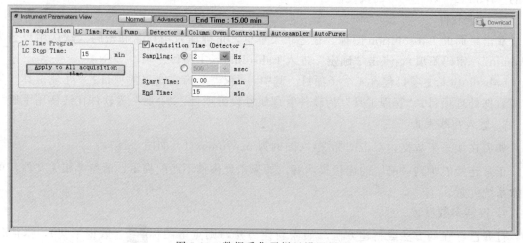

图 5-19　数据采集子栏目设置界面

② "LC Time Prog."（时间程序）子栏目设置。

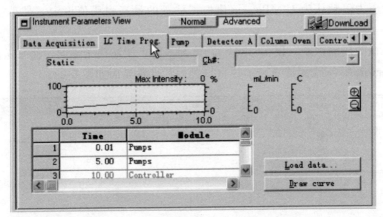

图 5-20　时间程序子栏目设置界面

一般为需要做梯度洗脱时使用，根据特定的梯度洗脱程序来编辑。如图 5-20 所示，第一行输入"Time"（时间）数值（例如 0.01），"Module"（仪器）选择"Pump"（泵），"Command"（参数）选择 B 泵浓度，"Value"（数值）里输入 B 泵的浓度（例如 50%），编辑各行。

最后一行"Time"输入结束时间（例如 10min），"Module"选择"Controller"（系统控制器），"Command"选择"Stop"，"Value"不填（注意，最后一行系统控制器停止必须填写，否则无法退出时间程序编辑）。

点击"Draw curve"（绘制曲线），检查梯度曲线是否正确。

③ "Pump"（泵）子栏目设置。其设置界面如图 5-21。

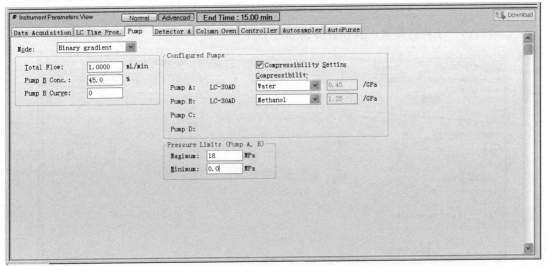

图 5-21　泵子栏目设置界面

设置泵的模式，如有 2 台泵请选"Binary gradient"（二元高压梯度）模式；1 台泵配备有低压四元比例阀，请选"Isocratic flow"（低压梯度）模式。

设置泵的"Total Flow"（总流速，例如 1mL/min），如果是二元高压梯度，设置"Pump B Conc."（B 泵浓度，例如 30%，则 A 泵浓度为 1－30%＝70%）。设置"Pressure

Limits"（泵工作压力限制）中的"Maximum"（最大压力值）和"Mininum"（最小压力值，例如最大压力值默认为18MPa。该值根据柱子的最高耐压值设定，最小压力值默认为0.0MPa）。

设置流动相的压缩因子（仅LC-30A），溶剂不同，压缩因子不同，使泵送液稳定。

④"Detector A"（检测器A）子栏目设置。其设置界面如图5-22。

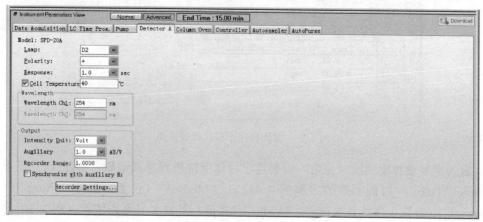

图5-22　检测器A子栏目设置

例如紫外检测器SPD-20A：选择灯源（Lamp）和是否点灯，设置"Polarity"（极性，例如默认的"＋"）；设置"Cell Temperature"（池温度，例如默认为40℃），响应值默认是1s，设置"Wavelength Ch1"（波长，例如254nm），在输出窗口里选择纵坐标的单位AU或V。

例如荧光检测器RF-20A，只需设置激发波长EX（例如350nm）和发射波长EM（例如450nm）；例如示差折光检测器RID-10A，只需设置"模式"（例如常规分析选择默认"分析型"）。

⑤"PDA"子栏目设置，其设置界面如图5-23。

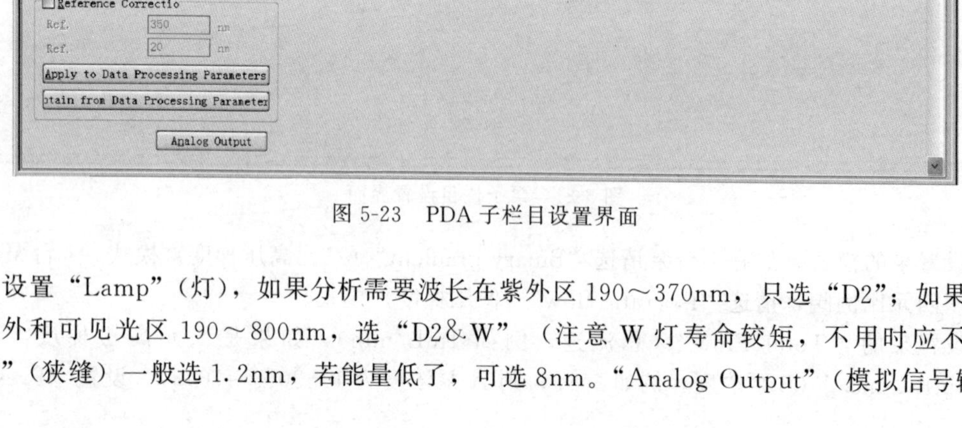

图5-23　PDA子栏目设置界面

设置"Lamp"（灯），如果分析需要波长在紫外区190～370nm，只选"D2"；如果要使用紫外和可见光区190～800nm，选"D2&W"（注意W灯寿命较短，不用时应不开），"Slit"（狭缝）一般选1.2nm，若能量低了，可选8nm。"Analog Output"（模拟信号输出）

只有需要输出模拟信号时选择。

⑥ "Column Oven"（柱温箱）子栏目设置。其设置界面如图 5-24。

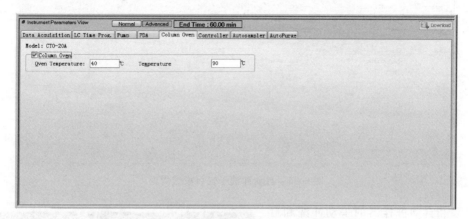

图 5-24　柱温箱子栏目设置界面

如需使用柱温箱，确认 "Column Oven" 前已打钩，设置 "Temperature"（温度）（CTO-20A 可控温度为室温＋10～90℃）。

⑦ "Autosampler"（自动进样器）子栏目设置。其设置界面如图 5-25。

图 5-25　自动进样器子栏目设置

图 5-25 左侧参数是自动进样器进样条件的设置，一般选用默认值。右侧参数是自动进样器洗针方式和清洗条件的设置，一般选用默认值。如果需要进样前预处理功能，可进入 "pretreatment"（预处理）设置。

⑧ "Auto Purge"（自动冲洗）子栏目设置。其设置界面如图 5-26。

选择需要自动冲洗通道的流动相和设置冲洗时间 [例如流动相 A（Mobile Phase A），清洗时间 2min]。

在 "Autosampler" 前打钩，默认冲洗 25min。在 "Activate system AutoPur"（自动冲洗结束后系统启动前）打钩。

⑨ 保存方法。保存界面见图 5-27。

点击 [Download] 进行文件下载并保存。

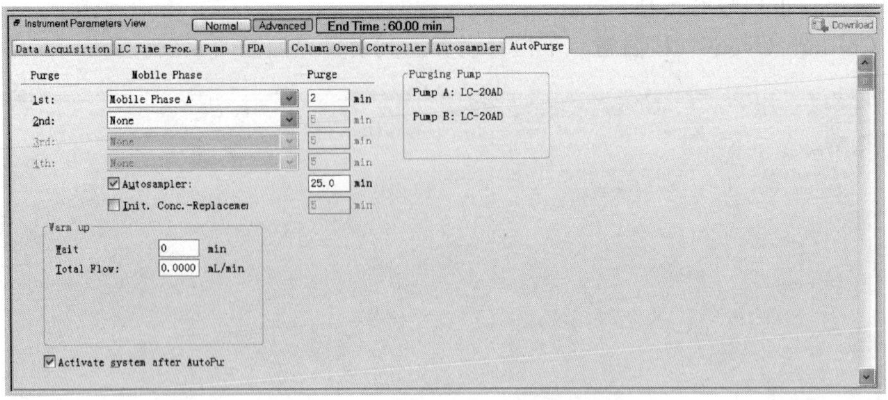

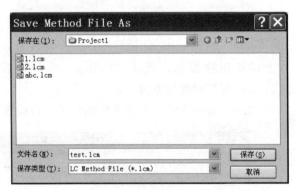

图 5-26　自动冲洗子栏目设置界面

5.泵和自动进样器的手动冲洗和自动冲洗

泵或自动进样器更换流动相和清洗液或排除气泡时需要快速冲洗管路。

手动冲洗：泵手动冲洗时，需停止泵运行，等压力降到 0.4MPa 以下，打开排气阀，用针筒从废液管抽液约 15mL，然后关紧排液阀。自动进样器手动冲洗时，按仪器面板的"Func"键，进入"control"菜单的"Manual Purge"功能，将参数设为 1，用针筒从低压阀上的短废液管抽液。操作完成后，将参数设回 0。

图 5-27　保存界面

自动冲洗：如在"自动冲洗"子栏目设好各参数，此时可点击控制工具栏的"自动冲洗"图标，进行快速清洗。自动进样器冲洗液采用能溶解样品的试剂，一般选用不加盐的流动相（例如 50%甲醇水）。

6.仪器启动

点击控制工具栏的"仪器启动"图标，等待柱温箱温度达到设定值，仪器状态出现"ready"（就绪），留意泵压逐渐稳定，观察检测器基线逐渐走平（这一过程可能需要 30min～1h）。

注意：反相分析使用带缓冲盐流动相时，为避免缓冲盐析出，还需要先以 1mL/min 流速走 10%甲醇水 30min，以清洗系统和柱子，再使用带缓冲盐流动相平衡系统 30min 以上。

7.单次进样

点击"数据采集"栏目里的"单次分析开始"图标。在打开的对话窗（图 5-28）的"数据文件"栏目里选择数据文件保存路径，输入数据文件名。"样品名""样品 ID"可根据需要填写或不写。如果使用自动进样器 SIL-20A 或 SIL-30A，"进样器"栏目需要输入样品瓶在架子上的位置（例如样品瓶"1"），"样品瓶架"输入"1"，输入"进样体积"（例如 10μL，注意 SIL-20A 标准定量环最大进样量为 100μL，SIL-30A 为 50μL），如果是手动进样器，"进样器"栏目只填"进样体积"。

8. 批处理进样

有自动进样器 SIL-20A 或 SIL-30A 的用户需要编辑批处理表，进行批量进样。"主项目"里点击"批处理分析"，在"编辑"菜单里选择"表简单设置"（图 5-29），在"表简单设置"窗口（图 5-30），选择"新建"批处理表，首先选择仪器的方法文件，"标准样品"前可不打钩，再解析时可重新进行批处理计算。在"未知样品"前打钩，输入样品瓶放置的范围（例如1～5）。输入"进样次数"（例如"1"），"进样体积"（例如 $10\mu L$），"数据文件名"。

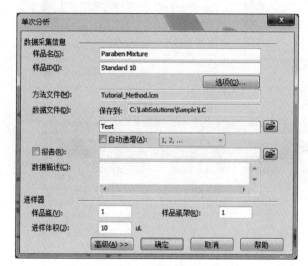

图 5-28 单次分析界面

图 5-29 编辑—表简单设置

图 5-30 表简单设置界面

点击"确定"，进入批处理表（图 5-31）。确认"样品瓶号""方法文件""数据文件"和"进样体积"等各项参数无误。如需修改，可直接修改。保存批处理表。

点击"批处理进样"（图 5-32）。

若想中途修改批处理表，可点击图标 ；若想终止批处理进样，可点击"停止"图标 。

9. 冲洗系统

样品分析完成后，用分析时的条件冲洗系统一段时间，确认柱子里不再有样品。分析使用缓冲盐流动相作反相分析的，再用 10% 甲醇水冲洗系统 30min，然后用甲醇冲洗系统 30min 以上。若分析中没有缓冲盐流动相，直接用甲醇冲洗系统 30min 以上。

使用 LC-20AT 泵，没有泵自动清洗装置的，使用 10% 异丙醇水 15mL 打入泵头清洗管清洗密封垫。如果使用手动进样器，用能溶解样品的试剂（例如水、甲醇或两者混合）几毫

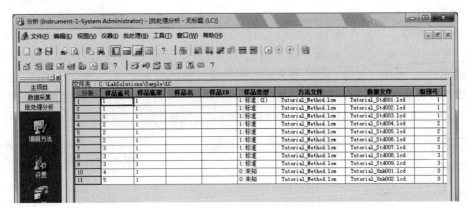

图 5-31　批处理表界面

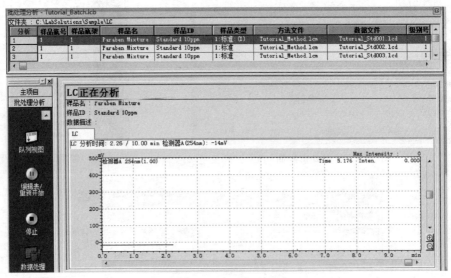

图 5-32　批处理进样界面

升清洗手动进样器。

10. 关机

流路和柱子冲洗完成后，点击"仪器关闭"图标，首先关闭软件，然后关闭仪器各部分的电源。

应用

高效液相色谱在生物学的应用

变性高效液相色谱法（DHPLC）是在高效液相色谱法的基础上发展起来的一种新方法。DHPLC 采用高压闭合液相流路，将 DNA 样品自动注入并在缓冲液携带下流过 DNA 分离柱，通过缓冲液的不同梯度变化，在不同分离柱温度条件下，由荧光检测被分离的 DNA 样品，从而实现对 DNA 不同的分析。它因使用的温度不同而有不同的应用价值：①在非变性温度（40～50℃）条件下对不同长度的双链 DNA 进行分离，用于定量反相 PCR、长度多态性分析以及杂合性缺失（LOH）分析等；②在部分变性温度（51～75℃）条件下进行基因突变，单核苷酸多态性和 CpG 甲基化的检测；③在完全变性温度（70～80℃）条件下对寡核苷酸进行质量控制和纯化，RNA 分离及已知位点基因型的分析等。

利用 DHPLC 能够吸收检测 DNA 片段并具有高度敏感性的特点，根据 O1、O139、非 O1、非 O139 群霍乱弧菌外膜蛋白 ompW 基因的特有基因组序列，进行 PCR 扩增，然后利用 DHPLC 检测，一次可同时自动化分析数百个样本，达到快速检测的目的。PCR-DHPLC 技术与实时 PCR 技术检测致病菌相比，同样具备快速的优势，但在测试成本上却远远低于实时 PCR 技术，因而具有更广阔的应用前景。对高效液相色谱法分析放线菌 G＋C 摩尔分数的方法进行了摸索，找到了分离分析的较佳条件，用此方法对分离的 8 株红树林放线菌进行了 G＋C 摩尔分数的测定，实验结果表明，DNA 碱基分离效果好，无杂峰干扰，通过分析验证所测得的 G＋C 摩尔分数与预期值相符，且检测速度快，因此高效液相色谱法为直接测定 G＋C 摩尔分数提供了一种快速简洁而精确的方法。

第五节　液相色谱常见问题及其对策

液相色谱常见问题主要有以下类型：压力异常（偏高、波动）、漏液、保留时间漂移、基线问题（漂移、噪声）、峰形异常。

一、压力异常

（1）无压力，流动相不流动　可能由以下原因产生：保险丝断或电源问题、柱塞杆折断、泵头内有空气或流动相不足、单向阀损坏、漏液、压力传感器损坏（流动相流动正常，但无压力）。

（2）压力持续偏高或不断上升　可能由以下原因产生：流速设定过高、保护柱或柱子筛板堵塞、流动相使用不当或有缓冲盐析出、色谱柱选择不当、进样阀损坏、线路过滤器堵塞。

（3）出现压力持续偏低　可能由以下原因产生：流速设定过低、色谱柱选择不当、柱温过高、系统漏液。

（4）压力波动　可能由以下原因产生：泵头中有气泡、单向阀损坏、柱塞密封圈损坏、脱气不充分、系统漏液、使用了梯度洗脱。

二、漏液

（1）接头处漏液　可能原因：接头处松动、接头磨损、接头被污染、部件不匹配。

（2）泵漏液　可能原因：单向阀松动、泵密封损坏、放空阀损坏、接头松动（不要拧得太紧）。

（3）进样阀漏液　可能原因：转子密封损坏、定量环堵塞、进样口密封松动、进样针尺寸不合适、废液管产生虹吸、废液管堵塞。

（4）检测器漏液　可能原因：流通池垫片损坏、流通池透镜破碎、手紧接头处漏液、进样针尺寸不合适、废液管堵塞、流通池堵塞。

三、保留时间漂移

发生保留时间漂移的可能原因有：柱温变化、流动相组分变化、色谱柱没有平衡、流速变化、泵中有气泡、流动相选择不当、键合相流失、缓冲容量不够。

四、基线问题

① 基线漂移可能原因：温度波动，流动相不均匀（脱气，使用纯度更高的溶剂），流通池被污染或有气泡，流通池窗口破裂，流动相配比不当或流速变化，柱子平衡时间不够（30～60min），流动相污染、变质或由低品质溶剂配成，样品中有强保留的物质以馒头样峰被洗出，检测器没有设定在最大吸收波长处。

② 基线噪声（规则的）可能原因：流动相（或泵或检测器）中有气泡、有地方漏液、流动相混合不均匀、温度影响（检测器和柱温差别太大）、其他电子设备的影响。

③ 基线噪声（不规则的）可能原因：流动相污染、变质或由低质溶剂配成、有地方漏液、流动相各溶剂不相溶或混合不均匀、流通池污染、检测池能量不足、系统内有气泡。

五、峰形异常

① 前沿峰、拖尾峰可能原因：柱塞板堵塞、色谱柱塌陷、柱外效应、干扰峰、缓冲不足或不合适、化学或次级保留（硅羟基效应）、重金属污染、样品溶剂选择不当、样品过载、柱温过低。

② 分叉峰可能原因：保护柱或分析柱污染、样品溶剂不溶于流动相。

③ 峰展宽可能原因：进样体积过大、流动相黏度过高、检测池体积过大、保留时间过长、柱外体积过大、样品过载。

④ 峰变形可能原因：样品过载、样品溶剂选择不当。

⑤ 鬼峰可能原因：进样阀残余峰、样品中未知物、柱未平衡、水污染、三氟乙酸氧化。

六、液相色谱故障排除经验

① 故障的确定——至少要重复出现两次。

② 初步判断故障引起的原因——方法或硬件。

③ 由经验或平时的积累确定故障原因——平时做好观察和记录。

④ 当不能确认故障原因时——采用排除法逐一考察可能引起故障的因素。

⑤ 确定故障能否自行处理——不要贸然拆卸不熟悉的部件。

七、做好日常保养

做好平常的保养可以有效降低故障的发生率，可以延长仪器的使用寿命。常做的保养有以下几项内容：

① 保证仪器的使用环境（经常清洁仪器，尤其是灰尘）。

② 泵的保养（使用缓冲盐时要清洗柱塞，水和盐不要长期保存在泵里）。

③ 进样器要经常清洗，避免污染物吸附或堵塞管路。

④ 尽量进行样品前处理。

⑤ 色谱柱要定期清洗，保证柱效及使用寿命。

⑥ 系统中不要长期保存水和盐，长时间不用时应将仪器所有部分全部更换为70%以上的甲醇，避免细菌的滋生及盐的析出。

第六节　学会高效液相色谱技术操作

科学探究

高效液相色谱与超高效液相色谱条件有什么差异

高效液相色谱和超高效液相色谱原理是一致的，不同的地方一个是仪器，另一个是色谱柱。超高效液相色谱，可以缩短检测时间，节省时间，节省流动相，大大地提高了效率。

先说色谱柱，超高效液相色谱柱的粒径会更小，柱子也更短。如果说样品流过液相色谱柱的感觉是流过满是石头的管路，那么超高效液相色谱柱就是装满了沙子的管路。一般液相色谱柱的粒径是 $5\mu m$，超高效液相色谱柱的粒径有 $3.5\mu m$，$3.0\mu m$，甚至有 $1.7\mu m$。因此样品和固定相的吸附会更加充分，分离也会更快。

再说仪器，刚才说到的满是沙子的管路，因为色谱柱的粒径减小，所以柱压会大大提高。这样普通的液相色谱仪也就不耐受这种高压了。所以超高效液相色谱仪，从泵，到各个管路都是耐高压的。这样可以充分发挥色谱柱的作用，快速分离样品。

一、可口可乐、咖啡中咖啡因的高效液相色谱分析

（一）实训目的

（1）了解可乐、咖啡中咖啡因含量的测定原理。

（2）进一步掌握高效液相色谱仪的操作方法。

（3）熟悉高效液相色谱的定量方法（外标法）。

（4）学习保护柱的使用。

（二）原理

咖啡因的甲醇液在 286nm 波长下有最大吸收，其吸收值的大小与咖啡因浓度成正比，样品通过高效液相色谱分离，以保留时间定性，峰面积定量。

（三）仪器与试剂

仪器：高效液相色谱仪，紫外检测器，$50\mu L$ 微量注射器，ODS C18 柱，预柱 Resave-e^{TM}C18，超声波清洗器，$0.45\mu m$ 微孔滤膜。

试剂：甲醇（色谱纯）；乙腈（优级纯）；三氯甲烷（分析纯，必要时需重蒸）；无水硫酸钠（分析纯）；氯化钠（分析纯）；咖啡因标准品（纯度98％以上）。

（四）操作步骤

1. 样品的处理

（1）可乐型饮料。样品超声脱气 5min，取脱气试样通过微孔滤膜，弃去初滤液，取后5mL 滤液作 HPLC 分析用。

（2）咖啡及其制品。称取 2g 已经粉碎，且小于 30 目的均匀样品或液体样品放入150mL 烧杯中，先加 2～3mL 超纯水，再加 50mL 三氯甲烷，摇匀，在超声处理机上萃取1min（30s 两次），静置 30min，分层。将萃取液倾入另一 150mL 烧杯。在样品中再加50mL 三氯甲烷，重复上述萃取步骤，弃去样品，合并两次萃取液，加入少许无水硫酸钠和

5mL 饱和氯化钠，过滤，滤入 100mL 容量瓶中，用三氯甲烷定容至 100mL，最后取 10mL 滤液经微孔滤膜过滤，弃去初滤液 5mL，保留后 5mL 滤液作 HPLC 分析用。

2. 高效液相色谱参考条件

色谱柱：ODS C18 柱。

预柱：Resave^{TM}C18。

流动相：甲醇＋乙腈＋水（57＋29＋14），每升流动相中加入 0.8mol/L 乙酸液 50mL。

流速：1.5mL/min。

3. 标准曲线的绘制

用甲醇配制成咖啡因浓度分别为 0μg/mL、20μg/mL、50μg/mL、100μg/mL、150μg/mL 的标准系列，然后分别进样 10μL 于 286nm 测量峰面积，作峰面积-咖啡因浓度的标准曲线。

4. 样品测定

从试样中吸取可乐饮料 10μL 或咖啡及其制品 10μL 进样，于 286nm 处测其峰面积，然后根据标准曲线（或直线回归方程）得出试样的峰面积相当于咖啡因的浓度 c（μg/mL）。同时做试剂空白。

（五）数据记录与处理

根据标准曲线得出样品的峰面积相当于咖啡因的浓度 c（μg/mL）。

$$可乐型饮料中咖啡因含量（mg/L）＝c$$

$$咖啡中咖啡因含量（mg/100g）＝\frac{cV \times 100}{m \times 1000}$$

式中　c——由标准曲线求得试样稀释液中咖啡因的浓度，μg/mL；

　　　V——试样定容体积，mL；

　　　m——试样质量，g。

（六）注意事项

（1）色谱柱的个体差异很大，因此，色谱条件（主要是流动相配比）应根据所用色谱柱的实际情况作适当的调整。

（2）咖啡及其制品组成较复杂，需要在进样之前进行预处理并使用保护柱，以防止污染色谱柱。

（七）思考题

（1）试述高效液相色谱外标法定量的优点。

（2）高效液相色谱法流动相选择依据是什么？

二、果汁（苹果汁）中有机酸的分析

（一）实训目的

学习果汁样品的预处理和分析方法。

（二）原理

在食品中，主要的有机酸是乙酸、乳酸、丁二酸、苹果酸、柠檬酸、酒石酸等。这些有机酸在水溶液中都有较大的离解度。有机酸在波长 210nm 附近有较强的吸收。苹果汁中的有机酸主要是苹果酸和柠檬酸，可以用反相高效液相色谱、离子交换色谱、离子排斥色谱等方法分析，本实验采用反相高效液相色谱法。在酸性（如 pH2～5）流动相条件下，上述有机酸的离解得到抑制，利用分子状态的有机酸的疏水性，使其在 ODS 色谱柱中保留。不同有机酸的疏水性不同，疏水性大的有机酸在固定相中保留强，疏水性小的有机酸在固定相中保留弱，以此得到分离。

本实验采用外标法定量苹果汁中的苹果酸和柠檬酸。

（三）仪器与试剂

仪器：PE200 型高效液相色谱仪或其他型号液相色谱仪（普通配置，带紫外检测器）；色谱工作站或其它色谱工作站；色谱柱：PE Brownlee C18 反相键合相色谱柱（$5\mu m$，$4.6mm \times 150mm$）；$25\mu L$ 平头微量注射器；超声波清洗器；流动相过滤器；无油真空泵；50mL 烧杯 3 个；1000mL 容量瓶 1 个；250mL 容量瓶 2 个；50mL 容量瓶 3 个；50mL 移液管 2 支等。

试剂：苹果酸和柠檬酸标准溶液；优级纯磷酸二氢铵；蒸馏水；市售苹果汁。

（四）操作步骤

1. 准备工作

（1）流动相的预处理。称取优级纯磷酸二氢铵 460mg（准确称至 0.1mg）于一洁净 50mL 小烧杯中，用蒸馏水溶解，定量移入 1000mL 容量瓶，并稀释至标线（此溶液浓度为 4mmol/L）。用 $0.45\mu m$ 水相滤膜减压过滤，脱气。

取蒸馏水 1000mL，用水相滤膜过滤后，置于原瓶中，备用。

（2）标准溶液的配制。

① 标准贮备液的配制。称取优级纯苹果酸和柠檬酸 250mg 于 2 个 50mL 干净小烧杯中，用蒸馏水溶解，分别定量移入两个 250mL 容量瓶，并稀释至标线。此为苹果酸和柠檬酸的标准贮备液。

② 混合标准溶液的配制。分别移取苹果酸和柠檬酸的标准贮备液各 5mL 于一 50mL 容量瓶，定容、摇匀，此为苹果酸和柠檬酸的混合标准溶液，其中苹果酸和柠檬酸的浓度均为 100mg/L。

（3）试样的预处理。市售苹果汁用 $0.45\mu m$ 水相滤膜减压过滤后，置于冰箱中冷藏保存。

（4）色谱柱的安装和流动相的更换。将 PE Brownlee C18 色谱柱（$5\mu m$，$4.6mm \times 150mm$）安装在色谱仪上，将流动相更换成已处理过的 4mmol/L 磷酸二氢铵溶液。

（5）高效液相色谱仪的开机。开机，将仪器调试到正常工作状态，流动相流速设置为 1.0mL/min；柱温 30～40℃；紫外检测波长 210nm。

2. 苹果酸、柠檬酸标准溶液的分析测定

基线稳定后，用 $25\mu L$ 平头微量注射器分别进样苹果酸和柠檬酸标准溶液各 $20\mu L$，记录下样品名对应的文件名，并打印出优化处理后的色谱图和分析结果。

3. 苹果汁样品的分析测定

重复注射苹果汁样品 $20\mu L$ 3 次，分析结束后记录下样品名对应的文件名，并打印出优化处理后的色谱图和分析结果。

将苹果汁样品的分离谱图与苹果汁和柠檬酸标准溶液色谱图比较即可确认苹果汁中苹果酸和柠檬酸的峰位置。

4. 混合标准溶液的分析测定

进样 100mg/L 苹果酸和柠檬酸混合标准溶液 $20\mu L$，分析完毕后，记录好样品名对应的文件名，并打印出优化后的色谱图和分析结果。

5. 结束工作

（1）所有样品分析完毕后，按正常的步骤关机；

（2）清理台面，填写仪器使用记录。

（五）注意事项

如果苹果酸和柠檬酸与邻近峰分离不完全，应适当调整流动相配比和流速，再重复实验。

（六）数据记录与处理

参照下表整理出苹果汁中苹果酸和柠檬酸的分析结果。

成分	测定次数	保留时间/min	各次测定值/（mg/L）	平均值/（mg/L）
苹果酸	1			
	2			
	3			
柠檬酸	1			
	2			
	3			

（七）思考题

（1）假设用50％的甲醇或乙醇作流动相，你认为有机酸的保留值是变大还是变小？分离效果会变好还是变坏？说明理由。

（2）如果用酒石酸作内标定量苹果酸和柠檬酸，对酒石酸有什么要求？写出该内标法的操作步骤和分析结果的计算方法。

🖐 项目总结

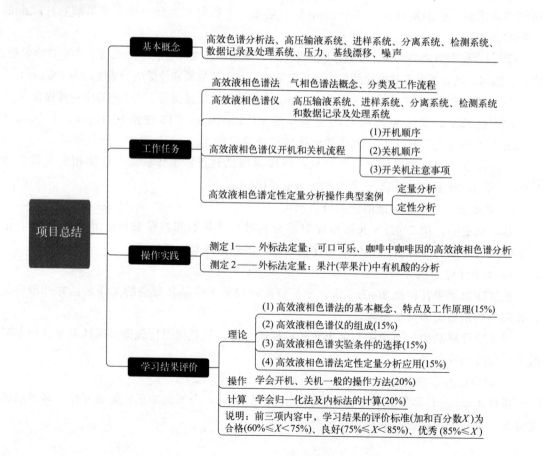

习 题

1. 在色谱法中，衡量柱效常用的物理量是（   ）。

A. 峰高　　　B. 理论塔板数　　　C. 峰面积　　　D. 保留时间　　　E. 灵敏度

2. 高效液相色谱法用于定量分析的参数是（   ）。

A. 保留时间　B. 峰面积　　　　　C. 分离度　　　D. 拖尾因子　　　E. 理论塔板数

3. HPLC 最常用的色谱柱类型是（   ）。

A. C18　　　B. C8　　　　　　C. 氨基柱　　　D. 氰基柱　　　E. 硅胶柱

4. 下列因素中，属于高效液相色谱法定性分析依据的是（   ）。

A. 色谱峰高度　　　　　　　　B. 色谱峰宽度

C. 色谱峰面积　　　　　　　　D. 保留时间

E. 分离度

5. 高效液相色谱法中，系统适用性试验包括（   ）。（多选）

A. 灵敏度　　　　　　　B. 重复性　　　　　　C. 拖尾因子

D. 分离度　　　　　　　E. 理论塔板数

6. 反相高效液相色谱中常用的流动相有（   ）。（多选）

A. 甲醇　　　　　　　　B. 乙醇　　　　　　　C. 乙腈

D. 水　　　　　　　　　E. 正戊烷

7. 高效液相色谱仪主要由＿＿＿＿＿＿＿、＿＿＿＿＿＿＿、＿＿＿＿＿＿＿、＿＿＿＿＿＿＿和＿＿＿＿＿＿＿组成。

8. 流动相的预处理包括＿＿＿＿＿和＿＿＿＿＿两个过程。凡规定 pH 的流动相，应使用精密 pH 计进行调节，偏差不超过＿＿＿＿＿单位。

9. 反相柱如使用过含盐流动相，则先用 10％甲醇冲洗，然后用更高比例的甲醇-水冲洗。各种冲洗剂一般冲洗 20～30min，特殊情况可延长冲洗时间。（   ）

10. 在反相键合色谱法中，固定相的极性大于流动相的极性。（   ）

第六章 超临界流体色谱技术

学习目标

知识目标：掌握超临界流体色谱原理，熟悉超临界流体色谱仪的结构和各部分的作用。

能力目标：掌握超临界流体色谱的操作条件的选择方法。

素质目标：了解目前超临界流体色谱检测在各个行业领域中的作用和发展趋势，培养对超临界流体色谱检测的兴趣和方法。

第一节　概　　述

超临界流体色谱就是以超临界流体做流动相依靠流动相的溶剂化能力来进行分离、分析的色谱过程。它是集气相色谱法和液相色谱法的优势而在 20 世纪 70 年代发展起来的一种色谱分离技术。超临界流体色谱不仅能够分析气相色谱不宜分析的高沸点、低挥发性的试样组分，而且具有比高效液相色谱法更快的分析速率和更高的柱效，因此得到迅速发展。

一、超临界流体及其特性

1. 超临界流体

对于某些纯净物质而言，根据温度和压力的不同，呈现出液体、气体、固体等状态变化，即具有三相点和临界点，纯物质的相图如图 6-1 所示。在温度高于某一数值时，任何大的压力均不能使该纯物质由气相转化为液相，此时的温度即被称为临界温度 T_c；而在临界温度下，气体能被液化的最低压力称为临界压力 P_c。在临界点附近，会出现流体的密度、黏度、溶解度、热容量、介电常数等所有流体的物性发生急剧变化的现象。当物质所处的温度高于临界温度，压力大于临界压力时，该物质处于超临界状态。温度及压力均处于临界点以上的液体叫超临界流体（SF）。

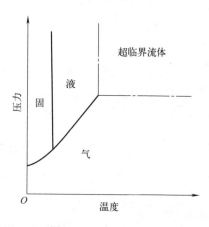

图 6-1　纯物质的相图

2. 特点

超临界流体由于液体与气体分界消失，流体性质兼具液体性质与气体性质，见表 6-1 所示。从表 6-1 中的数据可知，超临界流体的扩散性能和黏度接近于气体，因此溶质的传质阻力较小，能更迅速地达到分配平衡，获得更快速、高效的分离。另一方面，密度与液体相似，这样可以保证超临界流体具有与液体比拟的溶解度，因此在较低的温度下，仍然可以分析热不稳定性和分子量大的物质，同时还能增加柱子的选择性。此外，超临界流体的扩散系数、黏度等都是密度的函数。通过改变液体的密度，就可以改变流体的性质，达到控制流体性能的目的。

表 6-1　气体、液体和超临界流体的物理性质的比较

名称	密度 $\rho/(g/cm^3)$	黏度 $\eta/[g/(cm \cdot s)]$	扩散系数 $D/(cm^2/s)$
气体常压(15~60℃)	$(0.6\sim2)\times10^{-3}$	$(1\sim3)\times10^{-4}$	$0.1\sim0.4$
超临界流体(T_c,P_c)	$0.2\sim0.5$	$(1\sim3)\times10^{-4}$	0.7×10^{-3}
超临界流体(T_c,$4P_c$)	$0.4\sim0.9$	$(3\sim9)\times10^{-4}$	0.2×10^{-3}
液体(有机溶剂,水,15~60℃)	$0.6\sim1.6$	$(0.2\sim3)\times10^{-2}$	$(0.2\sim2)\times10^{-2}$

二、超临界流体色谱法及其特点

1. 超临界流体色谱法

超临界流体具有与液体相似的溶解能力，溶解能力比气体大，能溶解固体物质，这种溶解性质被用于分离过程，最先用于萃取技术——超临界流体萃取法（SFE）。后来，将超临界流体用作色谱的流动相，建立了超临界流体色谱法（SFC）。

2. 特点

超临界流体色谱法因其超临界流体自身的一些特性，使得 SFC 的某些应用方法具有超过液相（LC）、气相（GC）两者的特点，又有其独到之处，但它并不能取代这两类色谱，而是它们的有力补充，是难挥发、易热解高分子化合物、天然产物等有效而快速的分析方法。

（1）SFC 与 GC 的比较

① SFC 可以用比 GC 更低的温度，从而实现对热不稳定化合物进行有效的分离。由于柱温降低，分离选择性改进，可以分离手性化合物。

② 由于超临界流体的扩散系数比气体小，因此 SFC 的谱带展宽比 GC 的要窄。

③ SFC 溶剂能力强，许多非挥发性组分在 SFC 中溶解度较大，可分析非挥发性的高分子、生物大分子等样品。

④ 选择性较强，SFC 可选用压力程序、温度程序，并可选用不同的流动相或者改性剂，因此操作条件的选择范围较 GC 更广。

（2）SFC 与 LC 的比较

① 分析时间短，由于超临界流体黏度低，可使其流动速率比高效液相色谱（HPLC）快得多，在最小理论塔板高度下，SFC 的流动速率是 HPLC 的 3～5 倍，因此分离时间缩短。

② 总柱效比 LC 高，毛细管 SFC 总柱效可高达百万，可分析极其复杂的混合物，而 LC 的柱效要低得多。当平均线速率为 0.6cm/s 时，SFC 法的柱效可为 HPLC 法的 4 倍左右。

③ SFC 的检测器应用广。SFC 可连结各种类型的 GC、LC 检测器，如火焰离子化检测

器（FID）、氮磷检测器（NPD）、质谱（MS）、傅里叶变换红外光谱（FTIR）以及紫外（UV）检测器、荧光检测器（FLD）等。

④ 流动相消耗量比 LC 更低，操作更安全。

三、超临界流体色谱法的分类

1. 按色谱柱分类

超临界流体色谱根据所用的色谱柱不同可分为两种，用填充柱的称为填充柱超临界流体色谱（PCSFC），用毛细管柱的称为毛细管超临界流体色谱（CSFC），两者各有所长并已建立了相应的方法和理论，相比较而言，CSSFC 具有更多优点，但目前 PCSFC 应用更广泛些。超临界流体色谱中的填充柱可使用普通 HPLC 中的色谱柱，目前已有部分商品化专用于 SFC 的填充色谱柱。

2. 按用途分类

根据色谱过程的用途，也可分为两种，分析型 SFC 和制备型 SFC。分析型 SFC 主要用于常规的分析。制备型 SFC 常用超临界二氧化碳作为流动相，由于二氧化碳便宜、环保、安全的特点，而得到广泛应用。而且二氧化碳在常温下易除去，样品的后处理过程较制备型 HPLC 简单，因此制备型 SFC 应用广泛，特别是在手性制备的领域。

四、超临界流体色谱法的发展

用超临界流体作色谱流动相是由 Klesper 等人于 1962 年首先提出的，他们首先报道了用二氯二氟甲烷和一氯二氟甲烷超临界流体作流动相，成功地分离卟啉衍生物，之后发展了 PCSFC 的技术，用以分离聚苯乙烯的齐聚物。20 世纪 60 年代末，由于 Sie 和 Giddings 等人的卓越工作，解释了 SFC 在各方面的应用潜力，于是 SFC 的前途极其光明。在这个时期，也是 HPLC 高速发展的时期，而 SFC 的发展却受到实验技术和无商品化仪器的限制，所以发展较慢。直到 20 世纪 80 年代初，SFC 才开始焕发出新的光辉，得到了日趋完善的发展。

1986 年匹茨堡分析化学学术会议上发布了 SFC 色谱仪，此后这一技术得到了迅猛的发展，研究论文数急剧增加，其他科学公司也相继推出了超临界流体色谱的商品仪器。随着 SFC 理论的逐步完善，应用范围的扩大和高技术商品仪器的相继问世，SFC 进入了一个新的发展时期。

🔔 知识链接

制备型超临界流体色谱

尽管分析和制备型仪器的主要组成部分与其功能都有一一对应的关系，但系统处理的体积可能会有很大不同。例如，分析型 SFC 系统中的标准体积流量为 $0.5\sim3\text{mL/min}$。然而，对于制备型 SFC 系统，标准体积流量通常采用几百到几千毫升每分钟的流速。从仪器的角度来看，所有组件都进行了相应的放大，但制备型 SFC 系统的精密度通常低于分析型 SFC 系统。

分析分离和制备分离的主要区别在于分离的规模和目的。对于制备分离而言，固定相利用率的最大化是它的一个重点，但这并不是分析分离优先要考虑的事项。对于分析分离，样品通常在极稀的浓度下进样，且进样量很小，以确保所有峰均具有足够的分离度。而对于制备分离来讲，则是侧重于分离和收集一个或几个峰的组分，其目标是最大限度地利用时间和原料。这会导致进样浓度过高或进样量过大，导致固定相过载的现象。分析分离时样品是被稀释的，因此样品分子与固定相表面相互作用不受其他样品分子的影响。而对于制备分离，溶液是浓缩的，一种溶质与固定相的相互作用会受到其他溶质分子的影响。由于分子到达固定相表面的途径受到其他分子的阻碍，故在被固定相保留之前它会移动到不太拥挤的区域。或者，它可以取代已经被保留的分子，而被取代的分子则在继续被保留之前进一步向前移动。这种称为"竞争效应"的现象导致了谱带展宽，该谱带前沿浓度很高，随后的拖尾则浓度逐渐降低。

第二节　超临界流体色谱法原理

一、超临界流体色谱法的基本概念

SFC 中的一些基本概念，如保留时间（t_R）、容量因子（k）、选择性（α）、柱效（N）和分离度（R）等参数，其定义和公式同普通的 LC 和 GC。本部分讲解相对变数和超临界流体的溶剂力。

1. 相对变数

相对变数是指某一参数与其临界变数之比值，也叫折合变数、归一变数或简化变数，主要有相对压力（P_r）、相对体积（V_r）、相对温度（T_r）和相对密度（ρ_r），定义式为

$$P_r=\frac{P}{P_c} \qquad V_r=\frac{V}{V_c} \qquad T_r=\frac{T}{T_c} \qquad \rho_r=\frac{\rho}{\rho_c} \tag{6-1}$$

式中，P_c、V_c、T_c、ρ_c 分别为临界压力、临界体积、临界温度和临界密度。

2. 溶剂力

超临界流体的溶剂力目前还没有一个严格定义，但可给出一个合理的分度表。溶剂力主要由"状态效应"（如密度、分子间距离等）和"化学效应"（极性、酸碱性、氢键亲和力等）组成，可以用溶解度常数（δ，cal/cm^3 或 J/cm^3）表示

$$\delta=\frac{\sqrt{E}}{V} \tag{6-2}$$

式中，E 为分子的摩尔内聚能；V 为摩尔体积；δ 为溶解度常数。

而 δ 和化合物的临界参数的关系为

$$\delta=1.25\sqrt{P_c}\frac{\rho}{\rho_1}$$

式中，P_c 为临界压力，1.25、$\sqrt{P_c}$ 项称化学效应项，它和分子内部作用力有关；ρ 为和 δ 相对应的密度，$\frac{\rho}{\rho_1}$ 项称为状态效应项，它和分子的摩尔体积有关。从式中可以看出 δ 随超临界流体密度的增加而增加，研究经验表明：当两组分的 δ 之差的绝对值 $\leqslant 2.04M\sqrt{P}$ 时，二者的互溶性好，或者说二组分的 δ 越接近，其互溶性就越好。

超临界流体状态二氧化碳的溶剂力（$44.80J/cm^3$）与异丙醇（$45.22J/cm^3$）、吡啶（$44.80J/cm^3$）相当，即相当于极性较强的溶剂，故可溶解并分析大部分非极性、中等极性

样品。一氧化氮的溶剂力（44.38 J/cm^3）与二氧化碳相似。当分离需要溶剂力更强的流动相时，可选用氨气（55.27J/cm^3），对于那些不能用二氧化碳来分离的碱性胺类物质，氨是很好的流动相，n-C4（正丁烷）和 n-C5（正戊烷）是非极性流动相，分离非极性样品时选用。

二、超临界流体色谱法的速率理论

实验发现，描述流速对柱效影响的范第姆特（Van Deemter）方程和戈雷（Golay）方程仍适用。

1. 填充柱的速率方程

对填充柱 SFC，目前尚未给出一个精确的塔板高度方程。一些研究沿用了普通 HPLC 中的范第姆特方程，有一定的借鉴意义。方程式为：

$$H = A + \frac{B}{u} + Cu \tag{6-3}$$

式中，A 为色谱柱中多路径效应对塔板高度的贡献；B/u 为纵向扩散对塔板高度的贡献；Cu 为传质阻力对塔板高度的贡献。

填充柱 SFC 的折合塔板高度方程，方程式为：

$$h = Av^{1/3} + \frac{B}{v} + Cv \tag{6-4}$$

式中，h 和 v 分别为折合塔板高度和折合线速度；A、B 和 C 为特征常数，其特征值 $A = 1 \sim 2$，$B = 2$，$C = 0.05 \sim 0.5$。h 和 v 的值在实践中常为 3 和 10。

2. 毛细管的速率方程

毛细管 SFC 的速率理论模型与毛细管 GC 相同，其总塔板高度也是由分子扩散、流动相传质、固定相传质三相加和而成，经许多学者验证，戈雷壁涂开管柱速率理论方程适合用于毛细管 SFC，其方程为

$$H = \frac{2D_M}{u} + \frac{(1 + 6k + 11k^2)r^2u}{96(1+k)^2 D_M} + \frac{2kd_f^2 u}{3(1+k)^2 D_S} \tag{6-5}$$

式中，D_M 为溶质在流动相中的扩散系数，cm^2/s；D_S 为溶质在固定相中的扩散系数，cm^2/s；r 为柱内径，mm；d_f 为固定相的液膜厚度，cm；u 为流动相的线速度，cm/s；k 为容量因子。

该方程式指出了操作参数对柱效的影响，当 D_M、D_S、k 确定后，H-u 曲线就成为双曲线，戈雷方程可简化为

$$H = \frac{B}{u} + C_M u + C_S u \tag{6-6}$$

式中，B/u 为纵向扩散对塔板高度的贡献；$C_M u$ 为流动相传质对塔板高度的贡献；$C_S u$ 为固定相传质对塔板高度的贡献。

三、影响塔板高度的因素

结合速率方程可知，影响塔板高度的因素主要有线速度、柱直径、液膜厚度和密度，对填充柱 SFC 而言还包括色谱柱的粒径和填充的均匀度。

1. 流动相线速度对塔板高度的影响

图 6-2 中曲线的最低点处的线速度即为最佳线速度 u_{opt}，对应的塔板高度为最小塔板高

度 H_{min}。在 H_{min} 处，色谱柱有最佳的柱效，但最佳线速度却不是很高。对于 SFC，塔板高度随线速度的增加而缓慢增加，特别是在流动相密度较低时，增加更加缓慢，曲线趋于平滑。因此，在实际操作中可采用 3～5 倍的最佳线速度为操作线速度，从而加快了分析速度。

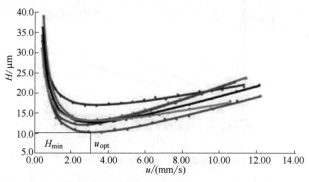

图 6-2　超临界流体色谱的 H-u 曲线

2. 柱径对塔板高度的影响

采用直径为 $0.25\mu m$，SE-54 石英交联柱，研究了柱径对柱效的影响，如图 6-3 所示，最佳线速度反比于柱径，塔板高度则与柱径成正比，降低柱径将导致塔板高度降低，有利于提高柱效。另一方面，柱径还影响压差，在毛细管 SFC 的实践中，限制使用长柱子的因素之一是通过柱子的压力差。压差是柱长的函数，反比于柱径的平方。

3. 固定相液膜厚度对柱效的影响

固定相液膜厚度对塔板高度的影响如图 6-4 所示，对不同 k 值（$k=1$～5）组分，液膜厚度在 0.25～$1.0\mu m$ 范围变化，对 H 的影响很小，甚至可用更厚的液膜，这取决于所能允许的分离度的损失，最佳流速随液膜厚度增加而降低，且曲线更加陡峭。在 SFC 中可采用比 GC 更厚的液膜，承受更大的样品容量，以补偿检测器灵敏度的不足。

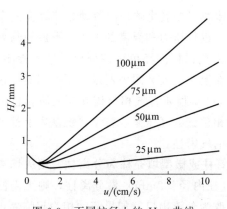

图 6-3　不同柱径上的 H-u 曲线

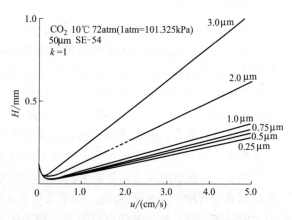

图 6-4　液膜厚度对 H-u 曲线的影响

4. 流动相密度对塔板高度和最佳线速度的影响

在 SFC 中实际上是流动相的密度而不是压力控制着各种色谱柱参数。密度 ρ 对塔板高度和最佳线速度的影响如图 6-5 所示。从图 6-5 中发现，当操作条件一定时，随流动相 ρ 值增加，最佳线速度在减小，而且曲线变陡。但其 H 值保持不变，说明程序升密度时并不影响柱效。

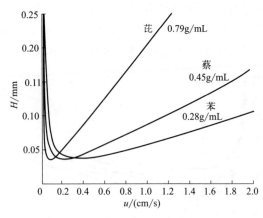

图 6-5　流动相密度对 $H\text{-}u$ 曲线的影响

第三节　超临界流体色谱仪

一、超临界流体色谱的一般流程

1. 一般流程

以超临界流体作流动相的色谱仪器称为超临界流体色谱仪，它与气相色谱仪和高效液相色谱仪类似，分成四个部分，即流动相输送系统、进样系统、分离系统和检测系统。长期以来，SFC 仪器一直处于实验室自制水平，直到 20 世纪 80 年代才逐渐有商品化仪器。流动相输送系统主要包括流动相储罐、流动相干燥净化以及流动相的加压、计量、显示等；分离系统主要是分离用的色谱柱、恒温箱和限流装置等；检测系统包括检测器，计算机以及记录、显示和打印装置等。

SFC 的一般流程如图 6-6 所示。超临界状态流体源（二氧化碳）由流动相储罐流经净化管，高压泵把液态流体注入在恒温箱中的热交换柱，进行压力和温度的平衡，形成超临界状态流体后进入进样阀，样品由进样阀导入系统，进入色谱柱。经色谱柱分离后进入检测器，整个系统由计算机控制。要保持整个系统的压力，在泄压口处装阻力器或备压控制器，这也是 SFC 仪器与普通 HPLC 仪器最大的差别之处。SFC 流程兼有气相色谱和高效液相色谱两方面的特点，既有气相色谱的恒温箱，又有高效液相色谱的高压泵，整个系统基本上都处于高压状态。如要保证正常的工作，要求系统有很好的气密性。

图 6-6 是典型的以二氧化碳为流动相，以毛细管柱或微型填充柱为分离柱，用火焰离子化检测器进行检测的 SFC 流程。如果采用填充柱（柱内径≥2mm）做分离柱，则无需流程中柱前分流，而在阻力器的出口分流，即把尾吹气改为分流出口。如果流动相为超临界正戊烷等，它们在火焰离子化检测器中有很高的灵敏度，而使流动相的检测器本底太高，应改用紫外检测器，此时流程中阻力器应放置在紫外检测器的出口。

2. SCF 与 GC、LC 的区别

超临界流体色谱仪与气、液色谱仪的主要区别是：

① 超临界流体色谱仪必须装有阻力器（或备压调节器）。它的作用是对系统维持一个合适的压力，使流体在整个分离过程中始终保持在超临界流体状态；另一方面通过它使流体转

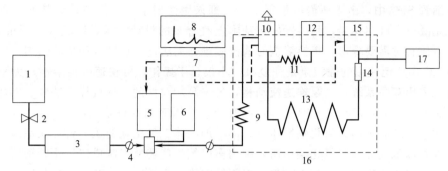

图 6-6 超临界流体色谱仪流程图

1—流动相储罐；2—调节阀；3—干燥净化管；4—截止阀；5—高压泵；6—泵头冷却装置；
7—微处理机；8—显示打印装置；9—热交换柱；10—进样阀；11—分流阻力管；
12—分流加热出口；13—色谱柱；14—阻力器；15—检测器；
16—恒温箱；17—尾吹气

换为气体，实现相的转变。当使用火焰离子化检测器时，阻力器应放在检测器之前（以保证色谱柱的出口压力缓慢地降至常压）。使用其他（能承受高压的）检测器时，阻力器可放在检测器之后，如紫外检测器。为防止高沸点组分的冷凝，阻力器一般应维持在 $300\sim400℃$。

② 色谱柱应有精密的温控系统，以便为流动相提供精确的温度控制。

③ 整个 SFC 色谱仪器都处在足够的高压下，只有这样才能使流动相处于高密度状态，以提高洗脱能力，因此，超临界色谱仪必须有精密的升压控制装置。

④ 当使用极性较弱的超临界流体（如二氧化碳）作为流动相，在分离分析极性化合物或分子量高的化合物时，常需加入甲醇、乙腈等有机改性剂，以改善流动相对极性样品的溶解能力，扩大流动相样品的适用范围。

⑤ 由于有机改性剂的加入和流体流速对分离效果影响明显，因此要求输送系统具有较高的精密度，用以保证色谱分离的重复性。

因此 SFC 仪器要求的操作条件很高，对仪器各部件的制造和连结都提出了新的要求。早期的理论或应用研究中，SFC 设备多由实验室改装气体色谱仪或液相色谱仪而成，目前已有多种商品化的 SFC 仪器问世。例如用 HPLC 进行改装时，只要在原有设备基础上添加高压进样器和压力控制系统，并根据需要选择合适的高压检测器，即可将 HPLC 改装成简易的填充柱 SFC。因为 SFC 在高压状态下操作，因此改装时必须解决好压力控制问题，既要使流体在系统中保持超临界状态，又要防止管线堵塞和泄漏。与之前的通过 HPLC 仪器组装的 SFC 仪器不同，现代 SFC 仪器越来越注重仪器的整体化，通过整体设计（系统体积小）和色谱柱技术的改进（色谱柱颗粒小），能使色谱分离在一个梯度条件下，不仅基线噪声极低，而且重复性好、峰形窄、峰宽一致。

二、流动相输送系统

流动相输送系统或为高压泵系统，是 SFC 的关键部件，对泵的要求便于 SFC 的最佳化操作。具体要求：无脉冲输送；泵体较大；能够精密控制压力和流量；具有线性或非线性压力密度程序；适于超临界流体。目前在应用上有注射泵和往复泵，在该系统中，还有二氧化碳增压器和泵的程序控制。对于室温常压为气体的流动相，可将高压钢品中的流动相减压至所需压力或用升压泵增压。对于室温常压为液体的流动相，通常采用无脉动注射泵输送。

在毛细管 SFC 中，由于所需流量很低，大都采用注射泵。其优点是无脉冲，泵体大于150mL，充液一次可用几天，耐压性好，基本上符合泵的设计要求，因此被广泛推荐使用。缺点是其泵体有时需要冷却，更换溶剂时清洗困难，无法进行梯度（如加改性剂）冲洗。

当前 LC 中广泛使用的输液泵是往复泵，不仅易于操作，可快速改换溶剂，无限输送溶剂，而且可采用双泵系统，一泵输送流动相，另一泵加改性剂，进行梯度洗脱。但往复泵不能直接输送液体二氧化碳，需要对泵体加以改装，并用冷冻剂将泵头冷至 $-8℃$，才能输送液体二氧化碳。还有采用二氧化碳增压器，即增加液体二氧化碳的压力就可在室温下注入注射泵。国外都以氦气充入二氧化碳钢瓶，国内多以氢气代替氦气制成二氧化碳钢瓶，效果很好。一般是在二氧化碳钢瓶瓶嘴下，焊一根不锈钢管，直插瓶底，装进二氧化碳后，接氦气或氢气钢瓶。

在 SFC 中注射泵、往复泵的控制参数，通常是压力而不是流量。泵的流出压力一般由计算机控制。以设定点压力与实际压力进行比较控制流出压力。实际压力是由泵出口处的压力传感器得到的，控制系统能控制流动相的压力或密度程序。密度程序是由有关流动相的压力及温度与密度的关系，通过一定算法而得到的，然后用密度作为控制参数。

三、进样系统

一般来说，LC 的进样器，都适合于 SFC 的仪器，特别是对填充柱 SFC，可用类似于 LC 的进样器。但毛细管 SFC 因其进样量很小，要求进样器的内管体积小，进样速度快，故常用分流进样法进样。通常采用四通、六通进样阀。在分流进样中也存在样品"失真"的问题，应特别注意。

（一）手动注射阀

LC 用的定量管体积为 $10\mu L$ 的六通进样阀也常用于 SFC，采用半填充法，进样量为 $0\sim10\mu L$，重复性良好，这种阀无论接细孔径填充柱直接进样，还是由分流三通接毛细管柱进样，重复性和柱效都令人满意，在进样体积较大时，还可采用预柱浓缩样品，提高柱效。

（二）气动转动注射阀

气动转动注射阀设计新颖，可在注射位置停留一定时间，然后快速回到采样位置，定时进样可由停留时间的长短控制进样量 $1\sim500\mu L$。快速复位使进样真正达到脉冲进样，从而达到提高柱效的效果。

1. 定时分流注射阀

定时分流注射阀由 10MPa 氢气压力驱动，阀内管体积为 $0.2\mu L$，停留时间为若干毫秒，由微机控制。进样时由注射头打进样品，过量样品由废液容器收集，按动注射开关，阀在注射位置停留一定时间后，很快复位，就可打进纳升样品。大部分经分流阻力器或开关阀放空，小部分进石英毛细管柱进行分离。分流与进柱流速比即为分流比，一般控制在 $(6\sim20):1$ 或更大些。分流比可由测量分流阻力器及柱后阻力器出口处的流速来测定。定时分流注射定量分析的定量重复性很好。

2. 不分流注射阀

可将毛细管柱直接插到进样阀的底部，在瞬间注入极小量的样品，因此可用不分流注射阀进样。不分流注射阀的定量重复性经试验也是令人满意的。

四、分离系统

SFC 分离系统包括柱温箱、色谱柱、阻力器及连接器等。色谱柱是分离的核心部件，前文已有介绍，本部分重点讨论柱温箱和阻力器。

（一）柱温箱

一般 GC 的柱温箱都能满足 SFC 需要。低容量双柱双流路柱温箱的炉膛较大，便于安装柱子及阻力器和检测器插件。检测器插件能容纳多种检测器，炉子两侧留有 MS、FTIR 等接口。

在 SFC 中由于柱温对组分的保留作用很复杂，故在不同的温区要求不同的温度程序。温度低于 100℃ 的低温区内，组分的保留值随柱温增高而增大，故对宽沸程样品分析，要求有负的温度程序，即在程序降温下进行分析。而在温度高于 100℃ 的高温区内，组分的保留值随柱温增高而降低，则要求用程序升温进行分析。

此外，超临界流体的密度是柱温的函数，故对柱温的控制要求精确，炉膛温度梯度为 ±0.5℃。在使用正戊烷做超临界流体时，应避免渗漏，同时保证在最高温度时，炉丝不产生橘红色为宜。

（二）阻力器

阻力器或备压调节器是 SFC 中影响分离的一个特殊部件。通常接到色谱柱后，以保证超临界流体在整个色谱柱分离过程中和整个系统中始终保持为流体状态，而阻力器后流动相就降为大气压。当用 FID、NPD、FPD、MS 时，在色谱柱出口和检测器之间，需要一个阻力器（或称备压调节器），以保证色谱柱的出口压力缓和地降至大气压，当用紫外、荧光检测器时，因其本身可在高压下操作，故可在检测器出口接阻力器降压。常用的阻力器有直管型、小孔型和多孔玻璃型。对于复杂样品及一般应用，可选用多孔玻璃型阻力器，由烧结玻璃段的长短决定线速度，使用方便，效果好。对于一般样品分析，可选用小孔及锥型阻力器。对于紫外、荧光检测器，可在出口接直管型阻力器，调整阻力器长短，能确定流动相线速度。

1. 直管型阻力器

直管型阻力器，是由一根内径 $5\sim10\mu m$ 石英毛细管组成，长度根据需要确定。这种阻力器结构简单，可由细管长度决定阻力大小。但非挥发性物质易凝结而使喷口阻塞，易产生毛刺而使样品"失真"。

2. 小孔型阻力器

小孔型阻力器，可以单独做成，亦可作为石英毛细管的一端，做成整体阻力器，使用方便，效果较好。

3. 多孔玻璃型阻力器

多孔玻璃型阻力器是由多孔二氧化硅烧结制成的。全长约 20cm，一端由对接连接器与毛细管柱相连，另一端接 FID，使用方便，效果好。

五、检测系统

在超临界流体色谱中由于流动相具有惰性和流体性质，因此可接 LC 的光度检测器，而流体流出了色谱柱可减压成气体，故可接大部分 GC 检测器，尤其是火焰离子化检测器。流动相这些特性，使 GC 和 LC 检测器在 SFC 中得以通用，使其可利用的检测器大为扩展。其中最重要的检测器是高灵敏度的通用型 GC 检测器——FID，其次是 LC 检测器——紫外和荧光检测器。实际过程中，检测器的选择要考虑不同的流体和检测方法的匹配问题。

1. 火焰离子化检测器

火焰离子化检测器（FID）因其死体积小、响应快，是接毛细管柱 SFC 的理想检测器。但是要作为 SFC 的检测器要求其稳定性更好、灵敏度再提高。由此 Lee Scientific 公司推出新的 FID 设计，采用新的筒状收集电极，力求把全部产生的离子收集下来，可以显著提高检测器的效率；采用废气防空限流法，使火焰稳定性提高，噪声降低。FID 的检测限达 $10^{-13}\,g/s$。为满足超临界流体气化时大量吸热，使高分子物质气化，FID 具有大的加热器，并保持在 $350 \sim 450℃$。但 FID 属于破坏型检测器，有些场合并不适用。

2. 紫外和荧光检测器

紫外和荧光检测器是 LC 常用的检测器，它们在 SFC 中也很重要。当用正己烷、正戊烷等作流动相，或在超临界流体中添加改性剂梯度洗脱时，火焰离子化检测器不能使用，只能采用紫外和荧光检测器。在 SFC 中，紫外和荧光检测器是非破坏型检测器，因此可以用来制备微量样品或制备色谱。

3. 其他检测器

氮磷检测器（NPD）是测定含氮有机物的选择性检测器，可用于药物及氨基酸分析。双火焰光度检测器（FPD）是一种高灵敏度、高选择性的测定有机硫和有机磷化合物的检测器。这种检测器能够消除大量烃类对测定硫和磷的干扰。射频等离子体检测器（RPD）是一种高灵敏度、高选择性的多元素光谱检测器，有很好的发展前景。微波诱导等离子体检测器、无线电频率等离子体检测器及电感耦合等离子体（ICP）检测器可用于金属有机化合物的检测，在 SFC 中也被广泛采用。电流检测器、电子捕获检测器及激光散射检测器等都作为检测手段在 SFC 中得到良好应用。

🕹 科学探究

SFC 联用的检测器：质谱

在过去几年中，SFC 重新受到关注，主要是由于色谱仪器主要制造商引入了最先进的系统。此外，这些仪器现在可以与最新一代填充亚 $2\mu m$ 全多孔和亚 $3\mu m$ 表面多孔颗粒的色谱柱完全兼容。当现代超临界流体色谱（SFC）系统和最先进的色谱柱技术结合时，可以获得非常高的动力学性能。SFC 以前的一些限制，如紫外检测器灵敏度差、技术可靠性有限和定量能力弱等，均可以得到很好的解决。

SFC 除了与更常用的反相液相色谱（RPLC）具有良好互补性外，还可以与各种检测器兼容。其中质谱（MS）被认为是最强大的检测器之一，这要归功于其灵敏度高，选择性好和通用性强。而且，该检测器已成为复杂基质中痕量化合物确定的金标准。例如，MS 检测器已经系统地用于生物分析，药物代谢研究，多残留筛选，植物提取物表征。与 LC-MS 相比，超临界流体色谱-质谱（SFC-MS）的潜力尚未得到充分研究，但前景很好，特别是在替代 LC-MS 的选择性和互补性方面。

第四节　超临界流体色谱的操作条件

超临界流体色谱法根据填充柱和毛细管柱的不同，进而选择适合的操作条件，主要有固定相和液膜厚度、柱径和柱长、流动相及其线速度、压力和密度、柱温和检测室温度，还有阻力器和检测器的选择。

一、色谱柱的选择

（一）固定相选择原则

不论是毛细管柱还是填充柱，SFC 对固定相的要求，首先是抗溶剂冲刷，即在大量溶剂冲淡、加压和减压，体积膨胀和收缩后，稳定性好；其次是化学稳定性好，选择性高，即固定相不与组分发生化学反应，且带有一定基团，呈现出良好的选择性；再次是热稳定性好，使用温度范围较宽。同时固定相的选择也要考虑流动相的性质。

（二）常用固定相

1. 填充柱

填充柱 SFC 色谱柱，几乎使用了所有的反相和正相 HPLC 键合相填料，固定相有非极性、中等极性和极性，使用最多的是硅胶和烷基键合硅胶，正相色谱填料中的二醇基、腈基、2-乙基吡啶等键合硅胶也有不少应用。

在超临界流体色谱的填充柱中也有用微和亚微级填充柱的，填充 $1.7 \sim 10 \mu m$ 的填料，内径为几毫米。还有用内径为 $0.25mm$ 的毛细管柱填充 $3 \sim 10 \mu m$ 填料的毛细管填充柱。

2. 毛细管色谱柱

在毛细管超临界流体色谱中使用的毛细管柱，主要是细内径的毛细管柱，内径为 $50 \mu m$ 和 $100 \mu m$。SFC 的操作温度比 GC 低，因此 SFC 可用的固定相较 GC 多。但由于 SFC 的流动相是具有溶解能力的液体，所以毛细管柱内的固定相必须进行交联，并且在老化处理中，加长老化时间，以使液膜牢固。所使用的固定相有聚二甲基硅氧烷、苯甲基聚硅氧烷、二苯甲基聚硅氧烷、含乙烯基的聚硅氧烷、正辛基、正壬基聚硅氧烷等，在手性分离中使用了连结手性基团的聚硅氧烷。

在毛细管 SFC 中，液膜厚度主要受样品的挥发性和检测器灵敏度限制。薄液膜毛细管柱快速高效，适合分析非挥发性的样品；但样品容量低、检测器灵敏度要求高。厚液膜毛细管柱，样品容量大，柱效损失小，可接各种检测器，对于一般样品的分析，柱效和柱容量能得到兼顾，应用面广。

（三）柱径和柱长的选择

柱径、柱长是影响柱效、分析速度的操作变数。对填充柱来说，改变的余地较小，而对毛细管柱则有较大的选择性。

在毛细管 SFC 中，柱径与柱效和最佳线速度成反比。降低柱径将导致最佳线速度增加和柱效的提高，有利于分离，但是柱径减小对同样液膜厚度的毛细管柱，将导致柱容量急剧下降和柱压差的大幅度增加。这就限制了特细内径、高效柱的应用。一般直径大于 $50 \mu m$，柱压差小于 3%，柱效和柱容量都较好，故毛细管 SFC 通常选用大于 $50 \mu m$ 的柱径。对于一般分析应用，可选用 $50 \mu m$ 的毛细管柱，在已有的毛细管 SFC 应用中约占 60%。对于常规分析，也可选用 $100 \mu m$ 的毛细管柱，在已有的毛细管 SFC 应用中约占 20%。

在毛细管 SFC 中，柱长与总柱效和柱容量成正比，增加柱长将增加总柱效和柱容量，对分离多组分混合物很有利，但需要延长分析时间，因此在 SFC 中，对于常规分析，可选用 $3 \sim 5m$ 的毛细管柱；对于一般分析应用，可选用 $10m$ 的毛细管柱；对复杂的多组分分析，可选用 $15 \sim 20m$ 的毛细管柱。

二、流动相和改性剂的选择

1. 超临界流体的溶解性能

超临界流体色谱的流动相特点，主要是它在不同压力下有不同的溶解各种样品的能力。溶剂的溶解能力常用溶解度常数 δ 来描述。溶解度常数 δ 的定义为：

$$\delta = \sqrt{\frac{E}{v}} \tag{6-7}$$

式中，E 是分子的摩尔内聚能；v 是分子的摩尔体积。

而 δ 和化合物临界参数的关系为：

$$\delta = 1.25\sqrt{P_c}\frac{\rho_c}{\rho_1} \tag{6-8}$$

式中，P_c 是临界压力；ρ_c 是和 P_c 对应的密度；ρ_1 是化合物在液态形式下的密度。$1.25\sqrt{P_c}$ 项称化学效应项，它和分子里内部作用力有关，而 $\frac{\rho_c}{\rho_1}$ 项称为状态效应项，它和分子的摩尔体积有关。

从式（6-8）中可以看出溶解度常数随超临界流体密度的增加而增加。研究经验表明，当两组分的 δ 之差的绝对值小于 $2.04\mathrm{MP}^{1/2}$ 时，二者的互溶性就好，或者二组分的 δ 越接近，其互溶性就越好。

对二氧化碳的超临界流体的 δ 可用式（6-9）计算，计算误差约为 10%。

$$\delta = 8.54\rho \tag{6-9}$$

2. 流动相的选择原则

SFC 的流动相为压缩状态下的流体，有较多的气体或液相可供选择，其选择原则为：临界常数越低越好；对样品有合适的溶解度；具有化学惰性，不与样品等作用；能与检测器匹配，安全不易爆炸；价格便宜，方便易得等。

3. 常用流动相

SFC 可以使用的超临界流体列于表 6-2 中。由表 6-2 可知，二氧化碳的临界温度（T_c）和临界压力（P_c）均较低，且无毒、具有化学惰性、热稳定性好且便宜，并能用于大多数的检测器，但样品中含有氨或者氨基时，能发生反应而不能使用。但是二氧化碳并不是 SFC 理想的超临界流体，主要是因为它的极性太弱，对一些极性化合物溶解能力差。在表 6-2 中的下半部分是极性的超临界流体。氨也可用作流动相，主要用于碱性化合物，氨能与六氟化硫一起使用，但不能与二氧化碳在一起使用。但是氨的溶解能力太强，不适合于硅胶类固定相，甚至连一些仪器的部件也能溶解。在高压下，正戊烷、二乙醚、甲醇和异丙醇等加热至 200℃时，仍保持稳定，也可作流动相。在实际使用中仍然以二氧化碳为最多。

选择 SFC 流动相的另一个着眼点是和检测器相匹配，如果使用 UV 检测器，上述超临界流体均可使用。如果考虑到使用 FID，流动相要不可燃，只有二氧化碳、六氟化硫和氙可以使用。氙适合于红外检测器，因为它是惰性气体，在检测波段处无红外吸收。另外，SFC-MS 联用可用氙作流动相。

下列常用超临界流体的溶解能力，在相同的压力下其次序为

　　　　　　乙烷＜二氧化碳＜氧化亚氮＜三氟甲烷

在同样情况下，分离能力按下列次序增加

二氧化碳＜氧化亚氮＜三氟甲烷≈乙烷

二氧化碳是一种非极性溶剂，低分子量和非极性化合物可以在超临界二氧化碳流体中溶解，当极性和分子量增加时溶解度就下降。表 6-3 是各种物质在超临界二氧化碳流体中的溶解度。

表 6-2　SFC 中使用的超临界流体

超临界流体	临界温度 T_c/℃	临界压力 P_c/MP	临界密度 ρ_c/(g/cm³)	溶解度常数 δ/MP$^{1/2}$
二氧化碳	31.5	7.29	0.466	15.3
氧化亚氮	36.4	7.15	0.452	14.7
六氟化硫	45.5	3.71	0.738	11.3
氙	16.5	5.76	1.113	12.5
乙烯	9.2	4.97	0.217	11.9
乙烷	32.2	4.82	0.203	11.9
正丁烷	152.0	3.75	0.228	10.8
异丁烷	134.9	3.6	0.221	
正丙烷	196.5	3.33	0.237	113
正己烷	234.2	2.93	0.233	10.0
乙醚	193.5	3.59	0.265	15.1
四氢呋喃	267.0	5.12	0.322	—
乙酸乙酯	250.1	3.78	0.308	18.6
乙腈	274.8	4.77	0.253	24.3
甲醇	239.4	7.99	0.272	29.7
2-丙醇	235.1	4.70	0.2773	—
氨	132.4	11.13	0.235	19.0
水	374.1	21.76	0.322	47.5

表 6-3　一些物质在超临界二氧化碳流体中的溶解度表

可溶解的化合物	可部分溶解（溶解度 ω）	不溶解的化合物
苯	水（$\omega=0.1\%$）	尿素
吡啶	碘（$\omega=0.2\%$）	甘氨酸
乙酸	萘（$\omega=2.0\%$）	苯乙酸
甘油二乙酸酯	苯胺（$\omega=3.0\%$）	丁二酸
乙醇	乳酸（$\omega=0.5\%$）	羟基丁二酸
己醇	甘油（$\omega=0.05\%$）	酒石酸
苯甲醛	正癸醇（$\omega=1.0\%$）	葡萄糖
樟脑		蔗糖

4. 改性剂

通常，在 SFC 中由于极性和溶解度的局限，使用单一的超临界流体并不能满足分离要求，需要在超临界流体中加入改性剂。在 SFC 中，选择性是流动相和固定相两者的函数，在 GC 中溶质的保留受流动相压力及其性质的影响较小，故选择性基本上是固定相的函数，在 LC 中可用梯度洗脱，改变流动相的性质，从而影响溶质的保留。在 SFC 中流动相的极性也可采用梯度技术（加入改性剂）加以调整，达到与 LC 同样的梯度效果。

二氧化碳是最常见的流动相，由于它是非极性溶剂，欲增加其在 SFC 中对极性化合物的溶解和洗脱能力，常常在二氧化碳中加入少量的极性溶剂。这些改性剂包括甲醇、异丙醇、乙腈、二氯甲烷、四氢呋喃、二氧六环、二甲基酰胺、丙烯、碳酸盐、甲酸和水等。最常用的改性剂是甲醇，其次是其他脂肪醇。在戊烷中加入甲醇或者异丙醇作为阻滞剂以减少吸附效应，使之较纯戊烷在相同时间内可洗脱出更多的组分。在非极性流体中加入适量的极性流体，可以降低保留值，改进分离的选择性因子，达到改善分离的效果，提高柱效。这种在流动相中加入改性剂的流动相可称为混合流动相。混合流动相目前研究仍较为活跃。

混合流动相的近似临界常数可用 Kay 法计算

$$T_{c,M}=Y_A T_{c,A}+Y_B T_{c,B} \tag{6-10}$$

$$P_{c,M}=Y_A P_{c,A}+Y_B P_{c,B} \tag{6-11}$$

式中，$T_{c,M}$，$P_{c,M}$ 分别为混合流动相的近似临界温度和临界压力；$T_{c,A}$，$T_{c,B}$，$P_{c,A}$，$P_{c,B}$ 分别为纯组分的临界温度和临界压力；Y_A 和 Y_B 分别为各组分相应的摩尔分数。

对于改性剂的作用机理，进行了大量的研究工作。除了溶质的增加溶解度以外，改性剂还可以起到如下的色谱作用：掩盖了固定相上残留的硅醇基活性基团；改善了流动相与固定相的表面张力。对于中等极性的物质，在超临界二氧化碳中加入一定量的极性有机溶剂便可达到理想的分离目的；而对于强极性的化合物仅加入极性改性剂是不够的。为实现对强极性物质的 SFC 分离，在改性剂中加入了微量的强极性有机物（称之为添加剂）成功地分离了有机酸和有机碱。流动相中微量强极性添加剂的加入拓宽了 SFC 的适用范围。

5. 压力和密度

SFC 的柱压降大，比毛细管色谱大 30 倍，压力对分离有显著影响。柱前端与柱尾端分配系数相差很大，也就是说在柱头由于流动相的密度大，溶解能力大，而在柱尾则溶解能力变小，产生压力效应。SFC 流体的密度受压力影响显著，在临界压力处具有最大的压力，超过临界压力点影响小，超过临界压力 20%，柱压降对密度的影响较小。超临界流体的密度随压力增加而增加，密度增加提高溶剂效率，色谱峰的出峰时间缩短。SFC 中通过程序升压实现流体的密度改变达到改善分离的目的，相当 GC 中程序升温技术。

对于一个特定的溶质，$\lg k$ 正比于流动相的密度 ρ

$$\lg k=\lg k_0+S\rho \tag{6-12}$$

式中，k_0 是 $\rho=0$ 时的 k，k_0 是温度的函数；S 为比例常数。

密度程序是 SFC 最重要的操作参数，一个非挥发性多组分混合物能否分离好，关键是程序设计及选择。

实现程序升密度有两种方法，一种是改变温度，另一种是改变压力。但改变压力的方法较为灵敏，并且容易控制。因此，通常采用改变压力的方法。通过程序升压，可控制流动相的溶解能力，有利于提高选择性和分离效率，有利于对具有宽范围分子量的混合物进行快速分离。

SFC 中的程序设计有以下几种：①线性压力程序；②线性密度程序；③非线性密度程序；④同步非线性密度、温度程序。一般根据样品要求具体对待。

流动相压力和密度在每一温度下以同样方式影响保留值，在类似 GC 区，增加压力，$\lg k$ 值降低，在较低温度下，类似 LC 区，$\lg k$ 随压力增加而增加。选择适当的密度程序可使多组分混合物得到最佳分离，提高分离速度（图 6-7）。

6. 流动相的流速

流动相的流速是影响分离柱效和分析速度的操作参数。流动相流速选择的原则是快速、高效。尽管 SFC 的最低塔板高度很低，但最佳线速度却很小，很难达到快速分析的目的。超临界流体的流速可远大于 LC 的流速，多采用 3～5 倍 LC 流速作为流动相的流速。

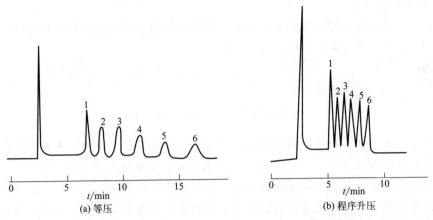

图 6-7　程序升压对 SFC 分离改善的效果图
1—胆甾辛酸酯；2—胆甾辛癸酸酯；3—胆甾辛月桂酸酯；4—胆甾十四酸酯；
5—胆甾十六酸酯；6—胆甾十八酸酯

柱：DB-1；流动相：二氧化碳；温度：90℃；检测器：FID

三、温度的选择

（一）色谱柱温度

色谱柱温度对保留值的影响是复杂的，一般要大于或等于超临界流体的临界温度。Chester 研究了柱温和保留的关系，导出了以下的公式：

$$\lg k = 0.43 \frac{\Delta H_M}{RT} - 0.43 \frac{\Delta H_S}{RT} - \lg \beta \tag{6-13}$$

式中，k 为容量因子；ΔH_M 为溶质在流动相中的溶解热；ΔH_S 为溶质在固定相中的熔解热；β 为柱子的相比；R 为气体常数；T 为热力学温度。式（6-13）中第 1 项为类似 LC 溶解作用对保留的贡献，第 2、3 项为类似 GC 挥发作用对保留的贡献。理想的情况下，$\lg k$ 对 $1/T$ 作图应为直线，但这种情况并不总是存在。一些研究表明，当温度区间范围较小的时候线性关系才成立，因为小的温度范围，超临界流体的密度变化较小，溶解度变化不大。

可用正或负温度程序进行分离，柱温的选择常为：对于一般样品分析，柱温应先在高压 GC 区，在 $100 \sim 125℃$；当没有压力或密度程序时，在恒压下 SFC 区（$<70℃$）可利用负温度程序分析多组分混合物；当有压力或密度程序时，在高压 GC 区（$>100℃$）可利用程序升温提高高沸物的扩散系数、黏度而改进分离。

（二）检测器温度

检测器大致分为破坏型和非破坏型两类，其检测器温度应有所不同。

1. 破坏型检测器

火焰基破坏型检测器，如 FID、FPD、TID（热离子化检测器）、RPD 等，为补偿流动相减压气化所吸收的热量及高分子量物质气化所需热量，必须给予足够的热量，一般应保持在 $250 \sim 450℃$，通常为 $350 \sim 400℃$，检测器温度基本上与 FID 灵敏度无关，但有报道，FID 温度每增加 $100℃$ 灵敏度提高约 1%，但检测器温度的提高还要受某些限制，如石英弹性阻力器的聚酰亚胺保护漆在 $400℃$ 以上会很快老化变质，并且 FPD 温度增高灵敏度下降等。

2. 非破坏型检测器

光谱型非破坏型检测器，如荧光检测器，其阻力器置于检测器之后，其温度一般为室温或柱温，而 FTIR 的阻力器出口则应加以冷冻等。

案例

基础油和润滑油添加剂的分离

润滑油是由基础油和很多不同种类的添加剂组成的复杂的混合物。基础油可能包含复杂的油类成分，且添加剂占润滑油组成的 25%，因此对润滑油进行分析很困难。

常规检查方法包括直按检测方法和色谱方法。直按检测方法，如 UV、IR 或 NMR，通过碳或其他元素检测，可以快速得到润滑油简要信息，但是它们的特异性较低。色谱方法，如 GC 和 LC 可以用来对添加剂（大部分是聚合物添加剂）进行分离和鉴定，但是它们不能完全测定润滑油的组成。

因为已经建立起良好的 SFC 分离技术，能够解决一些分析方面的挑战，可以将其应用于润滑油的分析。SFC 另一个重要的优势是它与 GC 和 LC 中使用的大部分检测器都是兼容的。因为超临界 CO_2 是具有溶剂化作用的稠密流体，SFC 对于重质烃类的分析优于 GC。SFC 可以在超过 900℃ 的较宽沸程进行模拟蒸馏，并实现了高效的重质组分分离，而且这两种情况下都可以像 GC 那样使用 FID。对于烃类分离尤其是定量分析来说，这是超越 LC 和质谱的关键性优势。所以美国材料实验协会（ASTM）发布了使用 SFC 的标准方法并且 SFC 可以应用于日常分析。

第五节　超临界流体色谱的应用及示例

一、超临界流体色谱的应用

超临界流体色谱正处在研究、发展阶段，超临界流体色谱的应用也处在开发、推广时期。近年来，超临界流体色谱技术的发展速度较快，发表的研究论文日渐增多，商品化仪器也增长较快。SFC 以其独特的优点应用于药物分析，对映体拆分，食物和天然药物、生物分子、炸药、农药和化工产品等的分析。

1. 在药物分析中的应用

SFC 用于药物分析时，具有分析速度快，选择性好，分离效率高，样品处理简单等优点，并适用于稳定性差、极性大和挥发性小的药物分析，可以作为 GC 和 HPLC 在该领域的重要补充技术。SFC 应用于药物分析主要采用以二氧化碳为主体的流动相，由于多数药物都有极性，所以必须在流动相中加入极性改性剂，最常用的改性剂为甲醇。另外，微量的添加剂，像三氟乙酸、乙酸、三乙胺和异丙醇胺等，可起到改善色谱峰形的作用。

2. 在生物分子中的应用

生物分子通常是热不稳定的，用 GC 无法直接分析，用 HPLC 有时又苦于无法采用紫外检测器。利用 SFC 具有高分辨能力，中等柱温和检测器可选范围大的特点，可分离生物分子。食品和天然产物等一类复杂的多组分混合物，正是 SFC 发挥其高分离效能的场所。

如：热不稳定的天然脂类、甾类化合物、多元不饱和脂肪酸及其脂、天然色素、氨基酸和糖类等。

3. 在手性化合物中的应用

SFC 分离手性化合物可分为直接法和间接法两种。直接法包括使用手性固定相和手性流动相；而间接法则基于手性衍生作用，先把对映物转化为非对映物，然后用非手性固定相分离。目前，手性固定相直接分离法是发展最快的领域，而间接法则相对使用较少。超临界流体色谱的手性固定相是在 HPLC 和 GC 手性固定相的基础上发展起来的。目前已有大量的商品化手性固定相（CSPs）问世。通常 CSPs 按手性选择器的类型分为酰胺类、环糊精类及多糖类等，除冠醚类和蛋白质类外，绝大多数 CSPs 都可直接用于 SFC，而不需任何改进处理。分析时，温度对分离的选择性、分离度和保留时间的影响较大。一般表现为温度降低，选择性会线性增大，分离度得以提高，保留时间则稍增加；此外，流动相的组成，特别是流动相中极性添加剂的种类和用量对分离的影响也很大，在分析酸碱性的手性药物时，流动相中添加少量酸或碱对分离的选择性和保留值具有很大影响。

4. 其他方面的应用

SFC 在其他方面还有着非常广阔的应用前景，可用于聚合物及其添加剂的分析，在化工上用于石油化工产品的分析，在环保中用于农药、除草剂等的残留物检测和其他污染物分析，对氨基甲酸酯、拟除虫菊花酯、有机磷、有机氯、有机硫及有机氮类等农药具有良好分离效果，还可用于炸药和多环芳烃化合物的分析。而 SFC 在金属络合物和金属有机化合物中的分析应用也有报道。

二、超临界流体色谱的应用示例

实例 1：阿咖酚散中阿司匹林、咖啡因和对乙酰氨基酚三种组分的 SFC 分析，见图 6-8 所示。

分离模式：填充柱 SFC。

柱系统：KromasilSlica 填充柱（4.6mm×250mm，5μm）。

分析条件：18％甲醇（二氧化碳）；备压：20MPa；柱温：50℃。

检测器：紫外，275nm。

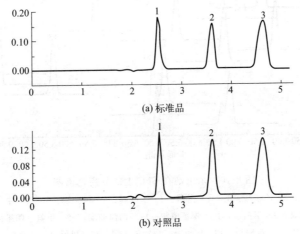

(a) 标准品

(b) 对照品

图 6-8　阿司匹林、咖啡因和对乙酰氨基酚的 SFC 分析

1—阿司匹林；2—咖啡因；3—对乙酰氨基酚

实例 2：银杏提取物中黄酮类化合物 SFC 上的测定，见图 6-9 所示。

分离模式：填充柱 SFC。

柱系统：苯基柱（4.6mm×200mm，5μm）。

分析条件：二氧化碳-乙醇-磷酸（90∶9.98∶0.02，$v/v/v$）；流速：1.05mL/min；压力：25.0MPa；温度：50.0℃。

检测器：紫外。

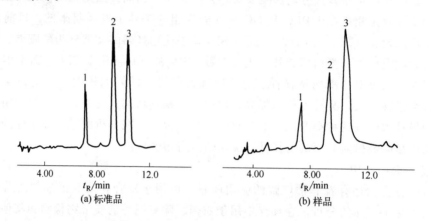

图 6-9　标准品及银杏提取物中黄酮类化合物色谱图
1—异鼠李素；2—山奈酚；3—槲皮素

实例 3：杀虫剂在 SFC 上的分析，见图 6-10 所示。

分离模式：填充柱 SFC。

柱系统：Inertsil ODS-EP（4.6mm×100mm，5μm）。

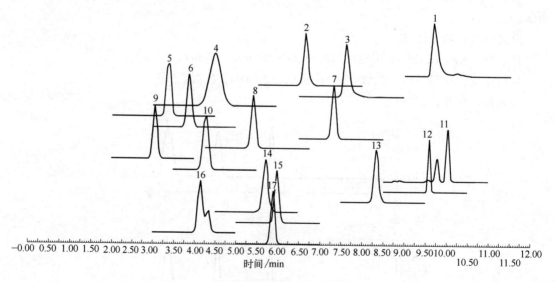

图 6-10　杀虫剂在 SFC 上的分离色谱图
1—二溴杀草快；2—乙膦酸；3—马来酰肼；4—丁酰肼；5—甲胺磷；6—灭多虫；7—啶虫脒；
8—多菌灵；9—甲菌定；10—噻氟菌胺；11—四溴菊酯；12—甲氨基阿维菌素苯
甲酸盐；13—定虫隆；14—灭螨醌；15—哒螨灵；
16—氯氰菊酯；17—醚菊酯

　　分析条件：二氧化碳，甲醇（0.1％甲酸铵）；洗脱梯度：5％ *B*（2min），5％～10％ *B*（5min），10％～40％ *B*（2min），40％ *B*（8min），40％～50％ *B*（1min），5％ *B*（2min）。柱温：35℃。

　　检测器：质谱（MS）。

　　实例4：大豆磷脂的SFC分离，见图6-11所示。

　　分离模式：填充柱SFC。

　　柱系统：Sphefisorb250mm×4.6mm，内填10μm的C18固定相。

　　分离条件：二氧化碳-乙醇-三乙胺（10∶1∶0.05，$v/v/v$）；流速：1.10～1.30mL/min；压力：20.0～30.0MPa；温度：30.0～60.0℃

　　检测器：紫外，214nm。

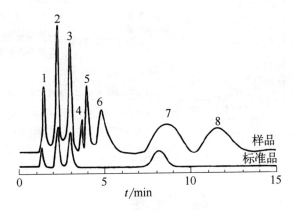

图6-11　大豆磷脂的超临界流体色谱图

1—溶剂；2—磷脂酰乙醇胺（PE）；3—磷脂酰肌醇（PI）；

4—磷脂酰丝氨酸（PS）；5—磷脂酸（PA）；

6—未知物；7—磷脂酰胆碱（PC）；

8—溶血性磷脂酰胆碱（Lyso-PC）

应用

SFC在新药研发中的应用

　　药物开发阶段通常是候选药物及其结构类似物的合成和随后的结构确认。新开发和合成的药物候选物的鉴别需要好的方法特异性和定性能力，通常需要红外光谱（IR）、核磁共振（NMR）和MS（尤其是HRMS）数据的结合。在MS之前经常使用色谱技术以确保干扰物的分离。LC是目前首选技术。然而，由于SFC不同的分离选择性、广泛的适用性以及分析在RP-HPLC中过强保留的低极性化合物的可能性，SFC得到更广泛的应用。在体外生物测定中成功的候选药物需要进一步测试，并且药物应该能够获得纯的单体对映体，SFC在对映体纯度检测中有很好的应用。基于CO_2作为流动相的有利性质，SFC拥有非常好的互补性和许多优点。SFC在药物分析其他领域的重要性也逐渐增加。

项目总结

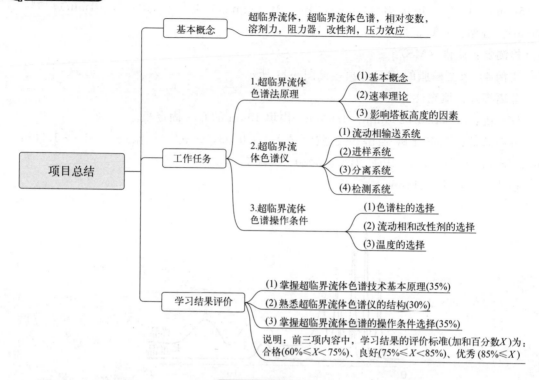

习 题

1. 超临界流体是处于（　　）以上的非凝缩性高密度流体。

A. 临界温度、临界体积   B. 临界温度、临界压力

C. 临界压力、临界密度   D. 临界体积、临界密度

2. 在超临界流体色谱中，使用了气相和液相色谱均不使用的重要部件（　　）。它的作用是保持其两端具有不同的相，使超临界流体色谱中既可以使用气相色谱检测器，也可以使用液相色谱检测器。

A. 激光器   B. 阻力器   C. 扩散泵   D. 超声波振荡器

3. 超临界流体色谱常用的流动相是（　　）。

A. 氢气   B. 二氧化碳   C. 一氧化碳   D. 氧气

4. 与气相和液相色谱仪相比，超临界流体色谱仪在结构上的主要特点是（　　）。

A. 在分离柱后使用"助力器"，以维持柱中一个合适的压力

B. 在分离柱后直接与检测器相连

C. 在分离柱后使用压力泵，以增加压力，提高流速，缩短组分保留时间

D. 在分离柱后使用恒压泵，以连接分离柱和检测器

5. 超临界流体色谱仪包括_____、_____、_____、_____四个部分。

6. 什么是超临界流体？超临界流体有何特性？

7. 什么是超临界流体萃取法？

第七章
离子色谱技术

⚡ **学习目标**

　　知识目标：了解离子色谱的应用领域，熟悉离子色谱工作过程，掌握离子色谱工作原理。

　　能力目标：掌握离子色谱仪正确开机、检测、关机，解决其过程中的问题。

　　素质目标：了解目前离子色谱检测在各个行业领域中的作用和发展趋势，培养学员对离子色谱检测的兴趣。

第一节　离子色谱法原理及其工作流程

一、离子色谱法由来

　　离子色谱法（IC）是由离子交换色谱法派生出来的一种分离方法。离子交换色谱法在无机离子分析和应用受到限制。如对于那些不能采用紫外检测器检测的被测离子，如采用电导检测器，由于被测离子的电导信号被强电解质流动相的高背景电导信号淹没而无法检测。为了解决这一问题，1975 年 Small 等人提出一种能同时测定多种无机和有机离子的新技术。离子交换分离柱后加一根抑制柱，抑制柱中装填与分离柱电荷相反的离子交换树脂。通过分离柱后的样品再经过抑制柱，将淋洗液中被测离子的反离子除去，具有高背景电导信号的流动相转变成低背景电导信号的流动相，从而用电导检测器可直接检测各种离子的含量。这种色谱技术称为离子色谱。离子色谱法，也从此作为一门色谱分离技术从液相色谱法中独立出来。经过近三十年的发展，离子色谱法已经成为分析离子性物质的常用方法。我国第一代离子色谱仪于 1983 年 6 月通过了专家鉴定。

二、离子色谱法原理

（一）离子交换原理

　　离子色谱法（IC）是利用离子交换原理，连续对共存的多种阴离子或阳离子进行分离、定性和定量的方法。

采用离子色谱法进行多种阴离子、阳离子、有机酸、有机胺、糖类、氨基酸等的定性与定量分析（或测试）。样品组分经分离后，被淋洗液带到检测器中形成高斯分布型色谱峰。在一定的色谱条件下，组分峰的流出时间即保留时间固定，以此作为组分离子的定性依据。在一定浓度范围内组分的峰面积（或峰高）正比于组分的浓度，以此计算出组分的含量。

离子交换色谱法是利用不同待测离子对固定相亲和力的差别来实现分离的。其固定相用离子交换树脂，树脂上分布有固定的带电荷基团和游离的平衡离子。当被分析物质电离后产生的离子可与树脂上可游离的平衡离子进行可逆交换，其交换反应通式如下：

阳离子交换：$R{-}SO_3^- H^+ + M^+ \rightleftharpoons R{-}SO_3^- M^+ + H^+$

阴离子交换：$R{-}NR_3^+ Cl^- + X^- \rightleftharpoons R{-}NR_3^+ X^- + Cl^-$

一般形式：$R{-}A + B \rightleftharpoons R{-}B + A$

达平衡时，以浓度表示的平衡常数（离子交换反应的选择性系数）为：

$$K_{B/A} = \frac{[B]_r[A]}{[B][A]_r}$$

式中，$[A]_r$、$[B]_r$ 分别代表树脂相中洗脱剂离子（A）和试样离子（B）的平衡浓度；$[A]$、$[B]$ 则代表它们在溶液中的平衡浓度。离子交换反应的选择性系数 $K_{B/A}$ 表示试样离子 B 对于 A 型树脂亲和力的大小：$K_{B/A}$ 越大，说明 B 离子交换能力越大，越易保留难以洗脱。一般来说，B 离子电荷越大，水合离子半径越小，$K_{B/A}$ 就越大。

对于典型的磺酸型阳离子交换树脂，一价离子的 $K_{B/A}$ 按从大到小的顺序为：

$$Cs^+ > Rb^+ > K^+ > NH_4^+ > Na^+ > H^+ > Li^+$$

二价离子的 $K_{B/A}$ 按从大到小的顺序为：

$$Ba^{2+} > Pb^{2+} > Sr^{2+} > Ca^{2+} > Cd^{2+} > Cu^{2+}, Zn^{2+} > Mg^{2+}$$

对于季铵型强碱性阴离子交换树脂，各阴离子的选择性系数从大到小的顺序为：

$$ClO_4^- > I^- > HSO_4^- > SCN^- > NO_3^- > CN^- > Cl^- > BrO_3^-$$
$$> OH^- > HCO_3^- > H_2PO_4^- > IO_3^- > CH_3COO^- > F^-$$

（二）固定相

作为固定相的离子交换剂，其基质大致有三大类——合成树脂（聚苯乙烯）、纤维素和硅胶。而离子交换剂又有阳离子和阴离子之分。再根据功能基的离解度大小，还有强弱之分（见表 7-1）。其中强酸或强碱性离子交换树脂较稳定，因此在高效液相色谱中应用较多。

表 7-1　离子交换剂上的功能基

类型	功能基	类型	功能基
强阳离子交换剂 SCX	$-SO_3H$	强阴离子交换剂 SAX	$-N^+R_3$
弱阳离子交换剂 WCX	$-CO_2H$	弱阴离子交换剂 WAX	$-NH_2$

常用的离子交换剂按固定相大致可分为以下几种。

1. 多孔型离子交换树脂

多孔型离子交换树脂主要是聚乙烯和二乙烯苯基的交联聚合物，直径为 $5\sim20\mu m$，有微孔型和大孔型之分。由于交换基团多，具有高的交换容量，对温度的稳定性亦好。其主要缺点是在水或有机溶剂中易发生膨胀，造成传质速率慢，柱效低，难以实现快速分离。

2. 薄膜型离子交换树脂

薄膜型离子交换树脂是在直径约 $30\mu m$ 的固体惰性核上，凝聚 $1\sim2\mu m$ 厚的树脂层。

3. 表面多孔型离子交换树脂

表面多孔型离子交换树脂是在固体惰性核上覆盖一层微球硅胶，再在上面涂一层很薄的离子交换树脂。薄膜型和表面多孔型树脂传质速率快，具有高的柱效，能实现快速分离，同时很少发生溶胀；但由于表层上离子交换树脂量有限，交换容量低，柱子容易超负荷。

4. 离子交换键合固定相

离子交换键合固定相是用化学反应将离子交换基团键合到惰性载体表面。它也分为两种类型：一种是键合薄壳型，其载体是薄壳玻珠；另一种是键合微粒载体型，它的载体是多孔微粒硅胶。后者是一种优良的离子交换固定相，它的优点是力学性能稳定，可使用小粒度固定相和柱的高压来实现快速分离。

（三）流动相

离子交换色谱法所用流动相大都是一定 pH 和盐浓度（或离子强度）的缓冲溶液。通过改变流动相中盐离子的种类、浓度和 pH 可控制容量因子 k 的大小，改变选择性。如果增加盐离子的浓度，则可降低样品离子的竞争吸附能力，从而降低其在固定相上的保留值。也可通过改变盐离子的种类，显著改变试样离子的保留值。一般对于阴离子交换树脂来说，各种阴离子的滞留次序为：

柠檬酸离子 $>SO_4^{2-}>C_2O_4^{2-}>I^->NO_3^->CrO_4^{2-}>Br^->SCN^->Cl^->HCOO^->$
$CH_3COO^->OH^->F^-$

所以用柠檬酸离子洗脱要比用氟离子快。阳离子的滞留次序大致为：

$$Ba^{2+}>Pb^{2+}>Ca^{2+}>Ni^{2+}>Cd^{2+}>Cu^{2+}>Co^{2+}>Zn^{2+}>Mg^{2+}>Ag^+>Cs^+$$
$$>Rb^+>K^+>NH_4^+>Na^+>H^+>Li^+$$

三、离子色谱法类型

离子色谱是高效液相色谱的一种，是分析离子的一种液相色谱方法。离子色谱法是根据离子性化合物与固定相表面离子性功能基团之间的电荷相互作用来进行离子性化合物分离和分析的色谱法。按照分离机理分为离子交换、离子排斥、离子对和金属配合物离子色谱法。

1. 离子交换色谱法

离子交换色谱法基于流动相中溶质离子（样品离子）和固定相表面离子交换基团之间的离子交换过程，用低容量的离子交换树脂，是应用离子交换的原理，它的分离机理是基于流动相中的溶质离子与离子交换树脂上带有相同电荷的可离解的离子之间进行可逆性交换，由于离子交换树脂上不同的离子对交换剂具有不同的吸附选择性而逐渐被分离，凡在溶液中能够电离的通常都可用离子交换色谱法进行分离。这在离子色谱中应用广泛。

离子交换色谱主要用来分离亲水性阴、阳离子。其主要填料类型为有机离子交换树脂，以苯乙烯二乙烯苯共聚体为骨架，在苯环上引入磺酸基，形成强酸型阳离子交换树脂，引入叔氨基而成季胺型强碱性阴离子交换树脂，此交换树脂具有大孔或薄壳型或多孔表面层型的物理结构，以便于快速达到交换平衡，离子交换树脂耐酸碱可在任何 pH 范围内使用，易再生处理、使用寿命长，缺点是机械强度差、易溶胀、易受有机物污染。

无机阴离子交换柱通常采用带有季胺功能团的交联树脂或其他具有类似性质的物质。常用的淋洗液为 Na_2CO_3 和 $NaHCO_3$ 按一定比例配制成的稀溶液，改变淋洗液的组成比例和浓度，可控制不同阴离子的保留时间和出峰顺序。

2. 离子排斥色谱法

离子排斥色谱的分离机理主要源于唐南（Donnan）膜平衡、体积排阻和分配过程，主要根据 Donnon 膜排斥效应，电离组分受排斥不被保留，而弱酸则有一定保留的原理，它主要采用高交换容量的磺化型阳离子交换树脂为填料，以稀盐酸为淋洗液。离子排斥色谱主要的用途是分离无机弱酸和有机酸，如硼酸根、碳酸根、硫酸根、有机酸等，也可用于糖类、醇类、醛类和氨基酸等有机物的分离。

3. 离子对色谱法

离子对色谱的主要分离机理是吸附与分配，离子对试剂与溶质离子形成中性的疏水性化合物，在疏水性固定相表面进行保留。离子对色谱是分离分析强极性有机酸和有机碱的极好方法。它是离子对萃取技术与色谱法相结合的产物。在 20 世纪 70 年代中期，Schill 等人首先提出离子对色谱法，后来，这种方法得到十分迅速的发展。离子对色谱法将一种（或数种）与溶质离子的电荷相反的离子（称作对离子或反离子）加入流动相或固定相中，使其与溶质离子结合形成离子对，从而控制溶质离子保留行为。目前离子对色谱的机理还未完全弄清楚，仅处于理论假设阶段，现在提出的能够阐述离子对色谱保留机理的理论（或模式）主要有离子对形成理论、离子相互作用理论和动态离子交换理论。

4. 金属配合物离子色谱法

金属配合物离子色谱法利用金属离子与适合的有机配位体作用，形成金属配合物，采用液相体系分离和检测。

四、离子色谱法应用

离子色谱最初应用于环境监测中水中痕量阴、阳离子的分析，随着离子色谱的分离技术和检测水平的提高，目前离子色谱也广泛应用于电力和能源行业、电子行业、食品及饮料行业、化学工业、制药行业和生命科学领域，成为色谱分析的一个重要分支。离子色谱法能同时分离多种离子并能将一些非离子物质转变成离子性物质进行测定。它不仅适用无机离子混合物的分离，亦可用于有机物的分离，例如氨基酸、核酸、蛋白质等生物大分子。绝大多数的有机和无机阴阳离子往往都是分析对象，在环境化工、食品化工、电子、生物医药及新材料等领域应用广泛。表 7-2 列举了部分应用行业。

表 7-2　离子色谱法应用行业举例

领域	样品	应用
环境/污染	雨水/河水/大气/污水	雨水中离子
城市用水	自来水/水源	自来水中消毒副产物
电子/半导体	高纯水/晶片冲洗水	高纯水中的离子型杂质
金属/钢材	表面处理液/镀槽/冷却水	电镀槽中的抗坏血酸
农业	肥料/土壤/植物等	土壤中离子
医学	血液/尿	尿中草酸/透析液离子
化妆品	化妆品/清洁剂/洗发液	化妆品液体中的阴离子
制药	化学/液体	化学品中的重金属
电力	冷却水	锅炉蒸汽中的杂质
食品/饮料	酒/饮料/糖果	饮料中有机酸
造纸/纸浆	纸浆液/处理水	纸张和液体中的离子

1. 无机阴离子的检测

离子色谱法特别适于测定水溶液中低浓度的阴离子。无机阴离子是发展最早，也是目前最成熟的离子色谱检测方法，包括水相样品中的氟、氯、溴等卤素阴离子，硫酸根，硫代硫酸根，氰根等阴离子，可广泛应用于饮用水水质检测，啤酒、饮料等食品的安全检测，废水排放达标检测，冶金工艺水样检测，石油工业样品等工业制品的质量控制。特别是由于卤素离子在电子工业中的残留受到越来越严格的限制，因此离子色谱被广泛应用到无机卤素分析等重要工艺控制部门。

2. 无机阳离子的检测

无机阳离子的检测和阴离子检测的原理类似，所不同的是采用了磺酸基阳离子交换柱，常用的淋洗液系统如酒石酸/二甲基吡啶酸系统，可有效分析水相样品中的 Li^+、Na^+、NH_4^+、K^+、Ca^{2+}、Mg^{2+} 等离子。

3. 有机阴离子和阳离子分析

随着离子色谱技术的发展，新的分析设备和分离手段不断出现，逐渐发展到分析生物样品中的某些复杂的离子，目较成熟的应用包括：生物胺的检测、有机酸的检测、糖类分析。

五、离子色谱法特点

1. 快速方便

离子色谱法对 7 种常见阴离子（F^-、Cl^-、Br^-、NO_2^-、NO_3^-、SO_4^{2-}、PO_4^{3-}）和 6 种常见阳离子（Li^+、Na^+、NH_4^+、K^+、Mg^{2+}、Ca^{2+}）的平均分析时间已分别小于 8min。30min 内可以完成常规的 7 种阴离子测定。

2. 灵敏度高

离子色谱分析的浓度范围为 $1\sim10\mu g/L$，甚至可达数百 mg/L。直接进样（$25\mu L$），电导检测，对常见阴离子的检出限小于 $10\mu g/L$。

3. 能测定不同价态和形态的离子

比如 NO_2^- 与 NO_3^-，Cr^{3+} 与 Cr^{6+} 等等。

4. 可同时分析多种离子化合物

与光度法、原子吸收法相比，IC 的主要优点是可同时检测样品中的多种成分。只需很短的时间就可得到阴、阳离子以及样品组成的全部信息。

5. 分离柱的稳定性好、容量高

与 HPLC 中所用的硅胶填料不同，IC 柱填料的高 pH 值稳定性，允许用强酸或强碱作淋洗液，有利于扩大应用范围。

六、离子色谱仪工作流程

离子色谱仪的工作过程是：脱气后的淋洗液首先进入输液泵，由输液泵输送进入进样阀，当样品装载到定量环内后，进样阀切换到分析状态带走定量环内的样品进入流路，淋洗液与样品的混合溶液在柱温箱内经过柱前预热后依次进入保护柱、色谱柱，采用离子交换的原理，借助离子色谱柱快速分离多种离子，由串联在分离柱后的自再生抑制器除去淋洗液中的强电解质以扣除其背景电导，再用电导检测器连续检测流出液的电导值，得到各种离子的色谱峰，达到分离、定性、定量分析一次完成的目的。图 7-1 为色谱仪流路连接示意图。

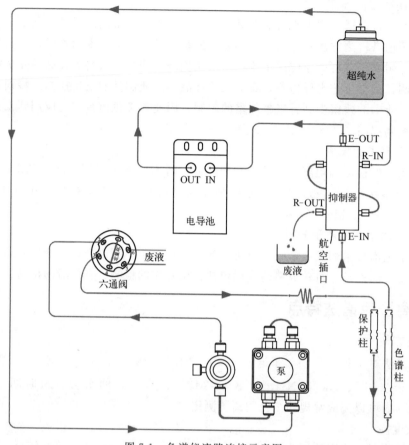

图 7-1　色谱仪流路连接示意图

中国离子色谱的蓬勃发展

自 1983 年第一台国产离子色谱诞生以来，越来越多的仪器生产企业进入离子色谱行业，国内品牌已达 20 余家。目前我国有关离子色谱的国标／行标超过 170 个，离子色谱方法越来越多地应用于各个领域的实验室。

离子色谱柱、淋洗液发生器、安培检测器等离子色谱关键部件的技术攻关及检测器、抑制器等核心技术的改进，让国产离子色谱技术有了很大的进步。

随着国产离子色谱技术的进步，国家对国产品牌的重视和资金投入，国产离子色谱会在以后的竞争中越来越有话语权。

第二节　认识离子色谱仪

一、离子色谱仪结构

离子色谱仪主要由输液系统、进样系统（进样阀，自动进样器）、分离系统（色谱柱、柱温箱)、检测系统(抑制器、检测器)和数据处理系统(色谱数据工作站)等组成。采用抑制电导检测时应具备相应的抑制系统。采用柱后衍生反应检测时应具备相应的柱后衍生反应系统。免试剂离子色谱仪具备淋洗液自动发生器或淋洗液发生模块。其结构与常规的高效液相色谱极为相似,但离子色谱与常规高效液相色谱最明显的差异在于:①离子色谱由于其淋洗液采用酸或碱,流路一般采用 Peek 材料;②离子色谱在检测器之前一般带有抑制器。其基本构造如图 7-2 所示。

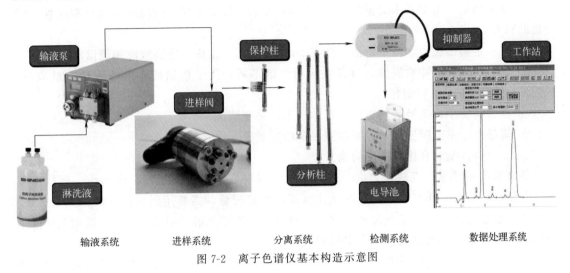

图 7-2 离子色谱仪基本构造示意图

(一)输液系统

离子色谱仪器的输液系统包括储液罐、高压输液泵、梯度淋洗液发生装置等,与高效液相色谱的输液系统基本相似。

1. 储液罐

储存足够数量并符合要求的淋洗液,对于淋洗液储液罐的要求是:

① 必须有足够的容积,以保证重复分析时有足够的淋洗液;

② 脱气方便;

③ 能承受一定的压力;

④ 所选用的材质对所使用的淋洗液为惰性。

由于离子色谱的流动相一般是酸、碱、盐等的水溶液,因此储液系统一般是以玻璃、聚四氟乙烯或聚丙烯为材料,容积一般以 0.5～4L 为宜,溶剂使用前必须脱气。因为色谱柱是带压力操作的,在流路中易释放气泡,造成检测器噪声增大,使基线不稳,仪器不能正常工作,这在流动相含有有机溶剂时更为突出。脱气方法有多种,在离子色谱中应用比较多的有如下方法:

① 低压脱气法:通过水泵、真空泵抽真空,可同时加温或向溶剂吹氮,此法特别适用纯水溶剂配制的淋洗液。

② 吹氦气或氮气脱气法:氦气或氮气经减压通入淋洗液,在一定压力下可将淋洗液的空气排出。

③ 超声波脱气法:将冲洗剂置于超声波清洗槽中,以水为介质超声脱气。一般超声30min 左右,可以达到脱气目的。

新型的离子色谱仪,在高压泵上带有在线脱气装置,可自动对淋洗液进行在线脱气。

2. 高压输液泵

高压输液泵是离子色谱仪的重要部件。高压输液泵的作用是将流动相以稳定的流速或压力输送至色谱分离系统,使样品在柱系统中完成分离过程。高压输液泵的稳定性直接关系到分析结果的重现性和准确性,是高效离子色谱仪的关键部件之一。高压输液泵常用的有气动放大泵、单柱塞往复泵、往复式柱塞泵和往复式隔膜泵等。离子色谱用的高压泵应具备下述性能:

① 流量稳定:通常要求流量精度应为±1%左右,以保证保留时间的重复性和定性定量分析的精度;

② 有一定输出压力,离子色谱一般在 20MPa 状态下工作,比高效液相色谱略低;

③ 耐酸、碱和缓冲液腐蚀,与高效液相色谱不同,离子色谱所有淋洗液含有酸或碱,泵应采用全塑 Peek 材料制作;

④ 压力波动小,更换溶剂方便,死体积小,易于清洗;

⑤ 流量在一定范围任选,并能达到一定精度要求;

⑥ 部分输液泵具有梯度淋洗功能。

往复泵有单柱塞、双柱塞之分。一般来说,双柱塞泵流量更平稳,脉动小,但构造复杂,价格也比较高;单柱塞泵流量脉动比较高,价格较低,需要用阻尼器来降低流量脉动。目前离子色谱应用较多的是往复式柱塞泵,只有低压离子色谱采用蠕动泵,但蠕动泵所能承受的压力太小,实际操作过程中会出现问题。

由于往复式柱塞泵的柱塞往复运动频率较高,所以对密封环的耐磨性及单向阀的刚性和精度要求都很高。密封环一般采用聚四氟乙烯添加特殊材料制造,单向阀的球、阀座及柱塞则用人造宝石材料制造。高效液相色谱泵体采用不锈钢或钛合金材料,与高效液相色谱相比,离子色谱的泵体则采用全塑 Peek 系统,从而对酸、碱、盐有抗污染的性能,并保证了对金属离子测定的准确性。

3. 淋洗液系统

色谱过程中携带待测组分向前移动的物质称为淋洗液。淋洗液与固定相处于平衡状态、带动样品向前移动的另一相。

常用阴离子分析淋洗液有 OH^- 体系和碳酸盐体系等,如碳酸钠、碳酸钠/碳酸氢钠、氢氧化钠、氢氧化钾等。常用阳离子分析淋洗液有甲烷磺酸体系和草酸体系等。

淋洗液的一致性是保证分析重现性的基本条件。为保证同一次分析过程中淋洗液的一致性,在淋洗液系统中加装淋洗液保护装置,可以吸附和过滤进入淋洗液瓶的空气中的有害部分(如空气中的 CO_2 总会溶入 NaOH 溶液中而改变淋洗液的组分和浓度,使基线漂移,影响分离)。

淋洗液系统具有以下优点:

① 免除手工配制淋洗液,降低人工成本;

② 等度泵实现梯度洗脱,无需采购昂贵多元泵;

③ 输液泵只通过超纯水,降低内部密封圈、单向阀等部件的损耗;

④ 基线更稳定,漂移更低,数据准确性更高。

(二)进样系统

进样系统是将常压状态的样品切换到高压状态下的部件。离子色谱的进样方式主要分为3 种类型:气动、手动和自动进样。

1. 手动进样

手动进样采用六通阀，其工作原理与 HPLC 相同，但其进样量比 HPLC 要大，一般为 $50\mu L$。其定量管接在阀外，一般用于进样体积较大时的情况。样品首先以低压状态充满定量管，当阀沿顺时针方向旋至另一位置时，即将贮存于定量管中固定体积的样品送入分离系统。

① 取样（Load）位：样品经微量进样针从进样孔注射进定量环，定量环充满后，多余样品从放空孔排出。

② 进样（Inject）位：阀与流路接通，由泵输送的流动相冲洗定量环，推动样品进入分析柱进行分析。图 7-3 是六通阀进样过程。

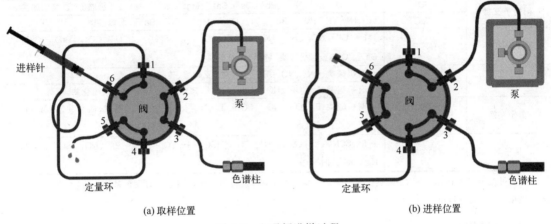

(a) 取样位置　　　　　　　　　　(b) 进样位置

图 7-3　六通阀进样过程

手动进样阀材质与色谱泵类似，选择全 PEEK 材质的进样阀才能保证仪器的寿命和分析结果的准确性。

2. 气动进样

气动阀采用氦气或氮气气压作动力，通过两路四通加载定量管后，进行取样和进样，它有效地减少了手动进样过程中动作不同所带来的误差，并实现半自动进样。其不方便之处在于必须使用氮气钢瓶。

3. 自动进样

自动进样进样一致性最好，系统集成性最好。自动进样器是在色谱工作站控制下，自动进行取样、进样、清洗等一系列操作，操作者只需将样品按顺序装入储样机中即可。

（三）分离系统

离子色谱是一种分离分析方法，因此分离系统是离子色谱的核心和基础。而离子色谱柱是离子色谱仪的"心脏"，只有性能优良的色谱柱才能达到良好的分离效果，它要求柱效高、选择性好、分析速度快等。

1. 色谱柱分类

离子色谱柱分为阴离子色谱柱、阳离子色谱柱、糖柱、氨基柱。依系统配置和分析任务要求选择色谱柱的类型、型号，设置柱温箱温度。

离子色谱柱包括前置柱及分离柱。前置柱可对样品进行前处理，在需要情况下使用。分离柱由惰性合成树脂或不锈钢等材质制成，柱内装有填充剂。

离子种类成分的分离方法主要有离子交换、离子排斥及离子对三种，它们通过单独作用或复合作用进行离子分离。用于离子交换及离子排斥的分离柱填充剂是在聚苯乙烯、聚甲基丙烯酸酯、聚乙烯醇等有机高分子及硅氧基等材料中导入离子交换基物质。用于离子对的填充剂是疏水性物质［如十八烷基甲硅烷基修饰的硅氧基（ODS）］。在同时分离阴离子和阳离子的情况下，使用离子排斥法在色谱柱中进行阴离子分离，同时，使用阳离子交换法在色谱柱中进行阳离子分离。填充剂的基材、官能团、孔径等对离子分离有影响，可根据待测样品特性，参考表 7-3 进行分离方法及相应的填充剂色谱柱的选用。

表 7-3　主要分离方法及主要测定的离子种类成分

分离方法	填充剂官能团	测定离子种类
阳离子交换	—SO_3^-	Li^+、Na^+、K^+、NH_4^+、Rb^+、Cs^+、Ca^{2+}、Mg^{2+}、Sr^{2+}、Ba^{2+}、低级胺类、过渡金属类
	—COO^-	Li^+、Na^+、K^+、NH_4^+、Rb^+、Cs^+、Ca^{2+}、Mg^{2+}、Sr^{2+}、Ba^{2+}、低级胺类
阴离子交换	—N^+R_3	F^-、Cl^-、NO_2^-、Br^-、NO_3^-、SO_4^{2-}、PO_4^{3-}、I^-、$S_2O_3^{2-}$、SCN^-、CO_3^{2-}、BrO_3^-、ClO_4^-、ClO_3^-、ClO_2^-、有机酸类、糖类、氨基酸类
离子排斥	—SO_3H	有机酸类、CN^-、NO_2^-、PO_4^{3-}、硅酸、亚砷酸、砷酸、碳酸
	—COOH	有机酸类、F^-、Cl^-、NO_3^-、NO_2^-、SO_4^{2-}、PO_4^{3-}、I^-、硅酸、碳酸、硫化物、硼酸
离子交换	—COOH （—COO^-）	有机酸类、F^-、Cl^-、NO_3^-、SO_4^{2-}、I^-、NO_3^-、PO_4^{3-}、硅酸、碳酸、硫化物、硼酸、Li^+、Na^+、K^+、NH_4^+、Ca^{2+}、Mg^{2+}
离子对	ODS 等	I^-、SCN^-、有机酸类、H^+、OH^-、HCO_3^-、F^-、Cl^-、NO_2^-、Br^-、NO_3^-、SO_4^{2-}、ClO_4^-、Na^+、K^+、NH_4^+、Ca^{2+}、Mg^{2+}、Ba^{2+}

注：过渡金属由 PAR［4-（2-吡啶偶氮）间苯二酚］通过前柱进行衍生化，制成具有发色基团衍生物，以便在可见光区域由分光光度法检出。

2. 色谱柱结构

① 分离柱内径 0.2～9mm，一般离子色谱分析柱内径为 4 或 4.6mm，排斥分离柱则为 9mm 左右。随着离子色谱的发展，细内径柱受到人们的重视，2mm 柱不仅可以使溶剂消耗量减少，而且对于同样的进样量，灵敏度可以提高 4 倍。

② 柱长取决于填充料效能，一般在 10～500mm。

③ 柱两端均有微孔筛板以防试样或淋洗液中的细微颗粒进入柱中，影响柱中树脂的渗透性。柱子两头采用紧固螺丝。高档仪器特别是阳离子色谱柱一般采用聚四氟乙烯材料，以防止金属对测定的干扰。

（四）检测系统

随着离子色谱的广泛应用，离子色谱的检测技术，已由单一的化学抑制型电导法，发展为包括电化学、光化学和与其他多种分析仪器联用的方法。用于 IC 的检测器主要有电导检测器、紫外可见光检测器、安培检测器、荧光检测器等。随着 ICP-AES（电感耦合等离子体原子发射光谱法）和 ICP-MS（电感耦合等离子体质谱法）的不断普及，它们与 IC 的联用技术正越来越受到人们的重视，以解决离子色谱的定性和更高灵敏度的检测。

1. 电导检测器

电导检测器的作用原理是用两个相对电极测量溶液中离子型溶质的电导，由电导的变化测定淋洗液中溶质的浓度。

电导检测器分为抑制电导检测器（双柱法）和非抑制电导检测器（单柱法）。非抑制电导检测器的结构比较简单，但灵敏度较低，对流动相的要求比较苛刻。抑制电导检测器在灵敏度和线性范围都优于非抑制电导检测器，甚至优于配有较好的色谱柱和恒温装置的单柱离子色谱系统。

为了降低背景电导，提高待测离子的电导率，在进入检测器之前，离子色谱仪装置有抑制柱。最新的抑制技术采用电解抑制法，使抑制电导检测可以自动进行而不必采用传统的再生液。通过电导抑制可以使背景电导值很低，而检测灵敏度可以达到很高水平。

因此，目前大多数离子色谱基本上还是采用抑制电导法检测。无论是测定痕量离子，还是常规水溶液中的离子，抑制电导检测始终是最理想的方法。

对于抑制型（双柱型）离子色谱系统，抑制系统是极其重要的一个部分，也是离子色谱有别于高效液相色谱的最重要区别。抑制柱是抑制型离子色谱仪的关键部件，在抑制型电导检测器中抑制器发挥着重要的作用。其作用是将淋洗液转变成低电导部分，以降低来自淋洗液的背景电导，同时将样品离子转变成其相应的酸或碱，以增加其电导，从而提高电导检测器的灵敏度。

若样品为阳离子，用无机酸作流动相，抑制柱为高容量的强碱性阴离子交换剂。当试样经阳离子交换剂分离柱后，随流动相进入抑制柱，在抑制柱中发生两个重要反应：

$$R^+ - OH^- + H^+ Cl^- \longrightarrow R^+ - Cl^- + H_2O$$

$$R^+ - OH^- + M^+ Cl^- \longrightarrow M^+ - OH^- + R^+ - Cl^-$$

由反应式可见：经抑制柱后，一方面将大量酸转变为电导很小的水，消除了流动相本底电导的影响。同时，又将样品阳离子 M^+ 转变成相应的碱。OH^- 的淌度为 Cl^- 的 2.6 倍，提高了所测电导的检测灵敏度。对于阴离子样品，也有相似的作用机理。在分离柱后加一个抑制柱的离子色谱被称为抑制型离子色谱或双柱型离子色谱。由于抑制柱要定期再生，而且谱带在通过抑制柱后会加宽，降低了分离度。后来，Fritz 等人提出不采用抑制柱的离子色谱体系，而采用了电导率极低的溶液，例如 $1 \times 10^{-4} \sim 5 \times 10^{-4} \, mol/L$ 苯甲酸盐或邻苯二甲酸盐的稀溶液作流动相，称为非抑制型离子色谱或单柱离子色谱。

根据抑制器的发展历程，可分为 4 个类型。

① 化学抑制器：树脂填充抑制装置。但是为了重复使用需要经常离线再生，使用复杂。而且抑制容量的大小和树脂填充死体积是一对永远无法解决的矛盾。更无法满足梯度淋洗对抑制器的要求。

② 纤维薄膜抑制器：明显的优点是连续再生。这种抑制技术的缺点是较低的抑制容量和基线脆性。

③ 微膜抑制器：微膜技术，使用一种非常薄而耐用的膜，这种抑制器不仅可以连续抑制，而且具有很高的抑制容量，能够满足梯度洗脱和等度洗脱的要求。

④ 自动再生抑制器：利用水的电化学反应产生氢和氢氧根离子，因此不需要再生硫酸液。这种抑制器平衡快，背景噪声低，坚固耐用，工作温度从室温到 40℃，并可在高达 40% 的有机溶剂存在下正常工作。

1979 年，D. T. 耶尔德、J. S. 弗里茨和 G. 施穆克尔斯等人用弱电解质做流动相，因流动相本身的电导率较低，不必用抑制柱就可以用电导检测器直接检测，并且可以使用常规的液相色谱仪器，人们把这种不使用抑制柱的离子色谱法称作单柱离子色谱法或非抑制型离子色谱法，把使用抑制柱的离子色谱法称作双柱离子色谱法或抑制型离子色谱法。

2. 紫外可见光检测器

电导检测器可以解决绝大多数离子态化合物的检测，但并非所有的被测物都可以用电导检测器检测。对于弱电离物质的检测用电导检测器的灵敏度很低或者根本没有信号，一般需要采用其它检测手段，紫外可见光检测器可以作为电导检测器的重要补充。紫外可见光（UV/Vis）检测器在 IC 中是仅次于电导检测器的重要检测方法。UV/Vis 检测器对环境温度、流动相组成、流速等的变化不敏感，可以用于梯度淋洗，这些特点正是电导检测器所欠缺的。二极管阵列 UV/Vis 检测器可以瞬间实现紫外-可见光区的全波长扫描，得到时间-波长-吸收强度三维色谱图。UV/Vis 检测器主要有三种检测方式：直接紫外检测、间接紫外检测、衍生化紫外/可见光检测。

在 IC 中，直接紫外检测应用不多，因为大多数无机离子没有紫外吸收或吸收很弱。直接紫外检测的一个重要应用是分析含有大量氯离子样品中的 NO_3^-、NO_2^-、Br^-、I^-。因为氯离子没有紫外吸收，而上述其他阴离子有紫外吸收。在 $195\sim220nm$ 具强紫外吸收的阴离子可用弱紫外吸收的淋洗液直接进行紫外吸收，其选择性和灵敏度都很高，对硝酸根、亚硝酸根等离子可检测至 $\mu g/L$。

间接紫外检测，采用具有紫外吸收的物质作为淋洗液，检测无紫外吸收的离子。由于溶质离子经过检测器时，紫外吸收信号减小，所以形成负方向的色谱峰。在普通 HPLC 仪器上就可以用这种方法进行离子色谱分离分析工作。

阴离子淋洗液大多用芳香有机酸和邻苯二甲酸盐、磺基苯甲酸盐等。阳离子则用具紫外吸收的 Cu^{2+} 或 Ce^{3+} 溶液为淋洗液。

紫外衍生化是指将无紫外吸收或吸收很弱的物质与带有紫外吸收基团的衍生化试剂进行反应，产生可用于紫外检测的化合物。衍生化通常分为柱前衍生化和柱后衍生化，相对而言，柱后衍生化应用更广泛。通过衍生化能显著提高检测灵敏度和选择性。柱后可见光衍生化检测经常用于过渡金属离子的分析，将过渡金属离子柱流出物与显色剂反应，生成有色配合物后，在可见光波长下检测。

紫外可见光检测器的基本原理是以朗伯-比尔定律为基础的。紫外可见光检测器在离子色谱中最重要的应用是通过柱后衍生技术测量过渡金属和镧系元素。

3. 安培检测器

安培检测是测定被测物在工作电极表面由氧化还原所引起的电流或电荷的变化。在氧化反应过程中，电活性被测物的电子从工作电极转移到安培池；相反，在还原过程中，电子从被测物转移到工作电极。被测物如果能够被氧化或还原，检测就具有很高的灵敏度和选择性。有些干扰物质无法被氧化或还原，就没有检测信号，就不对测定产生干扰。安培法用于选择性检测某些能在电极表面发生氧化还原反应的离子，如亚硝酸根、氰根、亚硫酸根、卤素离子、硫氰酸根等无机离子，及胺类、酚类等易氧化还原的有机离子，亦可用于重金属离子的检测，卤素和氰根亦可用库仑法检测或应用银电极的电位检测，还可用铜离子电极电位法检测阳离子和阴离子。

4. 离子色谱的联用检测技术

由于离子色谱的抑制器同时也是一个除盐器，离子色谱与常规的离子对色谱相比，更宜于与质谱联用。质谱分析法具有定性能力强，选择性好，灵敏度高的特点，离子色谱通过抑制将淋洗液中的含盐组分有效去除，可以通过 LC-MS 接口测定极性化合物，已经在农药、消毒副产物、金属离子的分析中得到广泛的应用。ICP 及 ICP-MS 作为元素分析仪器，离子色谱则可以很好地将各种形态分离，两者联用可以达到消除基体干扰和实现形态分析的目的，如用于 Cr^{3+}/Cr^{6+} 的检测。

离子色谱的联用技术有如下特点：①离子色谱采用抑制器，而与质谱联用时实际上是除盐作用，因此离子色谱可以方便地与质谱通过多种方式联用，不必担心高盐淋洗液对质谱产生的负面影响；②离子色谱与 ICP 或 ICP/MS 的联用更为方便，特别适合于元素的形态和价态的分析，另外也可以去除高背景复杂基体对测定干扰问题。

（五）数据处理系统

色谱数据处理系统为色谱的重要组成部分之一。离子色谱柱一般柱效不高，与气相色谱柱和高效液相色谱柱相比，一般情况下离子色谱分离度不高，它对数据采集的速度要求不高，因此能够用于其他类型的数据处理系统，同样也可用于离子色谱中。数据处理系统将检测器检测出的信号进行处理并记录色谱图、保留时间、峰面积、峰高、定量值等。在常规离子分析中，色谱峰的峰形比较理想，可以采用峰高定量分析法进行分析。

二、离子色谱仪基本操作

以 CIC-D120 型离子色谱仪的使用为例进行介绍。

图 7-4 显示了青岛盛瀚色谱技术有限公司 CIC－D120 型离子色谱仪的前面板及仪器组件图。

（一）开机前的准备

① 打开色谱仪室的空调，打开稳压电源或 UPS（不间断电源）；

② 根据检测的样品和色谱柱的条件来配制所需淋洗液和标准溶液。

（二）开机

① 开启电脑显示器、电脑主机、自动进样器（选配）及离子色谱仪的电源开关。

② 开启电脑中的离子色谱工作站 ShineLab，并打开仪器。

③ 更换新的淋洗液，将滤头放入淋洗液中，进行排气操作，设置色谱柱及检测器温度，等到温度升到设定温度后，将流量调至 0.3mL/min，开启泵，确认色谱柱连入流路中并有压力显示后，打开电流开关，阴离子调

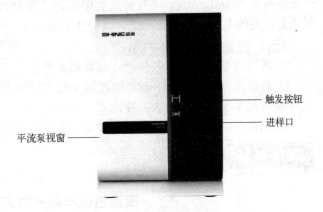

（a）仪器前面板

平流泵视窗 ——
—— 触发按钮
—— 进样口

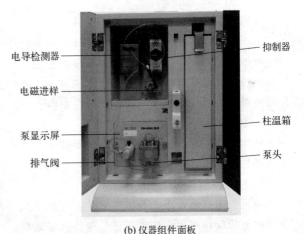

（b）仪器组件面板

图 7-4　仪器面板及组件面板图

电导检测器 ——
电磁进样 ——
泵显示屏 ——
排气阀 ——
—— 抑制器
—— 柱温箱
—— 泵头

整电流为（75±10）mA（阳离子加电流：3×甲烷磺酸浓度×流速，非抑制法不加电流），一分钟后将流量调为 0.5mL/min，一分钟后将流量调至 0.7mL/min，再过一分钟将流量调至 1.0mL/min（具体流量根据色谱柱额定流量来设定），采集基线，让工作站采集信号，通淋洗液直到基线稳定。

应该注意的问题：开泵后确认是否有压力、压力是否稳定，没有压力或压力不稳定需再对泵进行排气操作。

（三）样品检测

① 如果是手动进样系统，手动将要分析的样品利用注射器通过进样口注射到定量环内。将样品注射到定量环后，手动按触发按钮，仪器将触发工作软件进行谱图采集。对于手动阀，通过进样器在进样位置（Load）注入样品，手动迅速扳阀至分析位置（INJECT）；对于电动阀，通过进样器将样品注入进样口后，手动按切阀开关。

② 如果用自动进样器进样，则必须连接自动进样器。将样品放置到样品盘中，选择自动分析系统实验方法（设置吸液体积、重复次数、时间间隔等），运行自动分析系统。

③ 谱图采集完毕后处理谱图并绘制标准工作曲线计算未知样品结果，打印报告。

（四）关机

分析完毕，关闭电流，关闭检测器及色谱柱温度，将流量调为 0.5mL/min，一分钟后将流量调至 0.3mL/min，一分钟后关闭泵，关闭软件，关闭自动进样器、离子色谱仪的电源开关，关闭电脑主机及显示器，离开实验室。

（五）注意事项及维护事项

① 淋洗液必须经过脱气处理，且现用现配。

② 样品必须经过 0.22μm 滤膜过滤并按照国标方法进行前处理后再进样。

③ 每星期至少开机 1 次，冲洗 10～20min。

④ 色谱柱、抑制器长期不用需卸下，并用堵头堵上。

阅读材料

液相色谱与离子色谱的区别

1. 输液高压泵

液相输液高压泵：多采用不锈钢泵头。

离子色谱输液高压泵：多采用 PEEK 泵头，整个系统无金属部件与淋洗液接触。

离子色谱阳离子分析使用的淋洗液为酸性，虽浓度不高不会对泵头造成明显的损坏和腐蚀，但会有金属离子溶解在淋洗液中，当使用抑制法时，会使电导偏高，影响定量结果，所以液相的泵不适合使用在阳离子分析中。

2. 色谱柱

液相色谱柱多为反相柱，个别使用离子交换柱，但交换容量不高，所以液相与离子色谱柱不能通用。

3. 柱后抑制与衍生系统

液相色谱柱后可以选装衍生系统，而离子色谱柱后须安装抑制器来提高灵敏度。流动相液相使用有机溶剂或缓冲盐等作为流动相。离子色谱阴离子分析最常见的淋洗液（液相称作流动相）是氢氧根体系或碳酸盐体系。

4. 检测器

液相检测器常用的是紫外、荧光等检测器，离子色谱常用的检测器为电导、安培等检测器。液相色谱可以通过扩展检测器来升级为离子色谱，自带的紫外和荧光检测器还可以扩展离子色谱的检测范围。

5. 进样器

液相色谱进样器一般为不锈钢进样阀，可用于阴离子色谱分析，不适应于阳离子分析。离子色谱进样器采用 PEEK 进样阀，可兼容酸碱溶液。

第三节　熟悉离子色谱实验技术

一、洗脱剂要求与选择

根据待测离子种类成分选用的分离柱及分离方法、检测器、柱分离后处理方法等，选择合适的洗脱剂。为避免细菌或藻类繁殖，洗脱剂配制后应贮存在阴凉避光处。

1. 洗脱剂应满足的条件

洗脱剂应满足下列条件：

① 不会破坏柱填料；

② 适合于待测离子的分离；

③ 需满足使用抑制装置及衍生化装置时的功能；

④ 不含待测离子成分；

⑤ 可保持长时间的化学稳定。

2. 洗脱剂种类选择

按下列方式进行洗脱剂种类选择：

① 用抑制法分析无机阴离子时，通常使用碳酸盐缓冲液、氢氧化钾、硼酸盐缓冲液等碱性溶液；

② 用非抑制法分析无机阴离子时，使用摩尔电导率较低的邻苯二甲酸、4-羟基安息香酸等溶液；分析碱金属、铵及碱土类金属离子时，通常使用无机强酸（硝酸、硫酸等）、有机酸（甲磺酸、柠檬酸、草酸等）；

③ 用离子排斥法分析有机酸时，亦使用可抑制有机酸分解且不影响检测的磷酸、高氯酸、硫酸等。

二、样品前处理技术

在制备和保存样品过程中需考虑待测离子不应受测试环境污染，制备后的溶液不应发生化学反应。对收集的样品不能直接进入离子色谱分析的情况下，需在样品进入离子色谱分析前进行预处理，并根据分析目的选择相应的处理方法。

（一）样品的选择和保存

样品收集在用超纯水清洗干净的聚四氟乙烯瓶中。不要用强酸或者洗涤液清洗该容器，以防止在该容器上残留大量阴离子，影响分析结果的准确性。

如果样品不能在采集当天分析使用，应立即用 $0.22\mu m$ 的过滤膜过滤，否则其中的细菌可能使样品的浓度随时间而改变。即使将样品保存在 4℃ 的环境中，也只能抑制而不能消除细菌的生长。

尽快分析 NO_2^- 和 SO_3^{2-} 样品，他们会分别被氧化成 NO_3^- 和 SO_4^{2-}。不含有 NO_2^- 和 SO_3^{2-} 的样品，可以储存在冰箱中，一个星期内阴离子的浓度不会有明显的变化。

（二）样品预处理

1. 样品溶液的稀释或浓缩

将样品溶液稀释或浓缩（溶剂萃取或固相萃取等）至合适的浓度范围内，再配制成测定用样品溶液后进行测定。测定用样品溶液应能溶于洗脱剂中。

2. 样品杂质成分和目标成分的分离

（1）过滤膜法　当样品溶液中有浮游物或悬浊时，需使用 $0.45\mu m$ 以下的滤膜对样品溶液进行过滤处理。对于使用 $0.45\mu m$ 滤膜过滤困难时，可先使用较大孔径滤膜过滤一次，或者通过离心分离等处理后再用 $0.45\mu m$ 滤膜过滤。

（2）树脂法　使用填充无机物及树脂的小柱子（微孔）可去除特定的离子种类及疏水性物质（见表 7-4），也可使用具有保持离子交换基的机能膜或透析膜代替柱分离（超滤）。

表 7-4　使用树脂等前处理方法

填充无机物及树脂种类	去除特定的离子种类
Ag^+ 型	卤素化合物离子
H^+ 型	碱金属离子、碱土金属离子等的去除、碱性样品溶液中和
OH^- 型	强酸性离子去除、酸性样品溶液的中和
Ba^{2+} 型	硫酸根离子
疏水性树脂	疏水性物质
疏水性官能团结合形	色素
螯合树脂	过渡金属离子

（3）液-液萃取法　使用己烷、乙酸乙酯、乙醚、三氯甲烷、二氯甲烷等有机溶剂将待测样品中影响测定的有机溶剂转移到萃取相中，得到不含有机溶剂的分析溶液。此方法可用于水溶液中含有主成分疏水性不溶物的测定，以及与水及洗脱剂不相溶的样品溶液中离子的测定。

3. 有机化合物的燃烧预处理

通过氧瓶燃烧法、氧弹燃烧法或石英管燃烧法将有机化合物进行燃烧分解，将燃烧后产生的气体用水、稀过氧化氢水溶液、稀水合肼水溶液及稀碱溶液等吸收后进行离子色谱定量分析。对溴及碘测定，必要时添加还原剂；对硫测定，必要时添加氧化剂。此方法适用于有机物中含氟、氯、溴、碘及硫元素的测定。

（三）样品预处理注意事项

① 在浓度范围未知的情况下稀释 100 倍进样，样品浓度应保持在所选用定量方法的线性范围内。

② 对于酸雨、饮用水和大气烟尘的滤出液这类较为干净的样品可以直接进样分析。而对废水和地表水等含较多其他杂质的样品则需要根据需求对其进行预处理，然后才能进样分析。对于含有高浓度杂质的样品则应事先通过预处理柱，将杂质过滤掉。可根据需要选择配备固相萃取（SPE）柱。

③ 样品前处理应单独连接前处理柱（可同时接入多个前处理柱），一只手夹持处理柱，另一只手推进注射器，如发现样品推入阻力过大，应进行检查，避免暴力注入。

④ 实验操作人员应严格按照实验室操作规范进行实验，前处理操作过程应戴护目镜、实验室手套等防护用品，避免因操作不当造成人员损伤。

⑤ 若使用 $Na_2CO_3/NaHCO_3$ 做淋洗液时，用其稀释样品，可有效减小水负峰对 F^- 及 Cl^- 的影响（当 F^- 浓度小于 $50\mu g/L$ 时尤为明显），但同时要用淋洗液来配制空白和标准溶液，具体方法是在配制 100mL 样品时，向其中加入 1mL 浓 100 倍的淋洗液。

三、测定条件选择

根据待测物质和样品的性质、检测要求和仪器的具体配置，选择最佳工作条件，通过优化实验确定仪器参数，进行分析的前期准备工作。

1. 分析条件选择原则

在工作中，一般按以下原则选择工作条件：

① 能快速、有效地分离待测物；

② 对待测组分的检测没有影响；

③ 对仪器系统不会产生损害。

2. 分析条件的选择

根据产品中待测离子的特性及规格要求，按下述的内容选择最佳条件：

① 色谱柱种类、内径、长度；

② 流动相的种类、流速、柱入口压力；

③ 色谱柱的温度；

④ 检测器类型及设定条件；

⑤ 使用梯度洗脱时，梯度洗脱条件；

⑥ 样品进样量、进样方式；

⑦ 采用抑制法时，抑制方法及条件；

⑧ 采用柱后衍生化等技术时，反应液及衍生化试剂种类、流动相、反应液的混合比及反应条件；

⑨ 定量方法。

四、实施分析步骤

（一）开机及测定前准备

开启稳压电源。待电压稳定后，开启整机、淋洗液发生器、自动进样器、工作电脑等电源开关。正确选择试验条件，包括淋洗液及浓度、分析柱、保护柱、柱温箱温度、抑制器、检测器、色谱数据工作站等，选用合适的柱后衍生系统、再生液等。排除管路中的气泡，启动输液泵，预热 30min。运行中，泵应无噪声、液路应无气泡。系统压力和信号稳定。所用色谱柱和色谱条件对相邻两组色谱峰应达到分离度大于或等于 1.5。如出现两峰分离不好时，可调整淋洗液浓度或流速，如仍达不到分离要求，则应按说明书的规定清洗该色谱柱以恢复其分离能力，或更换色谱柱或抑制器。

（二）进样分析

仪器在设定的条件下运行一段时间稳定后，进样分析。根据仪器情况选用手动进样或使用自动进样器进样。

1. 采用手动定量环进一定体积的样品

① 确保进样口已连接完整。

② 确认进样阀处于进样（Load）状态。

③ 基线平衡后，首先使用超纯水将进样口清洗干净，然后使用附件盒内的注射器吸满样品后带上 $0.22\mu m$ 针头过滤器注入定量环内。进样量应稍大于定量环体积以保证样品充满定量环，多余样品将通过废液管排出。

④ 将注射器留在进样口端。

⑤ 将进样阀快速扳至分析（Inject）状态即可启动软件进行数据采集。

应特别注意：扳阀时间应小于 0.1s，否则进样阀压力过大易导致管路崩开。

2. 使用自动进样器进样

当使用自动进样器进样时，应将仪器与自身进样阀管路断开，从泵接入自动进样器进样阀，然后进入保护柱。

① 确认自动进样器已与仪器连接完整；

② 将测试样品装进样品瓶内，并将样品瓶放入自动进样器样品托盘内；

③ 将样品托盘放入自动进样器后，设置自动进样器参数，待参数设置完成后启动自动进样器，自动进样器将按照设定的参数开始运行，并自动触发软件进行数据采集。

3. 色谱数据工作站记录色谱信息

一般应包括以下信息：

① 检测日期和检测名称；

② 样品信息、质量、稀释倍数；

③ 完整的色谱图；

④ 色谱数据工作站名称；

⑤ 其他必需的项目。

（三）定性分析

在相同色谱条件下分析标准品（或参考样品）和待测样品，得到色谱图，将标准样品（或参考样品）的保留时间与样品中未知组分的保留时间比较，进行定性分析。如果保留时间定性出现不确定因素，需要通过加标法进一步定性。为了确认未知组分峰的单一性，可以改变分离条件，例如改变流动相和固定相，也可以使用质谱定性技术来进行验证。

（四）定量方法

在相同色谱条件下进行分析得到标准品（或参考样品）和待测物的峰面积或峰高，根据具体实验需要采用合适的标准曲线法（外标法）、内标法或标准加入法进行定量分析。无论采用何种方法，每次分析均应绘制相应的校准曲线。

1. 工作曲线法

制备三个以上质量浓度成比例的待测离子标准溶液，取一定体积进样，通过色谱图记录相应峰面积。以待测离子标准溶液质量浓度为横坐标，以相应峰面积为纵坐标，绘制标准工作曲线（见图 7-5）。

按产品标准的规定制备样品溶液，在与上述相同仪器条件下进样品溶液，记录色谱图峰面积，通过绘制的标准工作曲线由峰面积查出样品溶液中待测离子质量浓度。待测离子质量浓度应在标准工作曲线范围内。

此方法适用于主体无干扰情况下的测定。

2. 内标法

（1）内标离子的选择　内标离子与待测离子的化学性质应类似，且不干扰待测离子的测定。添加的内标离子不能与待测离子产生化学变化。

（2）测定　按产品标准的规定，制备三个以上不同质量浓度的待测离子标准溶液，分别加入一定质量浓度的内标离子，混匀。取一定体积进样，通过色谱图记录相应峰面积。以待测离子量（M_x）和内标离子量（M_s）之比（M_x/M_s）为横坐标，待测离子峰面积（A_x）和内标离子峰面积（A_s）之比（A_x/A_s）为纵坐标，绘制标准工作曲线（见图 7-6）。

在样品溶液中添加与待测离子质量浓度相同的内标离子，在上述相同的仪器条件下进样，记录色谱图峰面积计算待测离子峰面积（A_x'）和内标离子峰面积（A_s'）之比（A_x'/A_s'），

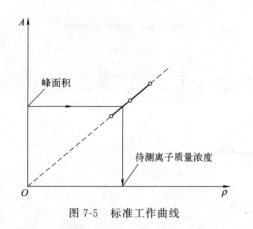

图 7-5　标准工作曲线

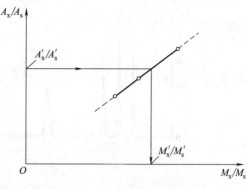

图 7-6　内标法标准工作曲线

通过绘制的标准工作曲线查出待测离子量与内标离子量之比（M'_x/M'_s），由添加内标离子量计算出待测离子的量。待测离子的量应在标准工作曲线范围内。

（3）标准加入法　按产品标准的规定制备样品溶液。取相同体积的样品溶液，共四份。一份不加待测离子标准溶液，其余三份分别加入质量浓度成比例的待测离子标准溶液，直接使用这些溶液或者将其分别稀释成一定体积。在规定的仪器条件下取一定体积进样，通过色谱图记录相应峰面积。以待测离子标准溶液质量浓度为横坐标，以相应峰面积为纵坐标，绘制标准工作曲线。将曲线反向延长与横轴相交，交点即为待测离子的质量浓度（见图 7-7）。

所测离子的质量浓度应在标准工作曲线范围内。

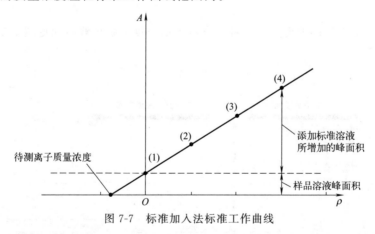

图 7-7　标准加入法标准工作曲线

（五）分析后仪器的检查

样品分析结束后应检查仪器系统基线漂移、基线噪声及整机灵敏度是否发生变化，样品中被测组分的量是否在定量分析的线性范围内，以保证定量的可靠性。分析结束应严格按照仪器说明书的要求依次关机。

五、离子色谱图解析与影响因素

1. 离子色谱图解析

从离子色谱图中可以得到下列信息（如图 7-8）。

① 根据色谱峰的个数，可以判断样品中所含组分的最少个数；

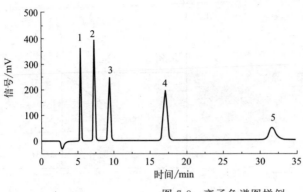

序号	离子	质量浓度/(mg/L)
1	Cl^-	5
2	ClO_3^-	20
3	NO_3^-	10
4	SO_4^{2-}	10
5	ClO_4^-	15

图 7-8　离子色谱图样例

② 根据色谱峰的保留时间，可以进行定性分析；

③ 根据色谱峰的面积或峰高，可以进行定量分析；

④ 色谱峰的保留值及其区域宽度，是评价色谱柱分离效能的依据；

⑤ 色谱峰两峰间的距离，是评价固定相（或流动相）选择是否合适的依据。

2. 影响离子出峰时间因素

（1）自身因素　离子色谱分析样品时，出峰时间和离子本身的大小和价态有关。

① 离子大小：半径越大，保留越强。

② 离子价态：价态越高，保留越强。

③ 极化程度：极化程度越高，保留越强。

（2）外部因素

① 色谱柱、淋洗液的温度。色谱柱、淋洗液的温度影响出峰时间见图 7-9。

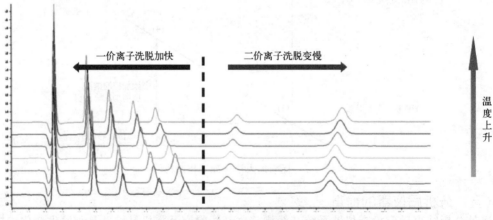

图 7-9　色谱柱、淋洗液的温度影响出峰时间图

对于温度变化较大的场所，如在线监测屋、移动检测车、无恒温设备（如空调等）的实验室等，建议配置柱温箱，保持保护柱和色谱柱温度的一致性，同时为了得到更精准的实验结果，电导检测器也建议配置具有加热保温功能的型号。

② 淋洗液的浓度与组成。离子色谱分析是根据淋洗液离子与固定相之间相互作用的程度来实现分离的，淋洗液组成的变化会引起保留时间和选择性的改变。目前在抑制型离子色谱分析中最常用的淋洗液有两类，一类是 Na_2CO_3 和 $NaHCO_3$ 组成的混合溶液，另一类是

NaOH 或 KOH 的稀溶液。Na_2CO_3 和 $NaHCO_3$ 都容易质子化形成弱电导碳酸的化合物，在存放过程中其组成在发生微小的变化，对各组分的保留时间造成小的影响，因此在一定程度上影响精确测量的准确性。NaOH 或 KOH 都容易吸收空气中的 CO_2 从而改变淋洗液的组成，改变组分的保留时间，影响基线的稳定性，造成分析结果的误差，因此要尽可能保持淋洗液的组成在一定时间内稳定。离子色谱分析中，淋洗液的组成、淋洗液的浓度、淋洗液的 pH 值、淋洗液的流速都会影响峰面积和峰高。改变淋洗液的组成比例和浓度，可控制不同离子的保留时间和出峰顺序。淋洗液浓度的改变影响被测离子的保留时间，但不影响水负峰的位置（见图 7-10）。改变淋洗液的组成比例，可控制不同离子的时间出峰和顺序，见图 7-11。

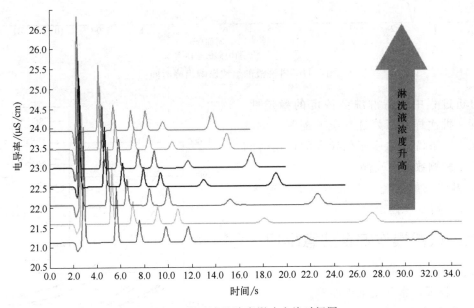

图 7-10　淋洗液的浓度影响出峰时间图

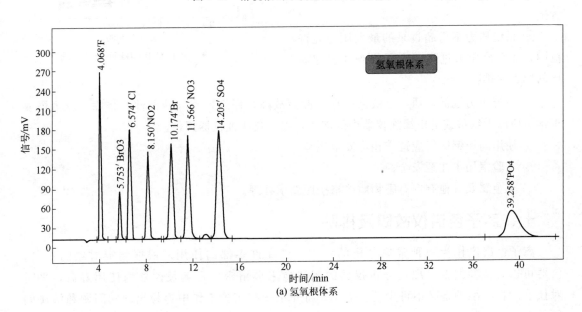

(a) 氢氧根体系

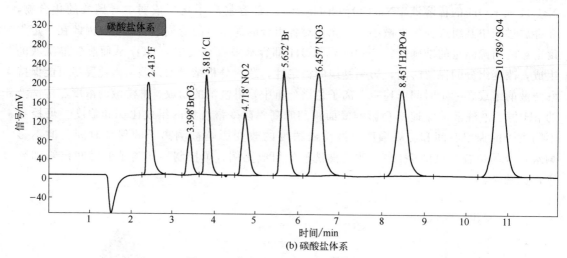

图 7-11　淋洗液的组成影响出峰时间图

分析过程中保持淋洗液浓度的稳定性，对于同一批次样品最好选择统一配制的淋洗液，减少因淋洗液浓度变化导致的保留时间的偏移，影响数据准确性。

③ 淋洗液的流速。淋洗液的流速越大，出峰越快，峰面积越小。见图 7-12。

六、仪器操作安全注意事项

安全注意事项如下：

① 仪器要经常开机维护保养。

② 必须遵守色谱柱抑制器（柱）维护方法。

③ 系统压力不得超过泵的最大压力允许范围，如系统压力过高，应仔细查找引起高压的原因并排除。

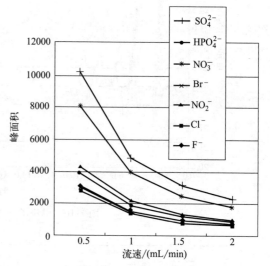

图 7-12　淋洗液的流速与峰面积关系图

④ 系统压力过低，通常是液路中存在漏液故障，仔细检查漏液部件并排除。压力恢复正常后应以干纸巾或毛巾擦除仪器中的液体，以避免腐蚀仪器部件。

⑤ 使用高压钢瓶气应遵守相应安全规范。

⑥ 实验室用水注意安全。

⑦ 重金属及其他有毒有害物质严格按照要求处理。

七、离子色谱仪故障及排除

离子色谱仪作为一种常规分析的仪器，已在许多部门使用。根据测定对象的不同，仪器可以有多种配置。现代分析仪器的制造愈来愈精密，要延长仪器的使用寿命，平时对仪器的精心维护是必不可少的。表 7-5 将介绍一些实验工作中容易出现的问题和解决问题的办法。

表 7-5 离子色谱仪的故障及排除

离子色谱仪故障	产生故障可能的原因	解决方案
泵压力波动	1. 输液泵单向阀堵塞	更换单向阀或将单向阀放入 1:1 的纯水/硝酸溶液或无水乙醇中超声清洗
	2. 六通进样阀堵塞	按液流的方向依次排查,发现故障点并排除
	3. 色谱柱滤膜堵塞	将色谱柱取下并拧下柱头,小心取出其中的滤膜,放入 1:1 的纯水/硝酸溶液中浸泡,超声波清洗 30min 后,用超纯水冲洗后装上;或将色谱柱反接后冲洗;注意色谱柱不接入流路
频繁超压	1. 输液泵的最高限压设置过低	在色谱柱工作流量下,将最高限压调至高于目前工作压力 5MPa
	2. 流路堵塞	根据逐级排除法找出堵塞点,更换流路组件
	3. 保护柱压力升高	更换保护柱进口处的筛板
背景值过高	1. 抑制器未工作或施加电流过小	检查抑制器电流是否打开或增大抑制器电流
	2. 淋洗液浓度过高	降低淋洗液浓度
	3. 安培施加电位及积分时间不合适	更换电位及积分时间
响应值低	1. 样品浓度过低	更换大定量环或浓缩样品
	2. 安培工作电极表面不光滑	抛光清洁工作电极
	3. 自动进样器设置错误	设置的自动进样器吸样体积应稍大于定量环体积
不出峰	1. 电导池安装不正确	重新安装电导池
	2. 电导池损坏	更换电导池
	3. 泵没有输出溶液	检查压力读数,确认泵是否工作
	4. 淋洗液发生器没有工作	查看淋洗液发生器电缆是否连接或更换淋洗液发生器
	5. 安培池没有工作	查看安培池的进出口的连接电缆是否接入
	6. 电磁进样阀未切阀	重启仪器
	7. 自动进样器未进样	重启自动进样器
峰拖尾	1. 样品流路死体积较大	减小死体积
	2. 样品浓度过高,导致色谱柱过载	降低样品浓度或更换高承载能力的色谱柱
重复性差	1. 淋洗液浓度不合适	选择合适的淋洗液浓度
	2. 淋洗液流速过大	选择合适的流速
	3. 样品浓度过高	稀释样品
	4. 色谱柱被污染,使柱效下降	再生色谱柱或更换色谱柱
	5. 进样量不恒定	超过定量环体积 10 倍进样,保证完全进样
	6. 进样浓度选择不合适	选择合适的进样浓度
	7. 试剂不纯净	更换试剂
	8. 超纯水含有杂质	更换超纯水

续表

离子色谱仪故障	产生故障可能的原因	解决方案
	9. 管路泄漏	找到泄漏处,拧紧或更换泄漏部件
	10. 流路被堵	找到被堵地方,维修或者更换
	11. 环境温度变化	进行实验时应尽量保持环境恒温
	12. 淋洗液浓度发生变化	不使用淋洗液发生器时,应对 NaOH 淋洗液添加保护装置
	13. 色谱柱柱效下降	更换新色谱柱
	14. 抑制器漏液	更换新抑制器

第四节　离子色谱法测定地下水中水溶性阴离子 F^- 、Cl^- 、Br^- 、NO_2^- 、NO_3^- 、PO_4^{3-} 、SO_3^{2-} 、SO_4^{2-} 实训

🔔 案例

离子色谱法在饮用水检测中的应用

习近平总书记强调:我们既要绿水青山,也要金山银山。宁要绿水青山,不要金山银山,而且绿水青山就是金山银山。

当前的离子色谱仪应用主要是在环境样品的分析中,包括地面水、饮用水、雨水、生活污水和工业废、酸沉降物以及大气颗粒物等。

离子色谱技术在三十余年的发展历程中,已经成为了水质检测中不可或缺的分析手段之一。《生活饮用水标准检验方法》中也将离子色谱法作为了一种重要检测手段。其中涉及离子色谱的标准方法包括:离子色谱技术测定生活饮用水以及水源水中的钠离子、钾离子、锂离子、钙离子以及镁离子;离子色谱技术测定生活饮用水以及水源水中的氟化物、氯化物、硝酸根离子以及硫酸根离子的含量;离子色谱技术测定生活饮用水和水源水中的亚氯酸盐、氯酸盐以及生活饮用水和水源水中的溴酸盐等。

一、实训目的

(1) 掌握淋洗液与混合标准溶液的配制方法。

(2) 掌握离子色谱法干扰消除。

(3) 掌握离子色谱法结果计算。

二、原理

水质样品中的阴离子,经阴离子色谱柱交换分离,抑制型电导检测器检测,根据保留时间定性,峰高或峰面积定量。

三、仪器和试剂

1. 仪器

（1）离子色谱仪。

① 色谱柱：阴离子分离柱（聚二乙烯基苯/乙基乙烯苯/聚乙烯醇基质，具有烷基季铵或烷醇季铵功能团、亲水性、高容量色谱柱）和阴离子保护柱。一次进样可测定本方法规定的 8 种阴离子，峰的分离度不低于 1.5。

② 阴离子抑制器。

③ 电导检测器。

（2）抽气过滤装置：配有孔径 $\leqslant 0.45\mu m$ 醋酸纤维或聚乙烯滤膜。

（3）一次性水系微孔滤膜针筒过滤器：孔径 $0.45\mu m$。

（4）一次性注射器：$1\sim10mL$。

（5）预处理柱：聚苯乙烯-二乙烯基苯为基质的 RP 柱或硅胶为基质键合 C18 柱（去除疏水性化合物）；H 型强酸性阳离子交换柱或 Na 型强酸性阳离子交换柱（去除重金属和过渡金属离子）等类型。

（6）一般实验室常用仪器和设备。

2. 试剂

（1）氟化钠（NaF）：优级纯，使用前应于 $(105\pm5)℃$ 干燥恒重后，置于干燥器中保存。

（2）氯化钠（NaCl）：优级纯，使用前应于 $(105\pm5)℃$ 干燥恒重后，置于干燥器中保存。

（3）溴化钾（KBr）：优级纯，使用前应于 $(105\pm5)℃$ 干燥恒重后，置于干燥器中保存。

（4）亚硝酸钠（$NaNO_2$）：优级纯，使用前应置于干燥器中平衡 24h。

（5）硝酸钾（KNO_3）：优级纯，使用前应于 $(105\pm5)℃$ 干燥恒重后，置于干燥器中保存。

（6）磷酸二氢钾（KH_2PO_4）：优级纯，使用前应于 $(105\pm5)℃$ 干燥恒重后，置于干燥器中保存。

（7）亚硫酸钠（Na_2SO_3）：优级纯，使用前应置于干燥器中平衡 24h。

（8）甲醛（CH_2O）：纯度 40%。

（9）无水硫酸钠（Na_2SO_4）：优级纯，使用前应于 $(105\pm5)℃$ 干燥恒重后，置于干燥器中保存。

（10）碳酸钠（Na_2CO_3）：使用前应于 $(105\pm5)℃$ 干燥恒重后，置于干燥器中保存。

（11）碳酸氢钠（$NaHCO_3$）：使用前应置于干燥器中平衡 24h。

（12）氢氧化钠（NaOH）：优级纯。

（13）氟离子标准贮备液：$\rho(F^-)=1000mg/L$。

准确称取 2.2100g 氟化钠［试剂（1）］溶于适量水中，全量移入 1000mL 容量瓶，用水稀释定容至标线，混匀。转移至聚乙烯瓶中，于 4℃ 以下冷藏、避光和密封可保存 6 个月。亦可购买市售有证标准物质。

（14）氯离子标准贮备液：$\rho(Cl^-)=1000mg/L$。

准确称取 1.6485g 氯化钠［试剂（2）］溶于适量水中，全量转入 1000mL 容量瓶，用水稀释定容至标线，混匀。转移至聚乙烯瓶中，于 4℃ 以下冷藏、避光和密封可保存 6 个月。亦可购买市售有证标准物质。

（15）溴离子标准贮备液：$\rho(Br^-)=1000mg/L$。

准确称取 1.4875 溴化钾［试剂（3）］溶于适量水中，全量转入 1000mL 容量瓶，用水稀释定容至标线，混匀。转移至聚乙烯瓶中，于 4℃ 以下冷藏、避光和密封可保存 6 个月。亦可购买市售有证标准物质。

（16）亚硝酸根标准贮备液：$\rho(NO_2^-)=1000mg/L$。

准确称取 1.4997g 亚硝酸钠［试剂（4）］溶于适量水中，全量转入 1000mL 容量瓶，用水稀释定容至标线，混匀。转移至聚乙烯瓶中，于 4℃ 以下冷藏、避光和密封可保存 1 个月。亦可购买市售有证标准物质。

（17）硝酸根标准贮备液：$\rho(NO_3^-)=1000mg/L$。

准确称取 1.6304g 硝酸钾［试剂（5）］溶于适量水中，全量转入 1000mL 容量瓶，用水稀释定容至标线，混匀。转移至聚乙烯瓶中，于 4℃ 以下冷藏、避光和密封可保存 6 个月。亦可购买市售有证标准物质。

（18）磷酸根标准贮备液：$\rho(PO_4^{3-})=1000mg/L$。

准确称取 1.4316g 磷酸二氢钾［试剂（6）］溶于适量水中，全量转入 1000mL 容量瓶，用水稀释定容至标线，混匀。转移至聚乙烯瓶中，于 4℃ 以下冷藏、避光和密封可保存 1 个月。亦可购买市售有证标准物质。

（19）亚硫酸根标准贮备液：$\rho(SO_3^{2-})=1000mg/L$。

准确称取 1.5750g 亚硫酸钠（试剂 7）溶于适量水中，全量转入 1000mL 容量瓶，加入 1mL 甲醛［试剂（8）］进行固定（为防止 SO_3^{2-} 氧化），用水稀释定容至标线，混匀。转移至聚乙烯瓶中，于 4℃ 以下冷藏、避光和密封可保存 1 个月。

（20）硫酸根标准贮备液：$\rho(SO_4^{2-})=1000mg/L$。

准确称取 1.4792g 无水硫酸钠［试剂（9）］溶于适量水中，全量转入 1000mL 容量瓶，用水稀释定容至标线，混匀。转移至聚乙烯瓶中，于 4℃ 以下冷藏、避光和密封可保存 6 个月。亦可购买市售有证标准物质。

（21）混合标准使用液：分别移取 10.0mL 氟离子标准贮备液［试剂（13）］、200.0mL 氯离子标准贮备液［试剂（14）］、10.0mL 溴离子标准贮备液［试剂（15）］、10.0mL 亚硝酸根标准贮备液［试剂（16）］、100.0mL 硝酸根标准贮备液［试剂（17）］、50.0mL 磷酸根标准贮备液［试剂（18）］、50.0mL 亚硫酸根标准贮备液［试剂（19）］、200.0mL 硫酸根标准贮备液［试剂（20）］于 1000mL 容量瓶中，用水稀释定容至标线，混匀。配制成含有 10mg/L 的 F^-、200mg/L 的 Cl^-、10mg/L 的 Br^-、10mg/L 的 NO_2^-、100mg/L 的 NO_3^-、50mg/L 的 PO_4^{3-}、50mg/L 的 SO_3^{2-} 和 200mg/L 的 SO_4^{2-} 的混合标准使用液。

（22）淋洗液：根据仪器型号及色谱柱说明书使用条件进行配制。以下给出的淋洗液条件供参考。

① 碳酸盐淋洗液 I：$c_{(Na_2CO_3)}=6.0mmol/L$，$c_{(NaHCO_3)}=5.0mmol/L$。

准确称取 1.2720g 碳酸钠［试剂（10）］和 0.8400g 碳酸氢钠［试剂（11）］，分别溶于适量水中，全量转入 2000mL 容量瓶，用水稀释定容至标线，混匀。

② 碳酸盐淋洗液Ⅱ：$c_{(Na_2CO_3)}=3.2mmol/L$，$c_{(NaHCO_3)}=1.0mmol/L$。

准确称取 0.6784g 碳酸钠［试剂（10）］和 0.1680g 碳酸氢钠［试剂（11）］，分别溶于适量水中，全量转入 2000mL 容量瓶，用水稀释定容至标线，混匀。

③ 氢氧根淋洗液（由仪器自动在线生成或手工配制）。

a. 氢氧化钾淋洗液：由淋洗液自动电解发生器在线生成。

b. 氢氧化钠淋洗液：$c_{(NaOH)}=100mmol/L$。

称取 100.0g 氢氧化钠［试剂（12）］，加入 100mL 水，搅拌至完全溶解，于聚乙烯瓶中静置 24h，制得氢氧化钠贮备液，于 4℃ 以下冷藏、避光和密封可保存 3 个月。

移取 5.20mL 上述氢氧化钠贮备液于 1000mL 容量瓶中，用水稀释定容至标线，混匀后立即转移至淋洗液瓶中。可加氮气保护，以减缓碱性淋洗液吸收空气中的 CO_2 而失效。

四、操作步骤

1. 准备工作

（1）试样的制备。对于不含疏水性化合物、重金属或过渡金属离子等干扰物质的清洁水样，经抽气过滤装置［仪器（2）］过滤后，可直接进样；也可用带有水系微孔滤膜针筒过滤器［仪器（3）］的一次性注射器［仪器（4）］进样。对含干扰物质的复杂水质样品，须用相应的预处理柱［仪器（5）］进行有效去除后再进样。

（2）空白试样的制备。以实验用水代替样品，按照与试样的制备相同步骤制备实验室空白试样。

（3）标准曲线的绘制。分别准确移取 0.00mL、1.00mL、2.00mL、5.00mL、10.0mL、20.0mL 混合标准使用液［试剂（21）］置于一组 100mL 容量瓶中，用水稀释定容至标线，混匀，配制成 6 个不同浓度的混合标准系列。标准系列质量浓度见表 7-6。可根据被测样品的浓度确定合适的标准系列浓度范围。

表 7-6　阴离子标准系列质量浓度

离子名称	标准系列质量浓度/（mg/L）					
F^-	0.00	0.10	0.20	0.50	1.00	2.00
Cl^-	0.00	2.00	4.00	10.0	20.0	40.0
NO_2^-	0.00	0.10	0.20	0.50	1.00	2.00
Br^-	0.00	0.10	0.20	0.50	1.00	2.00
NO_3^-	0.00	1.00	2.00	5.00	10.0	20.0
PO_4^{3-}	0.00	0.50	1.00	2.50	5.00	10.0
SO_3^{2-}	0.00	0.50	1.00	2.50	5.00	10.0
SO_4^{2-}	0.00	2.00	4.00	10.0	20.0	40.0

2. 离子色谱仪的开机及参数设置

（1）开启电脑显示器、电脑主机、自动进样器及离子色谱仪的电源开关。

（2）开启电脑中的离子色谱工作站 ShineLab，并打开仪器。

（3）更换新的淋洗液，将滤头放入淋洗液中，进行排气操作，设置色谱柱及检测器温度，等到温度升到设定温度后，将流量调至 0.3mL/min，开启泵，确认色谱柱连入流路中并有压力显示后，打开电流开关，阴离子调整电流为（75±10）mA，1min 后将流量调为 0.5mL/min，1min 后将流量调至 0.7mL/min，再过 1min 将流量调至 1.0mL/min（具体流量根据色谱柱额定流量来设定），采集基线，让工作站采集信号，通淋洗液直到基线稳定。

3. 样品检测

（1）标准曲线绘制。将标准样品放置到样品盘中，选择自动分析系统实验方法（设置吸液体积、重复次数、时间间隔等），运行自动分析系统。按标准浓度由低到高的顺序依次注入离子色谱仪，记录峰面积（或峰高）。以各离子的质量浓度为横坐标，峰面积（或峰高）为纵坐标，绘制标准曲线。

（2）试样测定。按照与绘制标准曲线相同的色谱条件和步骤，将试样注入离子色谱仪测定阴离子浓度，以保留时间定性，仪器响应值定量。

（3）空白试验。按照与试样的测定相同的色谱条件和步骤，将空白试样注入离子色谱仪测定阴离子浓度，以保留时间定性，仪器响应值定量。

（4）谱图采集完毕后处理谱图并绘制标准工作曲线计算未知样品结果，打印报告（如图 7-13）。

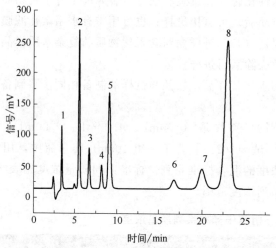

序号	离子	质量浓度/(mg/L)
1	F^-	2
2	Cl^-	10
3	NO_2^-	5
4	Br^-	5
5	NO_3^-	20
6	$H_2PO_4^-$	10
7	SO_3^{2-}	20
8	SO_4^{2-}	50

图 7-13　8 种阴离子标准溶液色谱图

4. 关机

分析完毕，关闭电流，关闭检测器及色谱柱温度，将流量调为 0.5mL/min，1min 后将流量调至 0.3mL/min，1min 后关闭泵，关闭软件，关闭自动进样器、离子色谱仪的电源开关，关闭电脑主机及显示器。

五、结果计算与表示

1. 结果计算

样品中无机阴离子（F^-、Cl^-、Br^-、NO_2^-、NO_3^-、PO_4^{3-}、SO_3^{2-}、SO_4^{2-}）的质量浓度（ρ），按照下式计算：

$$\rho = \frac{A - A_0 - a}{b} \times n$$

式中　ρ——样品中阴离子的质量浓度；

A——试样中阴离子的峰面积（或峰高）；

A_0——实验室空白试样中阴离子的峰面积（或峰高）；

a——回归方程的截距；

b——回归方程的斜率；

n——样品的稀释倍数。

2. 结果表示

当样品含量小于 $1mg/L$ 时，结果保留至小数点后三位；当样品含量大于或等于 $1mg/L$ 时，结果保留三位有效数字。

六、注意事项与干扰消除

（1）由于 SO_3^{2-} 在环境中极易氧化成 SO_4^{2-}，为防止其氧化，可在配制 SO_3^{2-} 贮备液时，加入 0.1% 甲醛进行固定。校准系列可采用 $7+1$ 方式制备，即配制成 7 种阴离子混合标准系列和 SO_3^{2-} 单独标准系列。

（2）标准曲线的相关系数应不小于 0.995，否则应重新绘制标准曲线。

（3）分析废水样品时，所用的预处理柱应能有效去除样品基质中的疏水性化合物、重金属或过渡金属离子，同时对测定的阴离子不发生吸附。

（4）每批次（$\leqslant20$ 个）样品应至少做 2 个实验室空白试验，空白试验结果应低于方法检出限。否则应查明原因，重新分析直至合格之后才能测定样品。

（5）每批次（$\leqslant20$ 个）样品，应分析一个标准曲线中间点浓度的标准溶液，其测定结果与标准曲线该点浓度之间的相对误差应不大于 10%。否则，应重新绘制标准曲线。

（6）每批次（$\leqslant20$ 个）样品，应至少测 10% 的平行双样，样品数量少于 10 个时，应至少测定一个平行双样。平行双样测定结果的相对偏差应不大于 10%。

（7）每批次（$\leqslant20$ 个）样品，应至少做 1 个加标回收率测定，实际样品的加标回收率应控制在 $80\%\sim120\%$ 之间。

（8）样品中的某些疏水性化合物可能会影响色谱分离效果及色谱柱的使用寿命，可采用 RP 柱或 C18 柱处理消除或减少其影响。

（9）样品中的重金属和过渡金属会影响色谱柱的使用寿命，可采用 H 柱或 Na 柱处理以减少其影响。

（10）对保留时间相近的 2 种阴离子，当其浓度相差较大而影响低浓度离子的测定时，可通过稀释、调节流速、改变碳酸钠和碳酸氢钠浓度比例，或选用氢氧根淋洗等方式消除和减少干扰。

（11）当选用碳酸钠和碳酸氢钠淋洗液，水负峰干扰测定时，可在样品与标准溶液中分别加入适量相同浓度和等体积的淋洗液，以减小水负峰对 F^- 的干扰。

（12）除非另有说明，分析时均使用符合国家标准的分析纯试剂。实验用水为电阻率 $18m\Omega\cdot cm$（$25℃$），并经过 $0.45\mu m$ 微孔滤膜过滤的去离子水。

（13）实验中产生的废液应集中收集，妥善保管，委托有资质的单位处理。

七、写出实训报告

实训报告中应该包含安全健康与环保、原理、操作过程和对结果的评价。

🔅 知识拓展

离子色谱法在水质环保食品领域检测应用

1. 水质、空气等可溶性阳离子检测

HJ 812—2016 水质可溶性阳离子（Li^+、Na^+、NH_4^+、K^+、Mg^{2+}、Ca^{2+}）的测定　离子色谱法，图 7-14 为其离子色谱图；

HJ 799—2016 环境空气 颗粒物中水溶性阴离子（F^-、Cl^-、Br^-、NO_2^-、NO_3^-、PO_4^{3-}、SO^{2-}、SO_4^{2-}）的测定　离子色谱法。

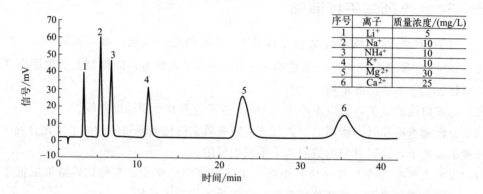

序号	离子	质量浓度/(mg/L)
1	Li^+	5
2	Na^+	10
3	NH_4^+	10
4	K^+	10
5	Mg^{2+}	30
6	Ca^{2+}	25

图 7-14　检测 Li^+、Na^+、NH_4^+、K^+、Mg^{2+}、Ca^{2+} 等离子色谱图

2. 环保行业可吸附有机卤素检测

国家标准：HJ/T 83—2001 水质　可吸附有机卤素（AOX）的测定 离子色谱法。图 7-15 为检测 F^-、Cl^-、Br^- 等离子色谱图。

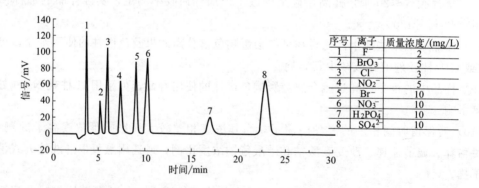

序号	离子	质量浓度/(mg/L)
1	F^-	2
2	BrO_3^-	5
3	Cl^-	3
4	NO_2^-	5
5	Br^-	10
6	NO_3^-	10
7	$H_2PO_4^-$	10
8	SO_4^{2-}	10

图 7-15　检测 F^-、Cl^-、Br^- 等离子色谱图

3. 固体废物（危险废物）中 CN^-、S^{2-} 检测

国家标准：GB 5085.3—2007　危险废物鉴别标准　浸出毒性鉴别。图 7-16 为检测 CN^-、S^{2-} 离子色谱图。

4. 生活饮用水检测

国家标准：GB/T 5750.1—2006　生活饮用水标准检验方法　总则。图 7-17 为检测 F^-、Cl^-、NO_3^-、SO_4^{2-}、ClO_2^-、ClO_3^-、Br^- 等离子色谱图。

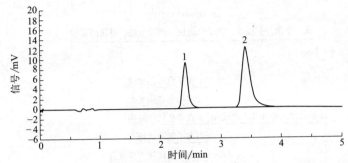

序号	离子	质量浓度/(mg/L)
1	S^{2-}	0.1
2	CN^-	0.1

图 7-16 检测 CN^-、S^{2-} 离子色谱图

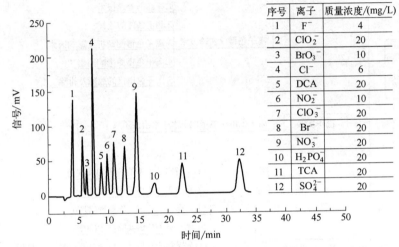

序号	离子	质量浓度/(mg/L)
1	F^-	4
2	ClO_2^-	20
3	BrO_3^-	10
4	Cl^-	6
5	DCA	20
6	NO_2^-	10
7	ClO_3^-	20
8	Br^-	20
9	NO_3^-	20
10	$H_2PO_4^-$	20
11	TCA	20
12	SO_4^{2-}	20

图 7-17 检测 F^-、Cl^-、NO_3^-、SO_4^{2-}、ClO_2^-、ClO_3^-、Br^- 等离子色谱图

5. 食品中污染物检测

GB 2762—2017 食品安全国家标准 食品中污染物限量；

GB 5009.33—2016 食品安全国家标准 食品中亚硝酸盐和硝酸盐的测定。图 7-18 为检测 Cl^-、NO_3^-、NO_2^- 等离子色谱图。

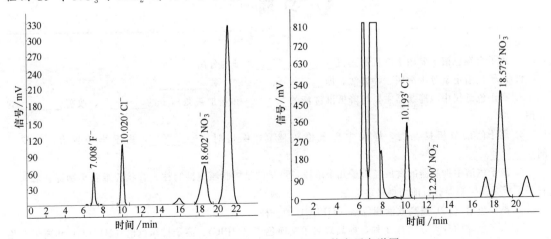

图 7-18 检测 Cl^-、NO_3^-、NO_2^- 等离子色谱图

项目总结

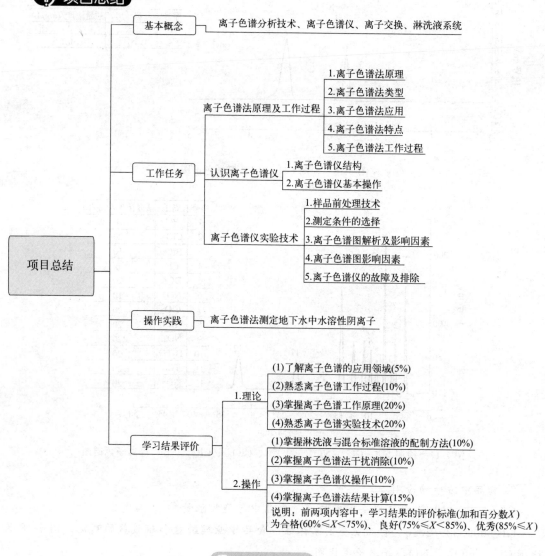

离子色谱分析技术、离子色谱仪、离子交换、淋洗液系统（基本概念）

离子色谱法原理及工作过程：
1. 离子色谱法原理
2. 离子色谱法类型
3. 离子色谱法应用
4. 离子色谱法特点
5. 离子色谱法工作过程

认识离子色谱仪：
1. 离子色谱仪结构
2. 离子色谱仪基本操作

离子色谱仪实验技术：
1. 样品前处理技术
2. 测定条件的选择
3. 离子色谱图解析及影响因素
4. 离子色谱图影响因素
5. 离子色谱仪的故障及排除

操作实践：离子色谱法测定地下水中水溶性阴离子

学习结果评价

1. 理论
(1) 了解离子色谱的应用领域(5%)
(2) 熟悉离子色谱工作过程(10%)
(3) 掌握离子色谱工作原理(20%)
(4) 熟悉离子色谱实验技术(20%)

2. 操作
(1) 掌握淋洗液与混合标准溶液的配制方法(10%)
(2) 掌握离子色谱法干扰消除(10%)
(3) 掌握离子色谱仪操作(10%)
(4) 掌握离子色谱法结果计算(15%)
说明：前两项内容中，学习结果的评价标准(加和百分数X)为合格($60\% \leqslant X < 75\%$)、良好($75\% \leqslant X < 85\%$)、优秀($85\% \leqslant X$)

习 题

1. 离子交换色谱主要用于有机和无机_____、_____离子的分离。

2. 离子色谱定量分析常用三种方法，即_____、_____和_____。

3. 离子色谱仪中，抑制器主要起降低淋洗液的_____和增加被测离子的_____，改善_____的作用。

4. 离子色谱分析样品时，样品中离子价数越高，保留时间_____，离子半径越大，保留时间_____。

5. 离子色谱中抑制器的发展经历了几个阶段，最早的是树脂填充抑制柱、管状纤维膜抑制器，后来又有了平板微膜抑制器。目前用得最多的是_____抑制器。

6. 离子色谱（IC）是高效液相色谱（HPLC）的一种。（　　　）

7. 离子色谱的分离方式有 3 种，即高效离子交换色谱（HPIC）、离子排斥色谱（HPIEC）和离子对色谱（MPIC）。它们的分离机理是相同的。（　　　）

8. 离子色谱分析中，其淋洗液的流速和被测离子的保留时间之间存在一种反比的关系。（　　）

9. 当改变离子色谱淋洗液的流速时，待测离子的洗脱顺序将会发生改变。（　　）

10. 离子色谱分离柱的长度将直接影响理论塔板数（即柱效），当样品中被测离子的浓度远远小于其他离子的浓度时，可以用较长的分离柱以增加柱容量。（　　）

11. 离子色谱分析阳离子和阴离子的分离机理、抑制原理是相似的。（　　）

12. 离子色谱分析样品时，可以用去离子水稀释样品，还可以用淋洗液做稀释剂，以减小水负峰的影响。（　　）

13. 离子色谱分析中，淋洗液浓度的改变只影响被测离子的保留时间，而不影响水负峰的位置。（　　）

14. 高效离子色谱用低容量的离子交换树脂。（　　）

15. 离子排斥色谱（HPIEC）用高容量的离子交换树脂。（　　）

16. 离子色谱中的电导检测器，分为抑制型和非抑制型（也称单柱型）两种。在现代色谱中主要用（　　）电导检测器。

A. 抑制型　　　　　B. 非抑制型

17. NaOH 是化学抑制型离子色谱中分析阴离子推荐的淋洗液，因为它的反应产物是低电导的水。在配制和使用时，空气中的（　　）总会溶入 NaOH 溶液中而改变淋洗液的组分和浓度，使基线漂移，影响分离。

A. CO_2　　　　　B. CO　　　　　　　C. O_2

18. 在离子色谱分析中，水的纯度影响到痕量分析工作的成败。用于配制淋洗液和标准溶液的去离子水，其电阻率应为（　　）mΩ·cm 以上。

A. 5　　　　　B. 10　　　　　　　C. 15　　　D. 18

19. 离子色谱仪器主要由哪几部分组成？

20. 离子色谱仪中的抑制器有哪些作用？

21. 根据产品中待测离子的特性及规格要求，应从哪些方面选择最佳条件？

第八章
色谱-质谱联用技术

学习目标

知识目标：了解气相色谱-质谱联用仪和液相色谱-质谱联用仪的构造，熟悉气相色谱-质谱联用仪和液相色谱-质谱联用仪的工作原理，掌握气相色谱-质谱联用仪和液相色谱-质谱联用仪的使用；了解二维色谱的连接方式、工作原理和应用领域，了解高分辨质谱的工作原理及应用。

能力目标：掌握气相色谱-质谱联用仪和液相色谱-质谱联用仪正确开机、检测、关机，解决其过程中的问题。

素质目标：了解目前气相色谱-质谱联用仪和液相色谱-质谱联用仪检测在各个行业领域中的作用和发展趋势，培养色谱-质谱联用检测技术的兴趣。

第一节　了解质谱分析技术及其工作原理

一、 质谱分析技术定义

质谱分析法是一种测量离子质荷比（m/z）的分析方法。质谱技术包括：离子化技术、离子的质量分析技术、离子检测技术。因此质谱仪的基本组成为：离子源、质量分析器、检测器和真空系统。样品经离子源电离为离子，质量分析器把不同质荷比的离子分开，经检测器检测之后得到样品的质谱图。

质谱分析作为一种重要的分析技术，被广泛应用于物理、化学、材料学、生物学、医学等领域。质谱分析是确定化合物分子量的有力手段，它不仅能够准确测定分子的质量，而且可以确定化合物的化学式和进行结构分析。本章内容包括质谱分析法原理、质谱图和主要离子峰以及质谱分析法的应用。

质谱法的特点如下：

① 信息量大，应用范围广，得到的离子碎片信息是研究有机化学和结构的有力工具。

② 由于分子离子峰可以提供样品分子的分子量的信息，所以质谱法也是测定分子量的常用方法。

③ 分析速度快、灵敏度高、高分辨率的质谱仪可以提供分子或离子的精密测定，从而推算有机化合物的分子式和元素组成。

④ 质谱仪器较为精密，价格较贵，工作环境要求较高，给普及带来一定的限制。

二、质谱的工作原理

质谱分析是一种测量离子质荷比（质量/电荷）的分析方法，其基本原理是使试样中各组分在离子源中发生电离，生成不同质荷比的带电荷离子，经加速电场的作用，形成离子束，进入质量分析器。在质量分析器中，再利用电场和磁场使发生相反的速度色散，将它们分别聚焦并经离子检测器收集而得到质谱图，从而确定其质量。质谱法工作原理示意图见图 8-1。

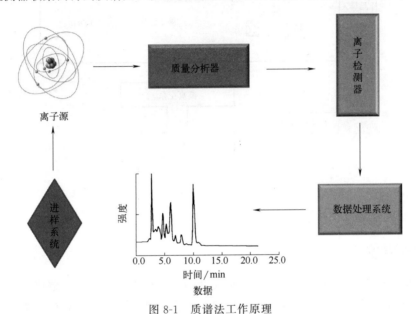

图 8-1　质谱法工作原理

第一台质谱仪是英国科学家弗朗西斯·阿斯顿（Francis William Aston）于 1919 年制成的。阿斯顿用这台装置发现了多种元素同位素，研究了 53 个非放射性元素，发现了天然存在的 287 种核素中的 212 种，第一次证明原子质量亏损。他为此荣获 1922 年诺贝尔化学奖。

三、质谱分析工作过程

四极质谱仪是目前应用广泛的质谱仪。在四极杆中，四根电极杆分为两两一组，分别在其上施加射频（RF）反相交变电压。位于此电势场中的离子，被选择的部分稳定后可到达检测器，或者进入之后的空间进行后续分析。

通过多个四极杆的串联使用，可以实现多重质谱分析，从而获得待测物的结构信息，见图 8-2。

四极质谱仪每次只允许单一质荷比的离子通过，在扫描较大质量区间时，四极质谱仪所需的时间要远远大于飞行时间质谱、轨道离子阱质谱、线性离子阱等使用脉冲采样方式的质谱仪。

四极杆质量选择器的四根极杆被对应分为两组，分别施加反相射频高压。在这样的电场环境下，离子会根据电场进行振荡。然而，只有特定质荷比的离子可以稳定通过电场。当极杆上的电压被指定时，质量过小的离子会受到很大的电压影响，从而进行非常激烈的振荡，导致碰触极杆失去电荷而被真空系统抽走；质量过大的离子因为不能受到足够的电场牵引，最终导致碰触极杆或者飞出电场而无法通过质量选择器。

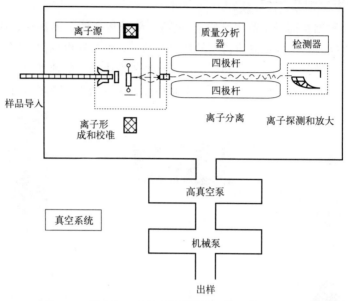

图 8-2　三重四极质谱的工作过程

四、质谱仪

利用运动离子在电场和磁场中偏转原理设计的仪器称为质谱计或质谱仪。质谱法的仪器种类较多，根据使用范围，可分为无机质谱仪和有机质谱仪。常用的有机质谱仪有单聚焦质谱仪、双聚焦质谱仪和四极质谱仪。目前后两种用得较多，而且多与气相色谱仪和电子计算机联用。

质谱仪分析过程为进样；离子化；离子因撞击强烈形成碎片离子，荷电离子被加速电压加速；改变加速电压或磁场强度，不同 m/z 的离子依次通过狭缝到达检测器，形成质谱。

（一）真空系统

质谱仪必须在高真空下才能工作。用以取得所需真空度的阀泵系统，一般由前级泵（常用机械泵）和分子涡轮泵等组成。扩散泵能使离子源保持在 $10^{-5}\sim10^{-3}$ Pa 的真空度。有时在分析器中还有一只扩散泵，能维持 10^{-6} Pa 的真空度。

（二）进样系统

进样系统可分直接注入、气相色谱、液相色谱、气体扩散四种方法。固体样品通过直接进样杆将样品注入，加热使固体样品转为气体分子。该进样方式多用于纯品分析。对不纯的样品可经气相或液相色谱预先分离后，通过接口引入。液相色谱-质谱接口有传动带接口、直接液体接口和热喷雾接口。热喷雾接口是最新提出的一种软电离方法，能适用于高极性反相溶剂和低挥发性的样品。样品由极性缓冲溶液以 $1\sim2$ mL/min 流速携带通过一毛细管。控制毛细管温度，使溶液接近出口处时，蒸发成细小的喷射流喷出。微小液滴还保留有残余的正负电荷，并与待测物形成带有电解质或溶剂特征的加合离子而进入质谱仪。进样系统见图 8-3。

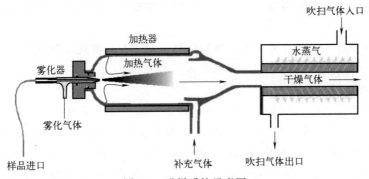

图 8-3　进样系统示意图

（三）离子源

离子源的作用是将欲分析样品电离，得到带有样品信息的离子。质谱仪的离子源种类很多，现将主要的离子源介绍如下。应用最广的电离方法是电子电离（EI），其他还有化学电离（CI）、快速原子轰击电离（FAB）、电喷雾电离（ESI）、大气压化学电离（APCI）、基质辅助激光解吸电离（MALDI），其中快速原子轰击特别适合测定挥发性小和对热不稳定的化合物。

1. 电子电离（EI）

电子电离源又称 EI 源，是应用最为广泛的离子源，它主要用于挥发性样品的电离。图 8-4 是电子电离的原理图，由 GC 或直接进样杆进入的样品，以气体形式进入离子源，由灯丝发出的电子与样品分子发生碰撞使样品分子电离。一般情况下，灯丝与接收极之间的电压为 70eV，所有的标准质谱图都是在 70eV 下做出的。在 70eV 电子碰撞作用下，有机物分子被打掉一个电子形成分子离子（有机化合物的电离电位为 8～15eV），也可能会发生化学键的断裂形成碎片离子。由分子离子可以确

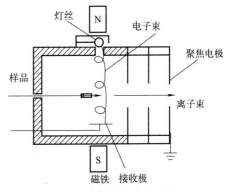

图 8-4　电子电离原理图

定化合物分子量，由碎片离子可以得到化合物的结构。对于一些不稳定的化合物，在 70eV 的电子轰击下很难得到分子离子。为了得到分子量，可以采用 10～20eV 的电子能量，不过此时仪器灵敏度将大大降低，需要加大样品的进样量。而且，得到的质谱图不再是标准质谱图，无法与 NIST 谱库里质谱图进行比对。

离子源中进行的电离过程是很复杂的过程，有专门的理论对这些过程进行解释和描述。在电子轰击下，样品分子可能有四种不同途径形成离子：

① 样品分子被打掉一个电子形成分子离子。

② 分子离子进一步发生化学键断裂形成碎片离子。

③ 分子离子发生结构重排形成重排离子。

④ 通过分子离子反应生成加合离子。

此外，还有同位素离子。这样，一个样品分子可以产生很多带有结构信息的离子，对这些离子进行质量分析和检测，可以得到具有样品特征信息的质谱图。

电子电离源主要适用于易挥发有机样品的电离，GC-MS 联用仪中都有这种离子源。另

外，可在平行电子束的方向附加一弱磁场，使电子沿螺旋轨道前进，增加碰撞机会，提高灵敏度。

电子电离的特点：①碎片离子多，结构信息丰富，有标准化合物质谱库；②不能气化的样品不能分析；③有些样品得不到分子离子。

2. 化学电离（CI）

有些化合物稳定性差，用 EI 方式不易得到分子离子，因而也就得不到分子量。为了得到分子量可以采用 CI 电离方式。CI 和 EI 在结构上没有多大差别。或者说主体部件是共用的。其主要差别是 CI 工作过程中要引进一种反应气体。反应气体可以是甲烷、异丁烷、氨等。反应气体的量比样品气体要大得多。灯丝发出的电子首先将反应气体电离，然后反应气体离子与样品分子进行离子-分子反应，并使样品气体电离。现以甲烷作为反应气体，说明化学电离的过程。在电子轰击下，甲烷首先被电离：

$$CH_4 + e^- \longrightarrow CH_4^+ + 2e^-$$

$$CH_4^+ + CH_4 \longrightarrow CH_5^+ + CH_3$$

生成的气体离子再与样品分子 M 反应：

$$CH_5^+ + M \longrightarrow CH_4 + MH^+$$

化学电离的特点：①得到一系列准分子离子 $(M+1)^+$、$(M-1)^+$、$(M+2)^+$ 等等；②CI 源的碎片离子峰少，图谱简单，易于解释；③不适于难挥发成分的分析。

3. 快速原子轰击（FAB）

快速原子轰击源是一种常用的离子源，它主要用于极性强、分子量大的样品分析。其工作原理如图 8-5 所示。

氩气在电离室依靠放电产生氩离子，高能氩离子经电荷交换得到高能氩原子流，氩原子打在样品上产生样品离子。样品置于涂有底物（如甘油）的靶上。靶材为铜，氩原子打在样品上使其电离后进入真空，并在电场作用下进入分析器。电离过程中不必加热气化，因此适合于分析大分子量、难气化、热稳定性差的样品。例如肽类、低聚糖、天然抗生素、有机金属络合物等。

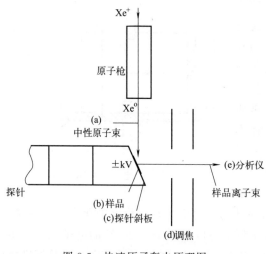

图 8-5 快速原子轰击原理图

FAB 得到的质谱不仅有较强的准分子离子峰，而且有较丰富的结构信息。但是，它与 EI 得到的质谱图很不相同。其一是它的分子量信息不是分子离子峰 M，而往往是 $(M+H)^+$ 或 $(M+Na)^+$ 等准分子离子峰；其二是碎片峰比 EI 谱要少。FAB 主要用于磁式双聚焦质谱仪。

4. 大气压电离（API）

API 技术领域是当今质谱界最为活跃的领域，它的成功拓展了质谱仪分析物的范围，在药物和毒物分析方面受到人们的重视，在测定生物大分子的分子量方面得到广泛的应用。API 主要包括电喷雾电离（ESI）、气动辅助电喷雾即离子喷雾电离（ISI）和大气压化学电离（APCI）3 种模式。它们的共同特点是样品的离子化在处于大气压下的离子化室完成，离子化效率高，大大增强了分析的灵敏度和稳定性。

API 离子源由 5 部分组成：①喷雾探针；②大气压离子源区（在此产生离子）；③样品离子化孔；④大气压至真空接口；⑤离子光学系统（在此将离子运送至质谱分析器）。LC-MS 离子源的工作原理如下：液相色谱的柱流出物被雾化进入大气压离子源区，雾化方式有气动（如加热雾化器 APCI）和强电场作用（如 ESI），或以上二者联合，如气动辅助 ESI。另外还有超声辅助电喷雾雾化。这些离子同溶剂蒸气及氮气浴气体通过离子化样品孔进入初级泵。气体、溶剂蒸气及离子混合物被超声膨胀进入低压区。膨胀体的中心有离子和其他高分子量物质，它们通过分液器进入次级泵，它包括离子聚集及转运装置，以适当方式转运并聚集离子至质谱分析区。从真空角度看，雾化高流速或是低流速液体并无太大区别，因为进样孔在大气压区与初级泵之间实际上起到了稳定的限制作用。

电喷雾电离（ESI）技术起源于 20 世纪 60 年代末，1985 年电喷雾进样与大气压离子源成功连接。ESI 的大发展主要源自使用电喷雾离子化蛋白质的多电荷离子在四极杆仪器分析大分子蛋白质，大大拓宽了分析化合物的分子量范围，它主要应用于液相色谱-质谱联用仪。它既作为液相色谱和质谱仪之间的接口装置，同时又是电离装置。它的主要部件是一个多层套管组成的电喷雾喷嘴。最内层是液相色谱流出物，外层是喷射气，喷射气常采用大流量的氮气，其作用是使喷出的液体容易分散成微滴。另外，在喷嘴的斜前方还有一个补助气喷嘴，补助气的作用是使微滴的溶剂快速蒸发。在微滴蒸发过程中表面电荷密度逐渐增大，当增大到某个临界值时，离子就可以从表面蒸发出来。离子产生后，借助于喷嘴与锥孔之间的电压，穿过取样孔进入分析器，见图 8-6。

加到喷嘴上的电压可以是正，也可以是负。通过调节极性，可以得到正或负离子的质谱。其中值得一提的是电喷雾喷嘴的角度，如果喷嘴正对取样孔，则取样孔易堵塞。因此，有的电喷雾喷嘴设计成喷射方向与取样孔不在一条线上，而是错开一定角度。这样溶剂雾滴不会直接喷到取样孔上，使取样孔比较干净，不易堵塞。产生的离子靠电场的作用引入取样孔，进入分析器。

电喷雾电离是一种软电离方式，即便是分子量大、稳定性差的化合物，也不会在电离过程中发生分解，它适合于分析极性强的大分子有机化合物，如蛋白质、肽、糖等。电喷雾电离的最大特点是容易形成多电荷离子。这样，一个分子量为 10000Da（Da，用来衡量原子或分子质量的单位，它被定义为碳 12 原子质量的十二分之一）的分子若带有 10 个电荷，则其质荷比只有 1000Da，进入了一般质谱仪可以分析的范围之内。根据这一特点，目前采用电喷雾电离，可以测量分子量在 300000Da 以上的蛋白质。

电喷雾电离，能使大质量的有机分子生成带多电荷的离子，通常认为电喷雾可以用两种机制来解释。

（1）小分子离子蒸发机制　在喷针针头与施加电压的电极之间形成强电场，该电场使液体带电，带电的溶液在电场的作用下向带相反电荷的电极运动，并形成带电的液滴，由于小雾滴的分散，比表面增大，在电场中迅速蒸发，结果使带电雾滴表面单位面积的场强极高，从而产生液滴的"爆裂"，重复此过程，最终产生分子离子。

（2）大分子带电残基机制　首先也是电场使溶液带电，结果形成带电雾滴，带电的雾滴在电场作用下运动并迅速去溶，溶液中分子所带电荷在去溶时被保留在分子上，结果形成离子化的分子。

一般来讲，电喷雾方法适合使溶液中的分子带电而离子化。离子蒸发机制是主要的电喷雾过程，但对质量大的分子化合物，带电残基的机制也会起相当重要的作用。电喷雾也可测定中性分子，它是利用溶液中带电的阳离子或阴离子吸附在中性分子的极性基团上而产生分子离子。

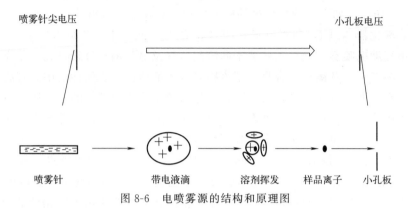

图 8-6　电喷雾源的结构和原理图

电喷雾电离特点：①适用于强极性、大分子量的样品分析，如肽、蛋白质、糖等；②产生的离子带有多电荷；③主要用于液相色谱-质谱联用仪。

5. 音喷离子化（SSI）技术

音喷离子化技术是于 1994 年发展起来的新型接口技术，它适用于毛细管电泳-质谱联用和液相色谱-质谱联用的分析。目前主要用于分析杀虫药和蛋白质。这种新的方法不需要在离子源的毛细管两端施加电场，也不需要对毛细管加热，而且在室温下进行操作，因此非常适用于热不稳定的化合物。SSI 是一种比 ESI 还要温和的软电离化技术，并且离子选择性要高于 ESI，且信号要强许多，虽然采用 SSI 的峰宽比 ESI 要宽，但是不影响峰的对称性。

（四）质量分析器

质量分析器是将离子束按质荷比进行分离的装置。它的结构有单聚焦分析器、双聚焦分析器、四极杆分析器、离子阱分析器、飞行时间分析器、傅里叶变换离子回旋共振等。

1. 单聚焦分析器

①结构：扇形磁场，可以是 $180°$、$90°$、$60°$ 等，见图 8-7。

②原理：由公式 $\dfrac{m}{z} = \dfrac{H^2 r^2}{2V}$ 可知，离子的 m/z 大，偏转半径也大，通过磁场可以把不同离子分开；当 r 为仪器设置不变时，改变加速电压或磁场强度，则不同 m/z 的离子依次通过狭缝到达检测器，形成质谱。

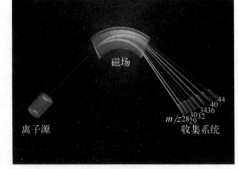

图 8-7　单聚焦分析器

2. 双聚焦分析器

在单聚焦分析器中，进入离子源的离子初始能量不为零，且能量各不相同，加速后的离子能量也不相同，运动半径不同，难以完全聚集。在双聚焦分析器中，解决办法是加一静电场 E_e，实现能量分散：

$$E_e = \frac{mv^2}{R_e} = \frac{2E_M}{R_e} \longrightarrow R_e = \frac{2E_M}{E_e}$$

对于动能不同的离子，通过调节电场能，达到聚焦的目的。双聚焦分析器的优点是分辨率高。缺点是扫描速度慢，操作、调整比较困难，而且仪器造价也比较昂贵。双聚焦分析器示意图见图 8-8。

3. 四极杆分析器（图 8-9）

（1）结构　四根棒状电极，形成四极场。其中 1，3 棒：$(V_{dc}+V_{rf})$；2，4 棒：$-(V_{dc}+V_{rf})$。

（2）原理　在一定的 V_{dc}、V_{rf} 下，只有一定质量的离子可通过四极场，到达检测器。在一定的 V_{dc}、V_{rf} 下，改变 V_{rf} 可实现扫描。图 8-10 为四极杆分析器示意图。

（3）特点　扫描速度快，灵敏度高，适用于 GC-MS。

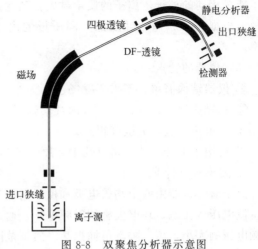

图 8-8　双聚焦分析器示意图

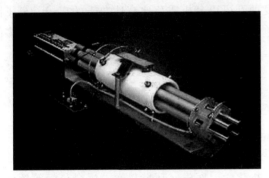

图 8-9　四极杆分析器图

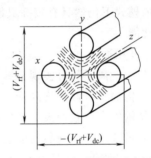

图 8-10　四极杆分析器示意图
直流电压 V_{dc}；交流电压 V_{rf}

4. 飞行时间分析器

（1）结构　飞行时间分析器的主要部分是一个离子漂移管（栅极与离子检测器所夹区域），见图 8-11。

（2）原理　如图 8-11 所示，离子在加速电压 V 作用下得到动能，则有：

$$\frac{1}{2}mv^2=zV \ 或 \ v=\sqrt{\frac{2zV}{m}} \qquad (8-1)$$

式中　m——离子的质量；

　　　z——离子的电荷量；

　　　V——离子加速电压。

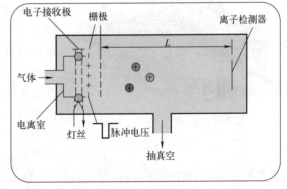

图 8-11　飞行时间分析器结构示意图

离子以速度 v 进入自由空间（漂移区），假定离子在漂移区飞行的时间为 T，漂移区长度为 L，则：

$$T=L\times\sqrt{\frac{m}{2zV}} \qquad (8-2)$$

由式（8-2）可以看出，离子在漂移管中飞行的时间与离子质量的平方根成正比。也即，对于能量相同的离子，离子的质量越大，到达接收器所用的时间越长；质量越小，所用时间越短。根据这一原理，可以把不同质量的离子分开。适当增加漂移管的长度可以增加分辨率。

（3）仪器的特点

① 仪器结构简单，不需要磁场、电场等；

② 扫描速度快，可在 10^{-5} s 内观察到整段图谱；

③ 无聚焦狭缝，灵敏度很高；

④ 可用于大分子的分析（几十万原子量单位），在生命科学中用途很广。

5. 离子阱分析器

离子阱分析器由两个端盖电极和位于它们之间的类似四极杆的环电极构成。端盖电极施加直流电压或接地，环电极施加射频电压，通过施加适当电压就可以形成一个离子阱。根据射频电压的大小，离子阱就可捕捉某一质量范围的离子。离子阱可以储存离子，待离子累积到一定数目后，升高环电极上的射频电压，离子按质量从高到低的次序依次离开离子阱，被电子倍增监测器检测。目前离子阱分析器已发展到可以分析质荷比高达数千的离子。离子阱在全扫描模式下仍然具有较高灵敏度，而且单个离子阱通过期间序列的设定就可以实现多级质谱的功能。

优点及用途如下：

① 单一的离子阱可实现多级串联质谱；

② 结构简单，性价比高；

③ 灵敏度高，较四极分析器高 10～1000 倍；

④ 质量范围大（商品仪器已达 6000mAu）。

这些优点使得离子阱质谱计在物理学、分析化学、医学、环境科学、生命科学等领域中获得了广泛的应用。

6. 静电场轨道阱质量分析器

静电场轨道阱质量分析器形状如同纺锤体，由纺锤形中心电极和两个外半电极组成，这两个外半电极包裹住纺锤形中心电极，中间的空间供离子自由飞行（见图 8-12）。离子在静电场轨道阱内飞行，受到中心静电场的引力，围绕中心纺锤形电极做圆周轨道运动，路径好比缠绕在纺锤上的线。被捕集到的离子在纺锤形电场中的运动轨迹是一个复杂的螺旋形，有径向、轴向和回旋三种运动，但只有轴向振荡频率 ω 可用于质量分析，因为它完全独立于离子的能量以及空间分布。轴向振荡频率离子的轴向频率符合公式：

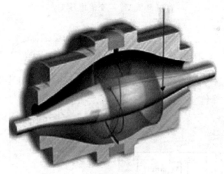

图 8-12　轨道阱示意图

$$\omega = k\sqrt{\frac{z}{m}}$$

可以得到 m/z 与轴向振荡频率的平方成反比。实际应用时，离子通过狭小的离子狭缝射入轨道阱中，伴随电场强度的增加，汇聚于阱的中心。当进入阱后，每一个质荷比的离子不需要额外激发进入相同的轴向振荡，所有离子具有相同的振幅，但具有不同的振荡频率，轨道阱质量分析器同时测定各种离子的轴向振荡频率 ω，最后经过傅里叶变换和质量校准后，得到质谱图信息。静电场轨道阱具有高分辨率（可达 150000）、高质量精度、较大的空间电荷容量、良好的灵敏度等优点，广泛应用于生命科学等前沿领域，但如果想要得到高分辨率，需要牺牲质谱的采集速度。

（五）检测器

经过分析器分离的同质量离子可用照相底板、法拉第筒或电子倍增器收集检测。随着质谱仪的分辨率和灵敏度等性能的大大提高，只需要微克级甚至纳克级的样品，就能得到一张较满意的质谱图，因此对于微量不纯的化合物，可以利用气相色谱或液相色谱（对极性大的化合物）将化合物分离成单一组分，导入质谱计，录下质谱图，此时质谱计的作用如同一个检测器。

由于色谱仪-质谱计联用后给出的信息量大，该法与计算机联用，使质谱图的规格化、背景或柱流失峰的舍弃、元素组成的给出、数据的储存和计算、多次扫描数据的累加、未知化合物质谱图的库检索以及打印数据和出图等工作均可由计算机执行，大大简化了操作手续。

检测器结构示意图见图 8-13。

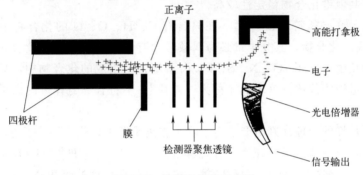

图 8-13　检测器结构示意图

在检测器结构中，光电倍增器的电压决定仪器的灵敏度。

光电倍增器是把弱的光信号转化为强的电信号的仪器，通常都是用于测量可见光以及比可见光具有更大能量的紫外线、X 射线、γ 射线的能量或者波长。用法大致为：给仪器加上千伏水平的电压，直接接收要测量的对象——光。光进入仪器后导致光电效应，产生光电子。光电子又进一步产生更多的光电子，实现了电子数目的增加。这些电子在阳极收集起来，产生电流或电压脉冲。起初入射光的能量越大，最后产生的电压脉冲的幅度就越大。根据电压脉冲幅度，反过来知道起初入射光的能量。

检测器的性能指标如下。

① 质量范围，指所能检测的 m/z 范围。四极质谱，$m/z \leqslant 1000$；磁式质谱，m/z 可达到几千；飞行时间质谱，m/z 可达到几十万。

② 扫描速度，指扫描一定质量范围所需时间。例如 GC-MS：m/z 1～1000 所需时间 $<1s$。

③ 分辨率 R，指质谱对相邻两质量组分分开的能力，用 $R = \dfrac{m}{\Delta m}$ 表示，其中 m 为质量，Δm 为相邻的两个质量差。

例如：$m_{CO^+} = 27.9949$；$m_{N_2^+} = 28.0061$。$R = \dfrac{m}{\Delta m} = \dfrac{27.9949}{28.0061 - 27.9949} = 2500$。四极

质谱恰好能将此分开。

但是：$m_{ArCl^+} = 74.9312$；$m_{As^+} = 74.9216$。$R = \dfrac{m}{\Delta m} = \dfrac{74.9216}{74.9312 - 74.9216} = 7804$。需用高分辨质谱才能将此分开。

（六）质谱分析的应用

质谱是纯物质鉴定的最有力工具之一，其中包括分子量测定、化学式确定及结构鉴定等。

1. 分子量的测定

利用质谱图上分子离子峰的 m/z 可以准确确定该化合物的分子量。一般说来，除同位素峰外，分子离子峰一定是质谱图上质量数最大的峰，它应该位于质谱图的最右端。但是，由于有些化合物的分子离子峰稳定性较差，分子离子峰很弱或不存在，给正确识别分子离子峰带来困难。因此，在判断分子离子峰时应注意以下问题。

（1）分子离子稳定性的一般规律　分子离子的稳定性与分子结构有关。碳数较多、碳链较长（有例外）和有支链的分子，分裂概率较高，其分子离子峰的稳定性较低；具有 π 键的芳香族化合物和共轭键化合物稳定性较高。

（2）分子离子峰必须符合氮规律　在只含有 C、H、O、N 的化合物中，含有偶数个（包括零）氮组成的化合物，其分子量必为偶数；含有奇数个氮原子的化合物，其分子量为奇数。这是因为在由 C、H、O、N、S、P、卤素等元素组成的化合物中，只有氮原子的化合价为奇数而质量数为偶数。这个规律称为"氮律"。不符合"氮律"的离子峰一定不是分子离子峰。

（3）利用碎片峰的合理性判断分子离子峰　在离子源中，化合物分子电离后，分子离子可以裂解出游离基或中性分子等碎片。若裂解出一个 ·H 或 ·CH₃、H₂O、C₂H₄ 碎片，对应的碎片峰为 M-1、M-15、M-18、M-28 等，这叫作存在合理的碎片峰。若出现 M-3 至 M-14，M-21 至 M-25 范围内的碎片峰，称为不合理碎片峰，则说明分子离子峰的判断有错。表明试样中可能存在杂质或者把碎片峰错误判断为分子离子峰。表 8-1 中列出从分子离子中裂解的常见碎片。

表 8-1　从分子离子中裂解的常见碎片

碎片峰	游离基或中性分子碎片	碎片峰	游离基或中性分子碎片
M-1	·H	M-33	（·CH₃ + H₂O），HS·
M-2	H₂	M-34	H₂S
M-15	·CH₃	M-41	C₃H₅·
M-16	NH₂，O	M-42	CH₂CO，C₃H₆
M-17	·OH，NH₃	M-43	C₃H₇·，CH₃CO
M-18	H₂O	M-44	CO₂，C₃H₈
M-19	F	M-45	·CO₂H，·OC₂H₅
M-20	HF	M-46	C₂H₅OH，NO₂
M-26	C₂H₂，·CN	M-48	SO，CH₃SH
M-27	HCN	M-55	·C₄H₇
M-28	CO，C₂H₄	M-56	C₄H₈
M-29	·CHO，C₂H₅	M-57	·C₄H₉，C₂H₅CO·
M-30	CH₂O，NO	M-58	C₄H₁₀
M-31	·OCH₃，·CH₂OH	M-60	CH₃COOH，C₃H₇OH
M-32	CH₃OH，S	M-70	C₅H₁₀

（4）利用同位素峰识别分子离子峰 有些元素如^{35}Cl、^{79}Br、^{32}S的同位素^{37}Cl、^{81}Br、^{34}S相对丰度较大，其M+2同位素峰十分明显，通过M、M+2等质谱峰来推断分子离子峰，若分子中含一个氯原子时，M峰与M+2峰的强度比为3∶1；若分子中含一个溴原子时M峰与M+2峰强度比为1∶1，这是因为M峰与M+2同位素峰强度比与分子中同位素种类、丰度有关。总之，同位素离子峰的信息有助于分子离子峰的正确判断。

（5）由分子离子峰强度变化判断分子离子峰 在电子轰击电离（EI）中，适当降低电子轰击电压，分子离子裂解减少、碎片离子减少，则分子离子峰的强度应该增加；在上述措施下，若峰强度不增加，说明不是分子离子峰。逐步降低电子轰击电压，仔细观察m/z最大峰是否在所有离子峰后消失，若最后消失即为分子离子峰。

2. 化学式的确定

用质谱法确定有机化合物的化学式，一般是通过同位素峰相对强度法来确定。各元素具有一定天然丰度的同位素（见表8-2），从质谱图上测得分子离子峰M、同位素峰M+1和M+2的强度，并计算其（M+1）/M、（M+2）/M强度百分比，根据贝农（Beynon J H）质谱数据表查出可能的化学式，再结合其他规律，确定化合物的化学式。

表 8-2 常见元素的相对同位素丰度

元素	丰度	元素	丰度
碳	^{12}C 100；^{13}C 1.08	磷	^{31}P 100
氢	^{1}H 100；^{2}H 0.016	硫	^{32}S 100；^{33}S 0.78；^{34}S 4.40
氮	^{14}N 100；^{15}N 0.38	氯	^{35}Cl 100；^{37}Cl 32.5；
氧	^{16}O 100；^{17}O 0.04；^{18}O 0.20	溴	^{79}Br 100；^{81}Br 98.0
氟	^{19}F 100；	碘	^{187}I 100
硅	^{28}Si 100；^{29}Si 5.01；^{30}Si 3.35		

［**例 8-1**］ 某化合物的质谱数据如下，试确定该化合物的化学式。

m/z	M（150）	M+1（151）	M+2（152）
与 M 强度比/%	100	9.9	0.88

解： 由M^+（M）的质量数，可知此化合物的分子量为150。M+2/M峰的强度百分比为0.88%，对照表8-2可知，该化合物不含Cl、Br、S。因为$^{34}S/^{32}S$=4.40%，$^{37}Cl/^{35}Cl$=32.05%，$^{81}Br/^{79}Br$=98.0%。查阅贝农表可知，分子量为150的化学式共有29个，其中M+1峰的强度比在9%～11%的化学式有如下7种：

化学式	（M+1）/M/%	（M+2）/M/%
①$C_7H_{10}N_4$	9.25	0.38
②$C_8H_8NO_2$	9.23	0.78
③$C_8H_{10}N_2O$	9.61	0.61
④$C_8H_{12}N_3$	9.98	0.45
⑤$C_9H_{10}O_2$	9.96	0.84
⑥$C_9H_{12}NO$	10.34	0.68
⑦$C_9H_{14}N_2$	10.71	0.52

此化合物分子量为偶数，根据氮规律，应该排除②、④、⑥三个化学式；在剩下的四个化学式中，⑤化学式的M+1峰的强度百分比与9.9%最接近，M+2峰的强度百分比与0.9%也最接近。因此，该化合物的化学式应该是$C_9H_{10}O_2$。

3. 结构式的确定

在确定了未知化合物的分子量和化学式以后，首先根据化学式计算该化合物的不饱和度，确定化合物化学式中双键和环的数目。然后，应该着重分析碎片离子峰、重排离子峰和亚稳离子峰，确定分子断裂方式，提出未知化合物结构单元和可能的结构。最后再用全部质谱数据复核结果。必要时应该考虑试样来源、物理化学性质以及红外、紫外、核磁共振等分析方法的波谱信息，确定未知化合物的结构式。

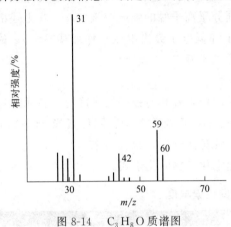

图 8-14　C_3H_8O 质谱图

[例 8-2]　某化合物分子式为 C_3H_8O，其质谱图如图 8-14 所示。红外光谱数据表明在 $3640cm^{-1}$ 和 $1065 \sim 1015cm^{-1}$ 有尖而强的吸收峰，试解析该化合物的分子结构。

解：分子的不饱和度 $\Omega = 1 + n_4 + \dfrac{(n_3 - n_1)}{2} = 1 + 3 + \dfrac{(0-8)}{2} = 0$

说明化合物分子内的化学键皆是单键。在 $3640cm^{-1}$ 及 $1065 \sim 1015cm^{-1}$ 有强红外吸收峰，表明化合物属醇类。

由质谱图可知，m/z 60 峰是分子离子峰，该化合物的分子量为 60。由于 m/z 59 峰的出现，可能发生下述裂解：

$$CH_3-CH_2-CH_2-\overset{+\cdot}{O}H \longrightarrow CH_3-CH_2-CH=\overset{+}{O}H + H\cdot$$
$$m/z \quad 60 \qquad\qquad m/z \quad 59$$

m/z 42 峰是由分子离子峰失去中性碎片 H_2O 而生成的，其裂解反应的机理如下：

$$\longrightarrow [C_3H_6]^+ + H_2O$$

m/z 60　　　　　　　　　　m/z 42

反应中有亚稳离子生成，$m^* = \dfrac{42^2}{60} = 29.4$，这与质谱图中的亚稳离子峰的位置相符合。

基峰 m/z 31 是 $CH=$ 碎片离子峰，断裂的机理为：

$$CH_3-CH_2-CH_2-\overset{+\cdot}{O}H \longrightarrow CH_3-\overset{\cdot}{C}H_2 + CH_2=\overset{+}{O}H$$
$$m/z \quad 60 \qquad\qquad m/z \quad 31$$

因此，该化合物为正丙醇，结构式为 $CH_3-CH_2-CH_2-OH$。

4. 质谱定量分析

（1）痕量分析　火花源质谱仪可以分析无机固体试样，它已成为金属、合金、矿石和超导体中痕量元素分析的重要方法。通过离子峰相对强度的测量可进行质谱定量分析。该方法的特点是灵敏度高，对元素的检出限约为纳克每克数量级（ng/g）。由于质谱图简单，并且各元素峰强度大致相当，应用很方便。

（2）同位素的测定 质谱定量分析最早用于同位素丰度的研究。稳定的同位素可以用来"标记"各种化合物，例如确定氘苯 C_6D_6 的纯度，通常可用 $C_6D_6^+$ 与 $C_6D_5H^+$、$C_6D_4H_2^+$ 等分子离子峰的相对强度进行定量分析。在考古学和矿物学研究中，应用同位素比测量法来确定岩石、化石和矿物年代。

（3）混合物中的成分定量分析 混合物的质谱定量分析，目前常用于多组分气体和石油中挥发性烷烃的分析。通过计算机求解数个联立方程，得到各组分的含量。该方法一次进样实现全分析，快速、灵敏。

5. 串联质谱检测系统

两个或更多的质谱连接在一起，称为串联质谱。最简单的串联质谱（MS/MS）由两个质谱串联而成，其中第一个质量分析器（MS1）将离子预分离或加能量修饰，由第二级质量分析器（MS2）分析结果。最常见的串联质谱为三级四极杆串联质谱。第一级和第三级四极杆分析器分别为 MS1 和 MS2，第二级四极杆分析器所起作用是将从 MS1 得到的各个峰进行轰击，实现前体离子碎裂后进入 MS2 再行分析。现在出现了多种质量分析器组成的串联质谱，如四极杆-飞行时间串联质谱（Q-TOF）和飞行时间-飞行时间（TOF-TOF）串联质谱等，大大扩展了应用范围。离子阱和傅里叶变换分析器可在不同时间顺序实现时间序列多级质谱扫描功能。

MS/MS 最基本的功能包括能说明 MS1 中的前体离子和 MS2 中的产物离子间的联系。根据 MS1 和 MS2 的扫描模式，如产物离子扫描、前体离子扫描和中性碎片丢失扫描，可以查明不同质量数离子间的关系。前体离子的碎裂可以通过以下方式实现：碰撞诱导解离，表面诱导解离和激光诱导解离。不用激发即可解离则称为亚稳态分解。

MS/MS 在混合物分析中有很多优势。在质谱与气相色谱或液相色谱联用时，即使色谱未能将物质完全分离，也可以进行鉴定。MS/MS 可从样品中选择前体离子进行分析，而不受其他物质干扰。

MS/MS 在药物领域有很多应用。产物离子扫描可获得药物主要成分，杂质和其他物质的前体离子的定性信息，有助于未知物的鉴别，也可用于肽和蛋白质氨基酸序列的鉴别。

在药物代谢动力学研究中，对生物复杂基质中低浓度样品进行定量分析，可用多反应监测模式（MRM）消除干扰。如分析药物中某特定离子，而来自基质中其他化合物的信号可能会掩盖检测信号，用 MS/MS 对特定离子的碎片进行选择监测可以消除干扰。MRM 也可同时定量分析多个化合物。在药物代谢研究中，为发现与代谢前物质具有相同结构特征的分子，使用中性碎片丢失扫描能找到所有丢失同种功能团的离子，如羧酸丢失中性二氧化碳。如果丢失的碎片是离子形式，则前体离子扫描能找到所有丢失这种碎片的离子。

第二节 认识色谱-质谱联用仪器

色谱-质谱联用技术结合了色谱、质谱两者的优点，是分析化学进展的热点。色谱-质谱联用技术可对复杂体系进行分离分析。因为色谱可得到化合物的保留时间，质谱可给出化合物的分子量和结构信息，故对复杂体系或混合物中化合物的鉴别和测定非常有效。在这些联用技术中，气相色谱-质谱联用和液相色谱-质谱联用等已经广泛用于化学分析。

一、气相色谱-质谱联用仪的构造

在 GC/MS 系统中，MS 技术主要起到检测器的作用，其以 GC 和 MS 技术为基础，利用 GC 技术高效分离能力和 MS 技术高准确度的测定能力实现对复杂成分的待测样品的定性、定量分析。GC 在整个分析测试系统中起到预处理器的作用，MS 则扮演着样品检测器的角色，综合 GC 和 MS 的优点，高效准确实现复杂化合物的分离、鉴定和分析。

GC/MS 系统由 GC 和 MS 共同组成，之间由接口连接。连接 GC 和 MS 部分的装置称为接口，接口一定要保持高的密封性，以保证离子源内的高真空状态不被破坏，同时化合物的组分也不能因为接口的存在而损失，GC 分离后的组分及其结构也不能发生变化。常用的接口方式为直接插入式和各种膜分离模式两种。直接插入式具有较为简单的结构，操作简易使用广泛，不发生吸附和催化分解反应，低漏气率，灵敏度也得到了很大的保证。气相色谱-质谱联用仪由进样系统、气相色谱分离系统、质谱检测系统和数据处理系统组成。气相色谱-质谱联用仪基本构造及气体流路示意图如图 8-15。

图 8-15　气相色谱-质谱（GC-MS）仪器结构示意图

二、液相色谱-质谱联用仪构造

液相色谱-质谱联用技术主要用于分析 GC 或 MS 不能分析的化合物，如沸点高、热稳定性差、强极性和分子量大的物质，如生物样品（药物与其代谢产物）和生物大分子（肽、蛋白、核酸和多糖）。液相色谱-质谱联用仪由液相色谱分离系统、质谱检测系统和数据处理系统组成，液相色谱-串联质谱联用仪结构示意图如图 8-16。

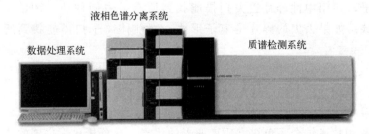

图 8-16　液相色谱-串联质谱（LC-MS/MS）仪器结构示意图

三、GPC-GC/MS 联用仪构造

为了快速分析食品中多种农药残留，开发出了一种在线 GPC 净化，气相色谱/质谱检测的联用仪器，能同时分析多种目标农药，该仪器是将 GPC 净化系统在线连接到 GC-MS 系统（如图 8-17）。这样就为分析食品中的残留农药提供了一种更快、更有效的方式。适用于分析农产品（茶叶中的萃取液除外）中含有的有机氯农药、拟除虫菊酯类农药、有机磷农药、含氮农药、氨基甲酸酯类农药。

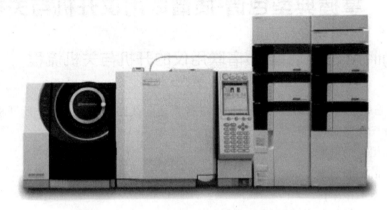

图 8-17　GPC-GC/MS 联用仪

分析步骤如下：

① 首先，从食物样品中采集含农药的提取物并将其浓缩。根据不同的分子尺寸，用 GPC 柱将油脂/脂肪以及色素与农药组分分离。

② 用流路切换阀除去油脂/脂肪以及色素，将农药组分捕集在捕集环路中。

③ 采用新开发的大量 GC-MS 进样法将捕集在捕集环路中的农药组分在线注入 GC 中。

④ 采用 GC-MS 对多种农药组分进行同步分析（筛选分析）。

图 8-18 为 GPC-GC/MS 仪工作流程。

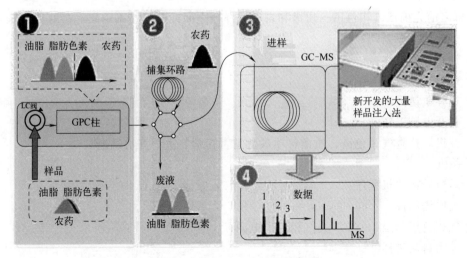

图 8-18　GPC-GC/MS 仪工作流程

其特点如下：

① 现在通过使用微型 GPC 柱并将大量样品注入 GC-MS 系统中实现多种分析物的同步筛选分析。

② GPC-GC/MS 联机可缩短一半的分析时间。

③ 缩小 GPC 柱尺寸可显著降低溶剂消耗，只有正常标准的 1/200。

④ 自动化减少了人工操作，降低了人工操作的不稳定性。

第三节　掌握典型色谱-质谱联用仪开机与关机流程

一、Agilent 气相色谱-质谱联用仪的开机与关机流程

1. 开机

开机之前先确认气相色谱、质谱和自动进样器之间线路都正确连接。后开机步骤为：

① 打开载气控制阀；

② 打开气相色谱电源；

③ 打开质谱电源；

④ 打开电脑工作站；

⑤ 开机后检查气相色谱、质谱各项参数是否正常，进行开机调谐。

2. 关机

① 运行质谱关机程序；

② 关质谱电源；

③ 气相色谱降至 100℃，关气相色谱电源；

④ 关闭载气；

⑤ 关闭电脑工作站。

二、Thermo Fisher 气相色谱-串联质谱联用仪的开机与关机流程

1. 开机

开机之前先确认气相色谱、质谱和自动进样器之间线路都正确连接。后开机步骤为：

① 打开载气控制阀；

② 打开自动进样器；

③ 打开气相色谱电源；

④ 打开质谱电源；

⑤ 打开电脑工作站；

⑥ 开机后检查气相色谱、质谱各项参数是否正常，进行开机调谐。

2. 关机

① 运行质谱关机程序；

② 关质谱电源；

③ 气相色谱降至 100℃，关气相色谱电源；

④ 关闭自动进样器；

⑤ 关闭载气；

⑥ 关闭电脑工作站。

三、岛津 GC-MS 开关机流程

1. 开机

开机之前先确认气相色谱、质谱和自动进样器之间线路都正确连接。后开机步骤为：

① 打开载气控制阀；

② 打开自动进样器；

③ 打开气相色谱电源；

④ 打开质谱电源；

⑤ 打开电脑工作站；

⑥ 开机后检查气相色谱、质谱各项参数是否正常，进行开机调谐。

2. 关机

① 运行质谱关机程序；

② 关质谱电源；

③ 气相色谱降至100℃，关气相色谱电源；

④ 关闭自动进样器；

⑤ 关闭载气；

⑥ 关闭电脑工作站

四、AB 6500Q 液相色谱-串联质谱联用仪的开机与关机流程

1. 开机

① 开启气源，打开液氮和空气压缩机，液氮输出总压力为 0.8MPa，氮气 1 路压为 0.7MPa，氮气 2 路压为 0.4MPa；

② 开启机械泵，20 min 后打开分析涡轮泵；

③ 待分析涡轮泵绿色指示灯稳定之后，打开仪器的操作软件；

④ 用聚丙二醇(PPG)溶液调节仪器；

⑤ 根据实验要求，设定工作参数；

⑥ 调节仪器至最佳状态。

仪器待机是质谱设置在 standby 状态。

2. 关机

① 退出分析软件；

② 关闭分子涡轮泵；

③ 20min 后关闭机械泵；

④ 关闭气源，包括液态和空气压缩机；

⑤ 关闭仪器电源和仪器电脑电源。

五、Thermo Fisher Indura 液相色谱-串联质谱联用仪的开机与关机流程

1. 开机

① 开启气源，分压为 80~100psi（1MPa＝145psi）；

② 确保碰撞气（Ar）供给已连接到仪器的碰撞室气体入口，分压为 0.2～0.3MPa；

③ 打开质谱电子开关和液相色谱开关，启动电脑，待系统自检结束后，双击图标，进入 MS Tune 界面，点击 status 查看仪器状态，如果都是绿色，仪器状态正常，点击 vacuum，查看仪器真空度，离子源压力器（source pressure）在 1～2Torr（1Torr = 133.322Pa），分析器压力（Analyzer pressure）在 $5e^{-6}$ 以下，仪器状态是正常的。

2. 关机

① 实验结束后，停止液相色谱的流速；

② 在 MS Tune 界面停止质谱扫描，将离子源的离子传输管（ion transfer tube temp）和雾化温度（vaporizer temp）设定为 50 摄氏度进行降温；

③ 待上述温度下降至 50 摄氏度，可关闭软件界面、电脑及质谱电子开关和液相开关；

④ 20min 后，关闭质谱主机电源开关，关闭气源阀门。

六、Agilent 液相色谱-串联质谱联用仪的开机与关机流程

1. 开机

① 打开高纯氮主阀门，调节高纯氮气钢瓶输出压力至 0.15 MPa。

② 打开计算机，网络交换机电源。

③ 打开液相各个模块电源。

④ 打开质谱前面左下角的电源开关，这时可以听到质谱里面溶剂切换阀切换的声音。同时机械泵开始工作，仪器开始自检。等待大约 2min，听到第二声溶剂阀切换的声音后，表示仪器自检完成，可以联机。

质谱接通电源，前级真空规就开始工作，监视前级真空值，当 Turbo1 和 Turbo2 涡轮泵的转速都大于 95% 之后，四极杆的高真空规才会开始工作，正常读取真空值。

⑤ 在计算机桌面上双击 MassHunter 采集软件，进入 MassHunter 工作站。

2. 关机

① 在 MassHunter 采集软件内点击三重串联四极杆 MS 的图片，选择 Vent；

② 点选 "Yes" 确认放空；

③ 在三重串联四极杆的 Diagnosis 界面观察涡轮泵转速的下降情况；

④ 关闭 MassHunter 采集软件，然后关闭质谱及 LC 各模块的电源，关闭电脑；

⑤ 关闭气路。

七、Shimazu 液相色谱-串联质谱联用仪的开机与关机流程

1. 开机

① 打开所有设备的电源开关；

② 确认氮气和氩气已经接入 MS 装置；

③ 打开电脑；

④ 确认桌面右下方的 Labsolution Service 图标为绿色；

⑤ 双击 Labsolution 启用工作站。

2. 关机

① 关闭所有打开的窗口；

② 从 "关机" 子窗口中停止 LC 泵、气路和加热模块；

③ 退出 Labsolution 工作站；

④ 关闭电脑电源；

⑤ 关闭气路。

第四节　认识二维色谱技术

多维色谱技术是 20 世纪 60 年代发展的新技术。随着硬件、软件及商品机的逐渐成熟，该技术的应用领域也在不断扩大。对许多复杂体系的分析即便是采用分离效率很高的毛细管柱仍无法将其每一个成分都分离开，如：石油组成、植物精油组成、蛋白质组成等。为解决这些问题，色谱工作者研究了用多维色谱技术将复杂组分充分分离，使多维色谱技术正成为分离和分析复杂样品的重要技术手段。

二维色谱技术可以分为传统二维色谱技术和全二维色谱技术。传统的二维色谱技术是将不同极性的两根色谱柱通过一个接口组合起来，将在第一根色谱柱上分不开的组分送入第二根色谱柱进一步分离。这种联用技术通常用来提高对复杂样品中目标物的分离效率，习惯用 $C+C$ 表示，其峰容量为 $n+n$。

全二维色谱技术是在传统二维色谱技术的基础上发展起来的新技术，具有峰容量大、分辨率高、族分离和瓦片效应等特点。全二维分离满足三个条件：①样品每一组分都受到不同模式的分离；②第一维所有样品组分都被转移到第二维及检测器中；③在一维中已得到的分辨率基本上维持不变。全二维色谱用 $C×C$ 表示，其峰容量为 $n×n$。可见，全二维色谱的峰容量比传统二维色谱的大很多，因而更适合用于全组分分析。多维色谱技术将复杂体系分离出了更多物质，当然希望与之配合使用的检测器能告知检测到了什么物质。能与现代高效色谱技术相匹配，并能给出被测物分子信息的检测器首选质谱。质谱是目前能给出化合物分子信息的检测器中灵敏度最高、响应速度最快的。因此，多维色谱-质谱联用技术是当今分离和分析复杂样品最好的技术组合。多维色谱可以是同一种色谱分离技术的两种不同色谱柱的组合，也可以是不同色谱分离技术的组合。

二维色谱分离具有三条基本原则：①所有样品组分的色谱分离要经过两种或两种以上的独立模式；②各组分间的分离效率不受后续分离的影响；③二维分离的色谱结果要得到保存。

一、二维气相色谱-质谱联用技术

1. 传统二维气相色谱-质谱联用技术 [（GC+GC）-MS]

早在 1968 年，Deans 就发明了二维气相色谱技术（GC+GC），在二维柱子之间采用"气动开关"控制两维之间的切割，并开始将其应用于原油的分析。1980 年 Ligon 等优化了（GC+GC）-MS 接口技术，通过压力控制两维之间的传递，采用中间捕集收集样品，实现了真正意义上的自动化。1983 年，Stan 对原有切割技术进行了改进，采用"Live Switching"切割技术。GC+GC 是将第一维分离好的待测物部分切割（heart cut）进入第二维进行进一步的分离分析，因此根据切割的组分又可以分为：单次切割、多次切割进同一根色谱柱、多次切割分别进不同色谱柱。根据切割时间的不同或增加切割次数来实现对感兴趣组分的分离分析。

根据二维色谱的基本原则，通常第一根色谱柱为非极性色谱柱，如 DB-5ms，而第二根

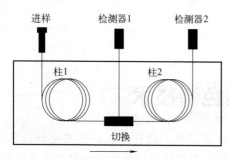

图 8-19 GC＋GC 流路示意图

色谱柱则要选择一根中等极性或极性色谱柱，如 DB-17ms。见 GC＋GC 的流程简图（图 8-19）。从第 1 支色谱柱预分离后的部分馏分，被再次进样到第 2 支色谱柱做进一步分离，其他组分直接经检测器 1 检测。（GC＋GC）的关键技术是从一维向二维的传递，因此需要选择合适的接口技术，通常接口方式包括阀和气动开关。使用阀，当两根柱子类型相同时无需控制压力和流速，因此阀接口方式成为 GC＋GC 主要的接口方式。以前气相色谱自带的检测器如火焰离子化检测器（FID）、电子捕获检测器（ECD）可以满足 GC＋GC 分析速度的要求。而现在为了对分离出的物质做初步定性，采用质谱作为检测器。

食品中多农残分析属目标物检测，为提高分离度和减少本底干扰可以将 GC＋GC 技术应用于食品及环境污染物的分析。采用 GC＋GC 技术可以同时检测食品中一百多种有机卤、有机磷农药。二维气相色谱对于分离检测多溴二苯醚（PBDEs）和多氯联苯（PCBs）是一项很好的技术，已经成功应用于芝士、牛奶、母乳中这两类化合物的检测，可以同时检测至少 15 种手性 PCBs。

2. 全二维气相色谱-质谱联用技术

20 世纪 90 年代在传统 GC＋GC 的基础上发明了 GC×GC，它是由 Jiu 和 Phillips 利用其以前在快速气相色谱中用的调制器开发而来。1999 年，Phillips 和 ZeOx 公司合作生产了第一台商品化的全二维气相色谱仪器。全二维气相色谱（GC×GC）是把分离机理不同而又相互独立的两支色谱柱以串联的方式结合而成的。在这两个色谱柱之间装有调制器，调制器起捕集再传送的作用。在全二维气相色谱中两根柱子的分离机制是相互独立的，经第 1 支色谱柱分离后的每一个馏分，都先进入调制器，进行聚焦后再以脉冲方式送入第 2 支色谱柱进行进一步的分离分析，每一个馏分都要同时被洗脱出进入第 2 根色谱柱，以免与其他馏分发生共洗脱从而影响分离效率。研究表明采用 GC×GC 可以大大提高被分析物之间、被分析物与基质之间的分离效率，同时，还能将分析物按族进行分离。在 GC×GC 色谱图中，组分分布在一个保留值平面上，而一维色谱是分布在一条保留值线上。把柱 1 的保留时间作为第一横坐标，柱 2 的保留时间为第二横坐标，信号强度为纵坐标，就形成全二维独特的立体三维色谱图。二维色谱图可由彩色画面表示，颜色的深浅表示响应值大小，浅蓝色表示背景，用深蓝、洋红和白色表示强度的大小，形成独特的二维轮廓图。如图 8-20，图 8-21。

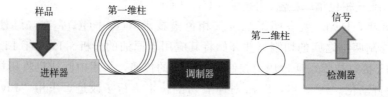

图 8-20 全二维气相色谱质谱示意图

由于 GC×GC 第二维的分析速度特别快，从而对检测器的采集速度提出了更高的要求，飞行时间质谱（TOF MS）扫描速度快，是 GC×GC 理想的检测器，也是比较常用的检测器。全二维气相色谱-飞行质谱（GC×GC-TOF MS）已经应用于食品安全领域。现在也有快速四极杆质谱作为全二维气相的检测器，其扫描速度可达到 20000amu/s。GC×GC-快速

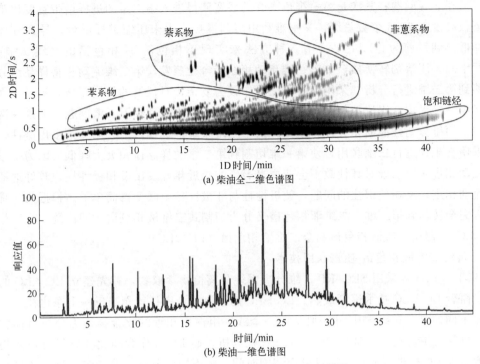

(a) 柴油全二维色谱图

(b) 柴油一维色谱图

图 8-21　柴油的全二维色谱和一维色谱图

四极杆质谱联用技术成功地对香水中的 24 种过敏原进行了定量分析，其方法不仅线性范围宽，而且灵敏度非常高。

目前应用最广泛的是岛津的全二维气相色谱-质谱联用仪，仪器示意图见图 8-22。

全二维色谱仪e系列

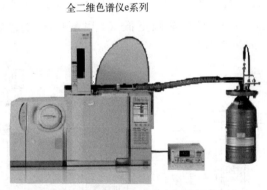

图 8-22　岛津全二维气相色谱-质谱联用仪

二、二维液相色谱-质谱联用技术

20 世纪末就提出了二维液相色谱的理论，二维液相色谱通常采用两种不同分离机理的柱子分析样品，即利用样品的不同特性把复杂混合物分成单一组分，这些特性包括分子尺寸、等电点、亲水性、电荷、特殊分子间作用力（亲和力）等，在一维分离系统中不能完全分离的组分，可以在二维系统中得到更好的分离，因此分离能力、分辨率得到极大的提高。理论上二维液相系统中以正相色谱/反相色谱的组合模式分离效能最高，但困难也最大。首先是流动相兼容问题；其次是第一维色谱峰的展宽使得进入第二维的进样谱带宽度比第二维柱的塔板高度大 2～3 个数量级，又很难利用溶剂聚焦作用来压缩进样谱带，导致分离效率大大降低。到目前为止，主要采用 3 种方法来实现正相色谱/反相色谱的在线二维联用：①在两维间采用溶剂转换接口，第一维流动相在接口处蒸发，第二维流动相将样品组分洗脱后转移到第二维进行分析。采用该种方法操作较为复杂，对仪器的控制严格，不易实现自动化。②第一维采用含水流动相进行洗脱，从而解决了两维流动相不互溶问题。但这种洗脱方式增加了两维分离性能的相关性，极大降低了二维系统的选择性。③第一维采用微柱，而第二维采用常规柱进行二维联用，使第一维切割到第二维的样品体积大大降低，因为微量的不互溶流动相进入第二维对其柱效不会造成显著影响。近年开发出反相极性柱，较好地解决了正相流动相进入反相色谱柱的问题，使极性柱与非极性柱串联变得简单了。根据第一维的馏分是否完全转移到第二维，二维液相色谱又分为切割式二维液相色谱，即传统二维液相色谱（LC＋LC），停留二维液相色谱和全二维液相色谱（LC×LC）

1. 传统二维液相色谱-质谱联用技术

1978 年 Frei 等采用 SEC/RP 二维分离系统分离植物萃取物，首先建立 LC＋LC 的基本框架，而后 LC＋LC 技术逐渐成熟。LC＋LC 的第一根色谱柱就相当于一个净化柱，与在线 SPE 柱不同的是，在线 SPE 柱一般是对一个或一组性质相近的化合物作为分析目标物进行净化，也就是被测物一次被洗脱后进入 LC 柱分析。而 LC 柱作为净化柱可以将被测物一组一组地送入 LC 柱进行分析，通过设定切割时间，将不同组分送入第二维色谱柱中进行分离分析，这样可以得到感兴趣组分更详细的信息。图 8-23 给出了 LC＋LC 的流程简图，图 8-23（a）表示一维分离，切割感兴趣组分；图 8-23（b）表示二维分离由一维分离系统切割进入第二维分离系统的组分。LC＋LC 技术已经广泛应用于药物与食品分析。2011 年 Moretton 等利用 LC＋LC 检测焦糖色染料中的 4-甲基咪唑残留，两维都采用反相柱，固定相选用 C18 硅胶柱（第一维）和多孔石墨柱（第二维）。与 GC-MS（4-甲基咪唑浓度为 25mg/kg 时，$RSD=8.3\%$）方法相比，LC＋LC 检测限更低（4-甲基咪唑浓度为 20mg/kg 时，$RSD=4.3\%$），并且仪器运行时间短。

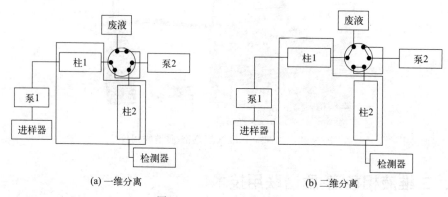

(a) 一维分离   (b) 二维分离

图 8-23   LC＋LC 流程简图

2. 全二维液相色谱-质谱（LC×LC-MS）联用技术

全二维液相色谱-质谱联用技术使第一维洗脱产物全部转入第二维系统中，实现了真正意义上的 LC×LC 分离。LC×LC 由采用两种不同分离机理色谱柱的一维分离系统通过一定的切换模式结合而成。根据不同的分离目的，尺寸排阻色谱（SEC）、离子交换色谱

（IEC）、反相色谱（RP）、疏水作用色谱（HIC）和亲和色谱（AC）等都可以用于构建 LC×LC 系统。LC×LC 克服了中心切割技术的弊端，使一维洗脱产物全部进入第二维模式中继续分离，同时也实现了在线分析，使分析时间缩短。因此更适合用于多种性质差异较大的化合物分析。以正相厂反相全二维分离系统为例（图 8-24）给出了 LC×LC 的工作示意图。

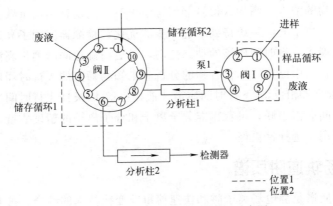

图 8-24　全二维液相色谱的流程示意图

　　当在位置 1（Position 1）时，第一维洗脱物被储存在阀Ⅱ的样品管①中。而泵 2 推动流动相经样品管②到反相柱，最终进入检测器。当处于位置 2（Position 2）时，将阀Ⅱ切换到 B 位，第一维洗脱出来的组分储存在样品管②中，与此同时泵 2 推动流动相将样品管①中储存的组分转移到反相柱内进行分离检测。如此反复操作，使第一维洗脱出来的组分交替储存在两个定量环中，并依次进入第二维进行反相色谱分离。实验证明第一维采用聚乙二醇-硅胶柱、第二维采用 C18 柱可以实现最大限度的正交分离。LC×LC 已经发展成为一项成熟的技术应用于各个领域，包括医药、植物提取物、成分分析等。二维液相色谱-质谱在食品残留分析方面的研究报道并不多见，而随着食品残留检测项目的增多和低检出限的要求，二维液相色谱-串联质谱联用技术将会成为食品残留分析中重要的检测手段。

第五节　认识高分辨质谱

　　高分辨质谱是通过在高质量分辨率状态下提供高精度全扫描数据，实现对化合物的精准筛查和确证，凭借其高分辨率以及宽广的适用性，被广泛应用于成分组学研究、食品药品和环境检验分析，以及违禁药物检查等众多科学领域，其在动物源食品多种兽药残留分析中发挥了很大作用。液相色谱-高分辨质谱联用分析技术常被用于多种兽药残留的痕量筛查。

　　高分辨质谱可分为磁质谱（MS）、飞行时间质谱、静电场轨道阱质谱及傅里叶变换离子回旋共振质谱。高分辨质谱的分辨率≥10000，质量准确度＜5mg/L，可进行准确定性和非定向未知物筛查。对筛查出来的目标化合物，高分辨质谱可通过多级扫描，结合谱库检索，通过与二级质谱图进一步比对，实现对化合物的确证。此外，高分辨质谱不需借助标准物质即可逐一对分析物测定条件进行优化；可有效区分混合物，大大降低了前处理的复杂程度，与其他检测器相比，对色谱的分离要求也较低，可同时对数百种化合物进行分析，得到大量化合物的信息，包括目标化合物和非目标化合物。

一、飞行时间质谱

随着空间聚焦以及垂直加速等技术的发展，飞行时间质谱具有极快的扫描速度和较高的灵敏度，其质量准确度达 10 级，可通过精确质量数对化合物进行定性，检测的离子质量范围广，理论上不存在对分析对象质量范围的限制。飞行时间质谱一度由于动态范围较小而遭诟病，当测定化合物的浓度过高导致检测器信号溢出时，测定精确质量数会受到影响。近年来，随着科技进步，离子光学系统得到了进一步的优化，检测器实现了高速模拟数字转化技术。这些新技术拓展了飞行时间质谱的动态范围，可更精确地同时测定高浓度和低浓度化合物。目前广泛用于食品中已知目标化合物的分析和未知物筛查的飞行时间质谱技术包括液相色谱-飞行时间质谱、气相色谱-飞行时间质谱、液相色谱-四极杆飞行时间串联质谱等。将四极杆质谱和飞行时间质谱串联，可获得准分子离子和分子离子的精确质量，与三重四极杆质谱相比，分辨率更高、选择性更好。

二、静电场轨道阱质谱

静电场轨道阱质谱是静电场离子阱和快速傅里叶变换技术的结合，可对离子的振荡频率进行测定，计算质荷比，分辨率为 100000。将线性离子阱与静电场轨道阱质谱串联组合，可同时具有二者的检测能力，由离子阱质谱获得化合物的离子碎片进入高分辨谱图，通过测定精确质量数计算分子式，为结构类似物如异构体的鉴别的分析提供了全面的信息。四极杆静电场轨道阱质谱串联可对化合物进行全扫描，获得碎片离子的多级质谱信息，一次分析即可实现对成百上千种组分进行鉴定和确认，也可准确定量。与飞行时间质谱相比，静电场轨道阱质谱在分析复杂基质样品时在前处理和方法优化上效率更高，更节省时间。而飞行时间质谱由于扫描速度较快（1 次/s），与超高效液相色谱联用时优势明显。这是由于超高效液相色谱峰宽一般为 2~5s，质谱的速度应>5Hz 才可使每个色谱峰具有足够的数据采集点，而静电场轨道阱质谱满足高分辨率时扫描速度会相应降低，所以与超高效液相色谱联用时的分辨率优势不大。

三、傅里叶变换离子回旋共振质谱

傅里叶变换离子回旋共振质谱有超高的分辨率和质量精确度，其分辨率可达到 1000000，是对化合物分子结构进行确证的重要工具，也是对分子重排反应进行研究的有力手段。其操作烦琐、价格高昂，限制了广泛应用，主要应用于气相离子反应动力学研究、大分子分析和复杂体系分析等。

四、磁质谱

磁质谱的分辨力可达到 100000，且灵敏度高，稳定性好，技术成熟、经典，定量能力强，但是购买、运行和维护成本高，操作复杂，分析速度慢，一般不用于兽药及农药残留、非法添加等常规检测，而应用于持久性有机污染物分析如痕量二噁英、多氯联苯的检测等。

质谱仪将大气压离子源与高效液相色谱等进行联用，根据检测范围，可以将其分为四极杆质谱仪、离子阱质谱仪、傅里叶变换离子质谱仪以及飞行时间质谱仪、扇形磁场质谱仪等，其中傅里叶变换离子质谱仪（FT-ICR MS）、飞行时间质谱仪（TOF-MS）、离子阱质谱仪、静电场轨道阱质谱仪应用比较广泛，不仅可以对高分辨物质进行检测，而且能够对样本进行低分辨质谱检测，具有相对可靠与优良的性价比等特点。

项目总结

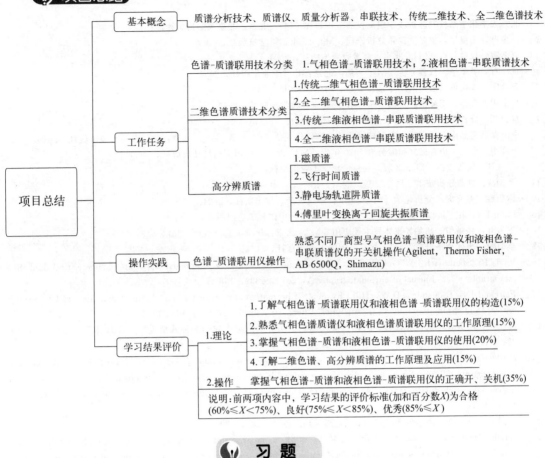

习　题

1. 某质谱仪分辨率为 10000，它能使 $m/z = 200$、$m/z = 500$、$m/z = 800$、$m/z = 1000$ 的离子各与相差多少质量的离子分开？

2. 在低分辨质谱中 $m/z = 28$ 的离子可能是 CO、N_2、CH_2N、C_2H_4 中的某一个。高分辨质谱仪测定值为 28.0312，试问上述四种离子中哪一个最符合该数据？

3. 质谱仪的基本组成为：_____、_____、_____、_____。

4. 电子电离源又称_____源，是应用最为广泛的离子源，它主要用于样品的电离。

5. 两个或更多的质谱连接在一起，称为_____。

6. 在药物代谢动力学研究中，对生物复杂基质中低浓度样品进行定量分析，可用_____模式消除干扰。

7. 全二维色谱技术是在传统二维色谱技术的基础上发展起来的新技术，具有_____、_____、_____和_____等特点。

8. 二维色谱技术可分为_____和_____。

9. 质谱电离应用最多的几种电离方式都有哪些？

10. 简述质谱的工作原理。

11. 气相色谱-质谱联用仪器分为哪四个系统？

12. 高分辨质谱可分为哪四种？

参 考 文 献

［1］ 北京大学化学系仪器分析教学组. 仪器分析教程［M］. 北京：北京大学出版社，1997.

［2］ 方惠群，于俊生，史坚. 仪器分析原理［M］. 北京：科学出版社，1994.

［3］ 赵文宽. 仪器分析［M］. 北京：高等教育出版社，2001.

［4］ 黄一石，吴朝华. 仪器分析［M］. 4 版. 北京：化学工业出版社，2020.

［5］ 孙毓庆. 现代色谱法［M］. 2 版. 北京：科学出版社，2015.

［6］ 师宇华，费强，于爱民. 色谱分析［M］. 北京：科学出版社，2015.

［7］ 董会钰. 分析化学［M］. 北京：科学出版社，2021.

［8］ 中国食品药品检定研究院. 中国药品检验标准操作规范 2019 年版［M］. 北京：中国医药科技出版社，2019.

［9］ 药典委员会. 中华人民共和国药典 2020 年版［M］. 北京：中国医药科技出版社，2020.

［10］ 于晓萍. 仪器分析［M］. 2 版. 北京：化学工业出版社，2017.

［11］ 曹国庆. 仪器分析技术［M］. 2 版. 北京：化学工业出版社，2018.

［12］ 谢茹胜，张立虎. 分析化学［M］. 北京：中国医药科技出版社，2021.

［13］ Colin F Poole. 超临界流体色谱技术［M］. 北京：中国轻工业出版社，2019.

［14］ 李淑芬，张敏华. 超临界流体技术及应用［M］. 北京：化学工业出版社，2014.

［15］ 李似姣. 现代色谱分析［M］. 北京：国防工业出版社，2014.

［16］ Vajda P，Stankovich J J，Guiochon G. Determination of the average volumetric flow rate in supercritical fluid chromatography［J］. Journal of chromatography A，2014，1339：168-173.

［17］ Fairchild J N，Brousmiche D W，Hill J F，et al. Chromatographic evidence of silyl ether formation（SEF）in supercritical fluid chromatography［J］. Analytical Chemistry，2015，87（3）：1735-1742.

［18］ 陈树兵，俞美香，杨云霞，等. 简化二维气相色谱法分析蔬菜中农药多种残留［J］. 食品科学，2006，27（8）：221-223.

［19］ Bordajandi L R，Korytar P，De Boer J，et al. Enantiomeric separation of chiral polychlorinated biphenyls on beta-cyclodextrin capillary columns by means of heart-cut multidimensional gas chromatography and comprehensive two-dimensional gas chromatography. Application to food samples［J］. Journal of separation science，2005，28（2）：163-171.

［20］ 许国旺，石先哲. 多维色谱研究的最新进展［J］. 色谱，2011，29（2）：97-98.

［21］ van der Heeft E，Dijkman E，Baumann R A，et al. Comparison of various liquid chromatographic methods involving UV and atmospheric pressure chemical ionization mass spectrometric detection for the efficient trace analysis of phenylurea herbicides in various types of water samples［J］. Journal of chromatography A，2000，879（1）：39-50.